数学与逻辑

于　雷　编著

清華大學出版社
北　京

内 容 简 介

本书包含欧美等西方国家进行逻辑思维能力训练时常用的七个方面的测试内容，即数学运算、概念与定义判断、逻辑判断与推理、言语理解与表达、数字推理、类比推理和图形推理。本书针对这些测试，详细介绍训练逻辑思维能力的题型、方法及一些解题技巧，并配以大量的练习题目来有意识地训练和加强我们的逻辑思维能力，使我们的工作、学习及生活更有规律性、目的性和秩序性。

本书适合广大青少年、学生阅读，尤其适合初高中学生，以及对数理化缺乏兴趣的孩子和想要改变思维方式、提高逻辑思维能力的年轻人阅读。

图书在版编目(CIP)数据

数学与逻辑/于雷编著. —北京：清华大学出版社， 2014 (2023. 8重印)
ISBN 978-7-302-37023-9

Ⅰ. ①数… Ⅱ. ①于… Ⅲ. ①逻辑思维—训练—通俗读物 Ⅳ. ①B80-49

中国版本图书馆 CIP 数据核字(2014)第 143428 号

责任编辑：杨作梅
装帧设计：杨玉兰
责任校对：李玉萍
责任印制：刘海龙
出版发行：清华大学出版社
网　　址：http://www.tup.com.cn, http://www.wqbook.com
地　　址：北京清华大学学研大厦 A 座　　邮　　编：100084
社 总 机：010-83470000　　邮　　购：010-62786544
投稿与读者服务：010-62776969, c-service@tup.tsinghua.edu.cn
质量反馈：010-62772015, zhiliang@tup.tsinghua.edu.cn
印 装 者：北京嘉实印刷有限公司
经　　销：全国新华书店
开　　本：169mm×230mm　　印　张：19.5　　字　数：400 千字
版　　次：2014 年 8 月第 1 版　　印　次：2023 年 8 月第11次印刷
定　　价：49.00 元

产品编号：057695-02

前　言

逻辑思维属于高阶思维能力，被世界教科文组织列为16项学生应发展教育目标的第二位。2013年以清华大学为首的“华约联盟”七校，把“逻辑”设为所有参加自主招生的文理科考试必考的科目。这意味着未来中国高考指挥棒开始转向，不仅要求学生具有基础知识的储备记忆，还更会注重考查学生运用知识解决问题的高阶思维能力。

“华约联盟”自主招生考“逻辑”，这个重大变化贯彻了创新人才培养模式的要求。我们的社会更需要培养的人才会思维、善思维。要想达到这一点，就必须懂得并且遵循如何合理思维的规律，也就是逻辑。

一个人的能力包含众多方面，但思维能力特别是逻辑思维能力，则是一切其他能力的基础。思维能力越强，人的能动性就越高，人的行动就越有目的性和计划性，就越有利于达到目标。国内外考试，如MBA(工商管理硕士)入学考试、MPA(公共管理硕士)入学考试、GMRT(商科研究生入学考试)、GRE(美国研究生入学资格考试)、GCT(硕士学位研究生入学资格考试)以及我国的公务员招录考试中，都明确地在考试科目中把逻辑作为重要的考试内容。

另外，“华约联盟”明确规定的考试科目是“数学与逻辑”，而不是“数学逻辑”，这就表明，在这个科目的考试中，明确要考两个方面的内容：一个方面是数学，另一个方面则是逻辑。“数学”与“逻辑”是两种有着很多一致性但又有明显区别的知识和能力。“逻辑学”是一门由多个分支学科组成的科学体系。其中的许多内容，不仅不需要中学生们去学习和掌握，即使是一般的大学生也不需要去学习。所以，在自主招生的“逻辑”考试中，只涉及普通形式逻辑中最基本、最一般的内容。也就是说，考察的不是逻辑专业知识，只是学生们的逻辑思维能力。

欧美等西方国家经过长期的研究和探索，发现有三种主要能力的测评有利于选拔出具有学习能力和创新潜质的人才。这三种能力就是数学计算能力、逻辑思维能力和语言表达能力。因而，他们在各类人才选拔考试中都非常重视对这三个方面能力的测评。就逻辑思维能力测试来说，主要有以下几个方面：一、数学运算；二、概念与定义判断；三、逻辑判断与推理；四、言语理解与表达；五、数字推理；六、类比推理；七、图形推理。

当然，不管在哪个方面的测试题中，涉及的知识都是比较基础性的、比较简单的，专业知识不会成为测试中的障碍，关键就是要测试应试者的逻辑思维能力。

现在，只有“华约联盟”的七所实施自主招生的高校，在考试科目中列入了“逻辑”。在由北大等高校组成的“北约联盟”和北理工等高校组成的“卓越联盟”的自主招生考试中，还没有直接看到有关“逻辑”的科目。但不可否认，这一趋势势必会在不久的将来成为现实。

另外，高考关注逻辑思维，并不一定会在所有普通高考中列入逻辑科目，更可能的是把关注逻辑思维的意图贯彻在不同科目的试题中。也就是说，仅靠死记硬背、机械训练、题海战术，是不可能较好地解答此类试题的。只有通过系统的训练，运用逻辑思维进行分析思考，才能圆满地解答此类试题。

培养学生的逻辑思维能力并非是一朝一夕的事情，如果能在平时的学习和生活中有意识地注重这方面能力的培养，自然会在“千军万马争过独木桥”时脱颖而出。

参与本书编写的人员还有龚宇华、陈一婧、于艳苓、何正雄、李志新、宋蓉珍、宋淑珍、叶淑英、刘展图、王瑛、王春风等人，他们在本书的编写过程中都付出了辛勤的劳动，才使本书这么快与读者见面，再次感谢！

目 录

第二部分　概念与定义判断............37

第三部分　逻辑判断与推理..........67

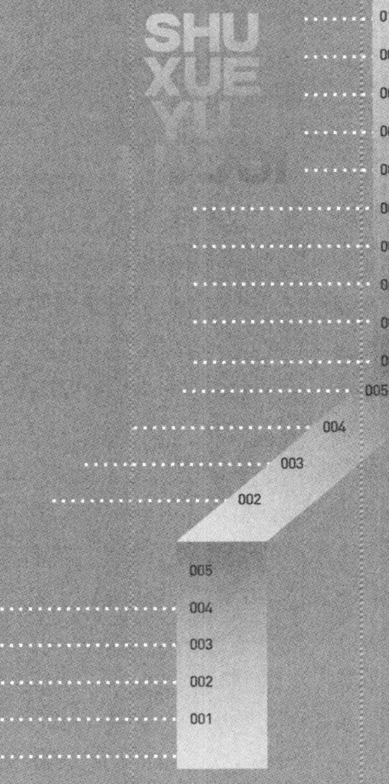

第一部分 数学运算

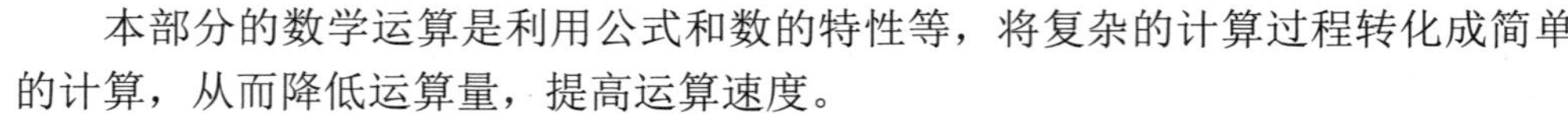

本部分的数学运算是利用公式和数的特性等，将复杂的计算过程转化成简单的计算，从而降低运算量，提高运算速度。

方法一：尾数法

对于一些不需要计算具体数值，或者有若干个参考选项的题目，不计算(有的时候也可能是无法计算)算式各项的值，只考虑各项的尾数，进而确定结果的尾数，由此在答案的选项中找出有该尾数的选项。

例 1：

计算$(1.1)^2+(1.2)^2+(1.3)^2+(1.4)^2$的值。

A. 5.14　　B. 6.18　　C. 5.39　　D. 6.30

解答：

本题直接计算出四个小数的平方计算量比较大，再求和很容易出现差错。而我们观察答案的时候，发现四个选项的尾数各不相同。因此可以用尾数法计算。

因为$(1.1)^2$的尾数为 1，$(1.2)^2$的尾数为 4，$(1.3)^2$的尾数为 9，$(1.4)^2$的尾数为 6。其和为 1+4+6+9=20，所以结果的尾数为 0。

所以，本题答案为 D。

方法二：代入法

代入法是指把各个选项分别代入题目中，如果不符合题目要求，或者推出矛盾，即可排除此选项。如果有一个唯一的符合题目要求的选项，则为正确答案。

例 2：

55 名学生围成一个圆圈站好，并按照顺时针的方向依次编号 1~55。然后 1 号开始报数，隔一个人 3 号继续报数，接着是 5 号、7 号……每一轮中，没有报数的同学都走出队伍，直到剩下最后一个人。请问，最后一个站在队伍中的人是几号？

A. 1 号　　B. 20 号　　C. 47 号　　D. 50 号

解答：

第一轮报数后，所有偶数编号的人都会走出队伍，所以排除了选项 B、D。第二轮开始的时候，在第一轮的最后一个人 55 号报数完毕后，1 号没有报数，即可排除 A。

所以答案是 C。

方法三：特殊值法

特殊值法就是在题目所给的取值范围内，找一个特殊的、可以使运算简单的数字代入到题目中，从而简化运算。

例 3：

某种白酒的酒精浓度为 20%，加入一满杯水后，测得酒精浓度为 15%。若再加入同样一满杯水，此时酒精浓度为多少？

A. 10%　　B. 12%　　C. 12.5%　　D. 13%

解答：

假设第一次加水后得到 100 克溶液，其中酒精 15 克，水 85 克。则加水前溶液一共有 15÷20%=75 克。即加水 100−75=25 克。

所以第二次加水后浓度为 15÷(100+25)=12%，答案为 B。

方法四：方程法

方程法是指将题目中的未知数用变量(如 x、y 等)表示，根据题目中给出的等量关系，列出含有变量的方程或方程组，通过求解未知数的数值得出答案。

例 4：

鸡和兔子关在同一个笼子里，小明数了一下，一共有 8 只头，26 只脚。请问，鸡和兔子各有多少？

解答：

设鸡有 x 只，兔子有 y 只。

$x+y=8$

$2x+4y=26$

解得：$x=3$，$y=5$

所以鸡有 3 只，兔子有 5 只。

方法五：图表法

图表法是指利用图形或者表格将复杂的数字之间的关系形象地表示出来，以便更加直观、快速地解决问题。

例 5：

高三 1 班有 3 名同学参加了数学竞赛，有 8 名同学参加了物理竞赛，两个竞赛都参加的只有 1 人，没有参加任何竞赛的有 30 人。请问：高三 1 班一共有多少人？

解答：

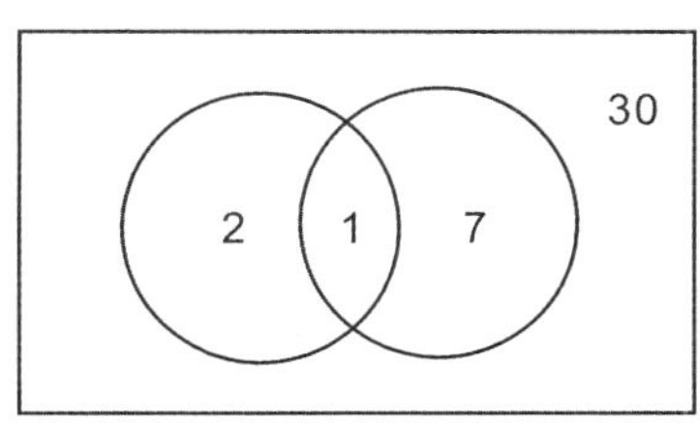

画出这样一个图来，就可以很容易地看出高三 1 班一共有 2+1+7+30=40 人。

方法六：整体法

整体法是指当我们无法或者不方便计算出各个个体的数值时，可以将一个或多个个体看成一个整体来考虑，从而简化问题。

例 6：

小明去超市买笔，发现买 1 支钢笔、4 支圆珠笔要 30 元钱，买 3 支钢笔、4 支铅笔要 50 元钱。请问：如果钢笔、圆珠笔、铅笔各买一支，要多少钱？

解答：

我们可以看出，本题无法分别求出每支钢笔、圆珠笔、铅笔分别多少钱。但是我们发现如果把它们加起来，即买 4 支钢笔、4 支圆珠笔、4 支铅笔需要 30+50=80 元，这样钢笔、圆珠笔、铅笔各买一支，需要 80÷4=20 元。

1. 国王的数学题

有位老国王决定在几位年轻的王子中挑选出一位最聪明的人来继承王位。一天，他把王子们都召集起来，出了一道数学题考他们。题目是：我有金、银两个宝箱，箱内分别装了若干件珠宝。如果把金宝箱中 25%的珠宝送给第一个算对这个题目的人，把银宝箱中 20%的珠宝送给第二个算对这个题目的人。然后我再从金宝箱中拿出 5 件送给第三个算对这个题目的人，再从银宝箱中拿出 4 件送给第四个算对这个题目的人，最后金宝箱中剩下的比分掉的多 10 件珠宝，银宝箱中剩下的与分掉的珠宝的比是 2∶1，请问谁能算出我的金宝箱、银宝箱中原来各有多少件珠宝？

2. 有趣的字母

有一个等式，如下：

ABCD×9=DCBA(相同字母代表相同的数字)

那么请问：DCBA−ABCD=？

3. 奖金

有一个公司，月底的时候给销售发放奖金。公司规定：销售业绩第一名的员工可以得到公司本月提供奖金的一半加上 100 元；第二名得到剩下奖金总额的一

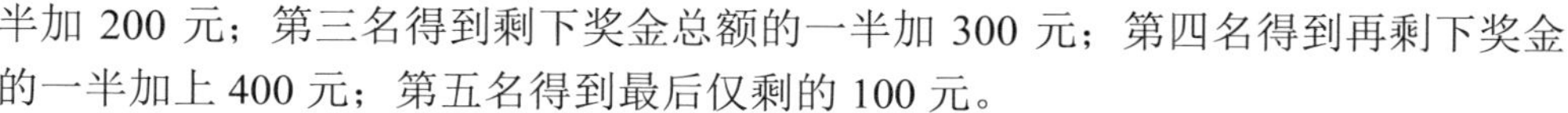

半加 200 元；第三名得到剩下奖金总额的一半加 300 元；第四名得到再剩下奖金的一半加上 400 元；第五名得到最后仅剩的 100 元。

问公司提供的奖金总额是多少？

4. 分配任务

班长为全班同学分配任务：七分之一的同学负责扫地，四分之一的同学负责拖地，负责这两个任务的同学数量差的 5 倍的同学负责打扫厕所，最后剩下的两位同学负责擦黑板和做黑板报。请问这个班一共有多少个同学？

5. 地租

某农场主将农场平均分成两份租给两个长工，第一个长工在元旦租下一半农场，另一个长工在八月一日租下农场，到了年末。第一个长工交了 12 000 元和 100 斤麦子作为地租；第二个长工交了 4000 元和 100 斤麦子作为地租。请问：现在多少钱一斤麦子？

6. 多少个演员

有个人问剧团团长：剧团现在有多少个演员。他回答说："2/7 的演员去了西藏，1/9 的人去了北京，1/3 的人去了成都，现在还有 102 人留守在长沙。"

请问这个剧团现在到底有多少演员？

7. 运送物资

解放军在前线抗美援朝，后方志愿者通过卡车往前线运送物资。已知装了物资的卡车每天只能行进 120 公里，不装物资的空车每天可以走 200 公里，如果 6 天往返了 4 次，那么两地相距多少公里。

8. 动物园

明明和红红周末逛动物园，在一个大笼子里关了鸵鸟和斑马。看了一会儿，明明说："我一共看到了 24 个脑袋。"红红说："笼子里一共有 68 条腿。"你知道鸵鸟和斑马各有多少吗？

9. 导师的诡计

一个博士生导师带了 8 名博士，他每天中午都和这八名学生一起吃饭。有一天一个学生说："老师，您什么时候可以让我们不写论文就得到博士学位。"导师说："这很简单，要不这样吧，我们定个日子：只要你们每人每天都换一下位子，直到你们 8 个人的排列次序重复的时候为止。那一天之后，只要你们 8 个人中的谁还是我的学生，那他不用写论文我就给他博士学位。"

请你算算，要过多久，这 8 个学生才能不写论文得到博士学位呢？

10. 领文具

有个人拿着一筐文具往办公室走，另一个公司的人看到了，就问他："你们公司到底多少人啊，需要这么多文具？"他说："每个人一支笔，每两个人一瓶胶水，每三个人一个订书机，每四个人一把尺子，我一共拿了 120 件文具，还差 5 把尺子呢。"请问，他们公司有多少人？

11. 保持平衡

仔细观察下面的滑轮，每个相同形状的物体的重量都是相同的，前三个滑轮系统都是平衡状态，请问第四个滑轮系统要用多重的物体才能使其保持平衡？

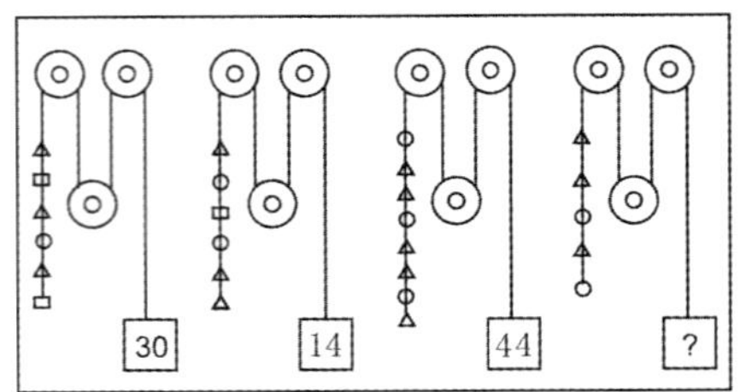

12. 三人决斗

三个小伙子同时爱上了一个姑娘，为了决定他们谁能娶这个姑娘，他们决定用手枪进行一次决斗。阿历克斯的命中率是 30%；克里斯比他好些，命中率是 50%；最出色的枪手是鲍博，他从不失误，命中率是 100%。由于这个显而易见的事实，为公平起见，他们决定按这样的顺序：阿历克斯先开枪，克里斯第二，鲍博最后。

然后这样循环，直到他们只剩下一个人。那么这 3 个人中谁活下来的机会最大呢？他们都应该采取什么样的策略？

13. 抢糖果

爸爸出差给孩子带回来一包糖果，一共正好有 100 颗，爸爸让两个孩子从这堆糖果中轮流拿糖，谁能拿到最后一颗糖果谁为胜利者，爸爸会奖励一个神秘的礼物。当然拿糖是有一定条件的：每个人每次拿的糖至少要有 1 个，但最多不能超过 5 个，请问：如果你是弟弟，你先拿，你该拿几个？以后怎么拿才能保证你能拿到最后一个糖果呢？

14. 贪心的渔夫

有一个渔夫得到了捕鱼的秘技，每天打的鱼都是前一天的 3 倍。结果等到第五天的时候，教他秘技的人说："我告诉你每天不能超过 10 条鱼，你现在五天已经打了 1089 条了。你以后一条鱼也打不到了。"渔夫郁闷地说："我听您说是：第一天不能超过 10 条鱼。"请问他这几天，每天打了几条鱼？

15. 农夫买鸡

从前有个农夫想要办一个养鸡场，需要买 100 只鸡。已知公鸡每只 5 元，母鸡每只 3 元，小鸡三只 1 元。现在农夫手中只有 100 元资金，问可以买公鸡、母鸡、小鸡各多少只？(钱要正好花完)

16. 各买了多少苹果

两个商贩共卖了 1000 斤苹果，一个卖得多，一个卖得少，但是卖了同样的钱。一个商贩对另一个说："如果我有你那么多的苹果，我能卖到 4900 元。"另一个说："如果我有你那么多的苹果，只能卖到 900 元。"你知道两人各卖了多少苹果吗？

17. 有多少士兵

空降兵深入敌后，有一小波军队聚集在了一起，长官问一个下士，现在还有多少士兵。下士回答道："如果我们再失去 100 名士兵，我们的食物还够吃 5 天；

如果我们再失去 200 名士兵，那食物还够吃 6 天。”

请问，他们现在一共有多少士兵？

18. 平均速度

某人步行了 5 小时，先沿着平路走，然后上山，最后又沿原路走回出发地。假如他在平路上每小时走 4 千米，上山每小时走 3 千米，下山每小时走 6 千米，试求他 5 小时共走了多少千米？

19. 多少零件

一家工厂 4 名工人每天工作 4 个小时，每 4 天可以生产 4 个零件，那么 8 名工人每天工作 8 个小时，8 天能生产多少个零件呢？

20. 买衣服

六名同学一起去商店买衣服，其中有两名男同学，四名女同学。他们各自购买了若干件衣服。购买情况如下：

(1) 每件衣服的价格都以分为最小单位；

(2) 甲购买了 1 件，乙购买了 2 件，丙购买了 3 件，丁购买了 4 件，戊购买了 5 件，而己购买了 6 件；

(3) 两个男生购买的衣服，每件的单价都相同；

(4) 其他四名女同学购买的衣服，每件的单价都是男生所购衣服单价的 2 倍；

(5) 这六人总共花了 1000 元。

问：这六人中哪两个人是男生？

21. 堆高台

堆一层的高台需要 1 块儿大石头，堆两层的高台需要 5 块儿大石头，三层高台需要 14 块儿大石头，4 层高台需要 30 块儿大石头。如果堆一个 9 层高台需要多少块儿大石头？

22. 排队

有个学校，学生每 3 人一队，正好排完；每 5 人一队，最后还剩 3 个人；每 7

人一队，最后也是剩 3 个人。那么，你知道这个学校一共有多少名学生吗？

23. 运米问题

《九章算术》是我国最古老的数学著作之一，全书共分九章，有 246 个题目。其中一道题目是这样的：一个人用车装米，从甲地运往乙地，装米的车日行 25 千米，不装米的空车日行 35 千米，5 日往返三次，问两地相距多少千米？

24. 鸡兔同笼

今有鸡兔同笼，上有 35 个头，下有 94 只脚。问鸡兔各几只？

25. 兔子问题

13 世纪，意大利数学家伦纳德提出下面一道有趣的问题：如果每对大兔每月生一对小兔，而每对小兔生长一个月就能成为大兔，并且所有的兔子全部存活，那么有人养了初生的一对小兔，一年后共有多少对兔子？

26. 洗碗问题

我国古代《孙子算经》中有一道著名的“河上荡杯”题(注：荡杯即洗碗)。题目大意是：一位农妇在河边洗碗。邻居问：“你家里来了多少客人，要用这么多碗？”她答道：“客人每两位合用一只饭碗，每三位合用一只汤碗，每四位合用一只菜碗，一共洗了 65 只碗。”请问，她家里究竟来了多少位客人？

27. 三女归家

今有三女，长女五日一归，中女四日一归，少女三日一归。问三女何日相会？

这道题也是我国古代名著《孙子算经》中为计算最小公倍数而设计的题目。意思是：一家有三个女儿都已出嫁。大女儿五天回一次娘家，二女儿四天回一次娘家，小女儿三天回一次娘家。三个女儿从娘家同一天走后，至少再隔多少天三人可以再次在娘家相会？

28. 有女善织

有一位善于织布的妇女，每天织的布都比前一天翻一番。五天共织了 62 尺布，请问她这五天各织布多少尺？

29. 利息问题

今有人举取他绢，重作券，要过限一日息绢一尺，二日息二尺，如是息绢日多一尺。今过限一百日。问息绢几何？

意思是说：一个债主拿借方的绢作为抵押品，债务过期一天要纳 1 尺绢作为利息，过两天利息是 2 尺，这样，每天利息增多 1 尺。现在请问，如果过期 100 天，共需要缴纳利息多少尺绢？

30. 良马与驽马

今有良马与驽马发长安至齐。齐去长安三千里。良马初日行一百九十三里，日增十三里；驽马初日行九十七里，日减半里。良马先至齐，复还迎驽马。问几何日相逢及各行几何？

意思是说：有好马和劣马同时从长安出发去齐。齐离长安 3000 里。好马第一天走 193 里。以后每天比前一天增加 13 里；劣马第一天走 97 里，以后每天比前一天减少半里。好马先到达齐，马上回头去迎接劣马。问一共走了多少天两马才能相遇？这时两马各走多少里？

31. 黑蛇进洞

一条长 80 安古拉(古印度长度单位)的大黑蛇，以十四分之五天爬七又二分之一安古拉的速度爬进一个洞，而蛇尾每四分之一天却要长四分之十一安古拉。请问黑蛇需要几天才能完全爬进洞？

32. 三女刺绣

今有三女各刺文一方，长女七日刺讫，中女八日半刺讫，小女九日太半刺讫。今令三女共刺一方，问几何日刺讫？

意思是说：有三个女子各绣一块花样，大女儿用了 7 天时间绣完，二女儿用了 8 天半绣完，小女儿用了 9 又 2/3 天绣完。现在三个女子一起来绣这块花样，得用多少天时间绣完？

33. 紫草染绢

今有绢一匹买紫草三十斤，染绢二丈五尺。今有绢七匹，欲减买紫草，还自染余绢。问减绢、买紫草各几何？

意思是说：用一匹绢能换紫草 30 斤，这 30 斤紫草能染 25 尺绢。现在有 7 匹绢，准备用其中一部分去换紫草，来染剩下的绢。问：要拿多少绢去换紫草？换多少斤紫草？

按古法：1 匹等于 4 丈，1 丈等于 10 尺。

34. 耗子穿墙

两只老鼠想见面，可是隔着一堵墙，于是它们齐声喊道："咱们一起打洞吧！"于是，它们找了一处对着的地方打起洞来。这两只老鼠一大一小，头一天各打进墙内一尺。大鼠越干越有劲，以后每天的进尺都比前一天多一倍；小鼠越干越累，以后每天的进尺都是前一天的一半。现在知道墙壁厚五尺，问几天后它们才能会面？大小老鼠各打穿了几尺？

35. 数不知总

今有数不知总，以五累减之无剩，以七百十五累减之剩十，以二百四十七累减之剩一百四十，以三百九十一累减之剩二百四十五，以一百八十七累减之剩一百零九，问总数若干？

意思是说：现在有一个数，不知道是多少。用 5 除可以除尽；用 715 除，余数为 10；用 247 除，余数是 140；用 391 除，余数是 245；用 187 除，余数是 109。问这个数是多少？

36. 余米推数

有米铺诉被盗，去米一般三箩，皆适满，不记细数。今左壁箩剩一合，中间箩剩一升四合，右壁箩剩一合。后获贼，系甲、乙、丙三人，甲称当夜摸得马勺，在左壁箩满舀入布袋；乙称踢得木履，在中箩舀入袋；丙称摸得漆碗，在右壁箩舀入袋，将归食用，日久不知数。索到三器，马勺满容一升九合，木履容一升七合，漆碗容一升二合。欲知所失米数，计赃结断，三盗各几何？

意思是说一天夜里，某粮店遭窃，店里的 3 箩米所剩无几。官府派员勘查现场发现，3 个同样大小的箩，第一个剩 1 合米，第 2 个剩 14 合米，第 3 个剩 1 合米。当问及店老板丢失多少米时，回答说，只记得原来 3 箩米是一样多的，具体丢多少不清楚。后来抓到了三名盗贼，他们供认：甲用马勺从第一箩里掏米，乙用木履从第二箩里掏米，丙用大碗从第三箩里掏米，每次都掏满。经测量，马勺容量为 19 合，木履容量为 17 合，大碗容量为 12 合。问三名小偷各偷走了多少米？(合是一种传统的米容器，10 合为 1 升，10 升为 1 斗，10 斗为 1 石)

37. 五家共井

“今有五家共井，甲二绠不足，如乙一绠；乙三绠不足，如丙一绠；丙四绠不足，如丁一绠；丁五绠不足，如戊一绠；戊六绠不足，如甲一绠。如各得所不足一绠，皆逮。问井深、绠长各几何？”

意思是说：现在有五家共用一口井，甲、乙、丙、丁、戊五家各有一条绳子汲水(下面用文字表示每一家的绳子)：甲×2+乙=井深，乙×3+丙=井深，丙×4+丁=井深，丁×5+戊=井深，戊×6+甲=井深，求甲、乙、丙、丁、戊各家绳子的长度和井深。

38. 余数问题

二数余一，五数余二，七数余三，九数余四，问本数。

意思是说：一个数，用 2 除余 1，用 5 除余 2，用 7 除余 3，用 9 除余 4，问这个数最小是几？

注：本数即为最小值。

39. 铜币问题

12 世纪时，印度数学家婆什迦罗也曾编了一道习题：

某人对一个朋友说：“如果你给我 100 枚铜币，我将比你富有 2 倍。”朋友回答说：“你只要给我 10 枚铜币，我就比你富有 6 倍。”问这两人各有多少铜币？

40. 七猫问题

在七间房子里，每间都养着七只猫；在这七只猫中，不论哪只，都能捕到七

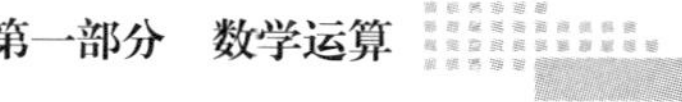

只老鼠；而这七只老鼠，每只都要吃掉七个麦穗；如果每个麦穗都能剥下七颗麦粒，请问：房子、猫、老鼠、麦穗、麦粒都加在一起总共应该有多少？

41. 汉诺塔问题

古印度有个传说：神庙里有三根金刚石棒，第一根上面套着 64 个圆金片，自下而上从大到小摆放。有人预言，如果把第一根石棒上的金片全部搬到第三根上，世界末日就来了。当然，搬动这些金片是有一定规则的，可以借用中间的一根棒，但每次只能搬动一个金片，且大的金片不能放在小的金片上面。为了不让世界末日到来，神庙众高僧日夜守护，不让其他人靠近。这时候，一个数学家路过此地，看到这样的情景，笑了！

他为什么笑？

42. 木长几何

今有木，不知其数，引绳度之，余绳四尺五寸；屈绳量之，不足一尺，问木长几何？

意思是说：用一根绳子去量一根长木头，绳子还剩余 4.5 尺，将绳子对折后再量长木，长木多出 1 尺，问长木头有多长？

43. 相遇问题

今有甲，发长安，五日至齐；乙发齐，七日至长安。今乙发已先二日，甲乃发长安。问几何日相逢？

大意是：甲从长安出发，需五天时间到达齐；乙从齐出发，需七天时间到达长安。现在乙从齐出发两天后，甲才从长安出发。问几天后两人相遇？

44. 关税问题

今有人持金出五关，前关二而税一，次关三而税一，次关四而税一，次关五而税一，次关六而税一。并五关所税，适重一斤。问本持金几何？

意思是说：某人拿金子过五个关口，第一关收税二分之一，第二关收三分之一，第三、四、五关分别收税四分之一、五分之一、六分之一。一共被收税正好一斤重。问原来拿了多少金子？

45. 韩信点兵(1)

韩信率军出征，他想知道一共带了多少士兵，于是命令士兵每 10 人一排排好，排到最后发现缺 1 人。

他认为这样不吉利，就改为每 9 人一排，可最后一排又缺了 1 人；

改成 8 人一排，最后一排仍缺 1 人；

7 人一排，缺 1 人；

6 人一排，缺 1 人；

5 人一排，缺 1 人；

4 人一排，缺 1 人；

3 人一排，缺 1 人；

直到 2 人一排还是缺一人。

韩信仰天长叹，难道这场仗注定要以失败告终吗！

你能算出韩信至少带了多少士兵吗？

46. 韩信点兵(2)

我国汉代有一位大将，名叫韩信。据说他每次集合部队，都要求部下报三次数，第一次按 1～3 报数，第二次按 1～5 报数，第三次按 1～7 报数，每次报数后都要求最后一个人报告他报的数是几，这样韩信就知道一共到了多少人。你知道他是如何做到的吗？

47. 托尔斯泰的割草问题

俄国伟大的作家托尔斯泰曾出过这样一道题：一组割草人要把两块草地上的草割完。大的一块草地的面积是小的一块草地面积的 2 倍，上午全部人都在大的一块草地上割草。下午一半人仍留在大草地上，到傍晚时把大草地的草割完。另一半人去割小草地的草，到傍晚还剩下一部分，这一部分由 1 名割草人再用一天时间刚好割完。问这组割草人共有多少人？(假设每个割草人的割草速度都相同。)

48. 柯克曼女生散步问题

这个女生散步问题是由英国数学家柯克曼(1806—1895)于 1850 年提出来的。

具体问题表述如下。

一个学校有 15 名女生，她们每天要做三人行的散步，要使每个女生在一周内的每天做三人行散步时，与其他同学再组成三人小组同行时，彼此只有一次相遇在同一小组内，应怎样安排？

49. 苏步青跑狗问题

我国著名数学家苏步青教授有一次在德国访问，一位有名的德国数学家在电车上给他出了一道题：“甲、乙两人相向而行，距离为 50km。甲每小时走 3km，乙每小时走 2km，甲带一只狗，狗每小时跑 5km，狗跑得比人快，同甲一起出发，碰到乙后又往甲方向跑，碰到甲后又往乙方向跑，这样继续下去，直到甲、乙两人相遇时，这只狗一共跑了多少千米？”(假设狗的速度恒定，且不计转弯的时间。)

50. 阿基米德分牛问题

太阳神有一牛群，由白、黑、花、棕四种颜色的公、母牛组成，在公牛中，白牛数多于棕牛数，多出之数相当于黑牛数的 1/2；黑牛数多于棕牛数，多出之数相当于花牛数的 1/3；花牛数多于棕牛数，多出之数相当于白牛数的 1/4。

在母牛中，白牛数是全体黑牛(包括公牛)数的 1/3；黑牛数是全体花牛数的 1/4；花牛数是全体棕牛数的 1/5；棕牛数是全体白牛数的 1/6。

问这群牛最少有多少头，是怎样组成的？

51. 三十六军官问题

大数学家欧拉曾提出这样一个问题：即从不同的 6 个军团中各选 6 种不同军阶的 6 名军官共 36 人，排成一个 6 行 6 列的方队，使得各行各列的 6 名军官恰好来自不同的军团而且军阶各不相同，应如何排这个方队？

52. 泊松分酒问题

法国数学家泊松在少年时被一道数学题深深地吸引住了，从此便迷上了数学。这道题是：某人有 8 升酒，想把一半赠给别人，但没有 4 升的容器，只有一个 3 升和一个 5 升的容器。利用这两个容器，怎样才能用最少的次数把这 8 升酒分成相等的两份？

53. 牛顿牛吃草问题

英国大数学家牛顿曾编过这样一道数学题：牧场上有一片青草，每天都生长得一样快。这片青草供给 10 头牛吃，可以吃 22 天；或者供给 16 头牛吃，可以吃 10 天。如果供给 25 头牛吃，可以吃几天？

54. 欧拉遗产问题

欧拉遗产问题是大数学家欧拉的数学名著《代数基础》中的一个问题。题目是这样的：

一位父亲，临终时嘱咐他的儿子们这样来分配他的财产：第一个儿子分得 100 克朗和剩下财产的十分之一；第二个儿子分得 200 克朗和剩下财产的十分之一；第三个儿子分得 300 克朗和剩下财产的十分之一；第四个儿子分得 400 克朗和剩下财产的十分之一；……。按这种方法一直分下去，最后，每一个儿子所得财产一样多。

问：这位父亲共有几个儿子？每个儿子分得多少财产？这位父亲共留下了多少财产？

55. 哥德巴赫猜想

哥德巴赫是二百多年前德国的数学家。他发现一个规律：

每一个大于或等于 6 的偶数，都可以写成两个素数的和(简称“1+1”)。如：10=3+7，16=5+11，等等。他检验了很多偶数，都表明这个结论是正确的。但他无法从理论上证明这个结论是对的。1748 年他写信给当时很有名望的大数学家欧拉，请他指导。欧拉回信说，他相信这个结论是正确的，但也无法证明。因为没有从理论上得到证明，所以这个问题只是一种猜想，我们就把哥德巴赫提出的这个问题称为哥德巴赫猜想。

世界上许多数学家为证明这个猜想做出了很大的努力，他们由“1+4”→“1+3”到 1966 年我国数学家陈景润证明了“1+2”。也就是任何一个充分大的偶数，都可表示成两个数的和，其中一个是素数，另一个或者是素数，或者是两个素数的积。

你能把下面各偶数，写成两个素数的和吗？

(1) 100=

(2) 50=

(3) 20=

56. 布哈斯卡尔的蜜蜂问题

这是古印度的数学谜题，因诗人郎费罗的介绍而广为流传。下面我们用汉语将大意叙述一下：公园里有甲、乙两种花，有一群蜜蜂飞来。1/5 落在菜花上，1/3 落在莲花上，如果还有落在这两种花上的两小群蜜蜂数量之差的 3 倍去采蜜，那么剩下的最后 1 只绕着樱花上下飞。请问这群蜜蜂的总数是多少？

57. 马塔尼茨基的短衣问题

有一个雇主约定每年给工人 12 元钱和一件短衣，工人做工到 7 个月想要离去，雇主按比例给了他 5 元钱和一件短衣。请问，这件短衣价值多少钱？

58. 涡卡诺夫斯基的领导问题

有人问船长，在他的领导下有多少人，他回答说：“2/5 的人去站岗，2/7 的人在吃饭，1/4 的人在医院，剩下 27 人现在在船上。”

请问在他领导下共有多少人？

59. 埃及金字塔的高度

世界闻名的金字塔，是古代埃及国王们的坟墓。这些建筑雄伟高大，形状像个“金”字，故而称为金字塔。它的底面是个正方形，塔身的四面是倾斜着的等腰三角形。2600 多年前，埃及有位国王，请来一位名叫法列士的学者测量金字塔的高度。

按照当时的条件，你知道该怎么计算吗？

60. 古罗马人遗嘱问题

传说，有一个古罗马人，在他临死时，给怀孕的妻子写了一份遗嘱：生下来的如果是儿子，就把遗产的 2/3 给儿子，母亲拿 1/3；生下来的如果是女儿，就把遗产的 1/3 给女儿，母亲拿 2/3。结果这位妻子生了一男一女，该怎样分配，才能接近遗嘱的要求呢？

答案：

1. 国王的数学题

40 件，30 件。
设金宝箱中原有 x 件，银宝箱中有 y 件。
则可得到下面的式子：$x-25\%x-5=25\%x+5+10$；
$y-20\%y-4=2\times(20\%y+4)$。
解得：$x=40$，$y=30$。

2. 有趣的字母

一个四位数字乘以 9 还是个四位数字，所以这个数的首位一定是 1，末位就是 9。这样再确定百位，因为百位在乘 9 的时候并没有进位到千位，所以百位应该为 0，这样在确定十位应该是 8，所以原来的数是 1089，乘以 9 后是 9801，两者的差，即答案为：8712。

3. 奖金

倒着推就很容易能算出来了，一共是 11400 元。

4. 分配任务

可以将这道题归结为简单的方程。
设共有 x 个同学，由条件得：
$x/4+x/7+5(x/4-x/7)+2=x$
解这个方程，得到：$x=28$
所以答案是共有 28 个同学。

5. 地租

假设麦子的价格为 x 元每斤。
根据题意列方程：
$(4000+100x)/(12000+100x)=5/12$
解得：$x=17.1$
所以现在的麦子是 17.1 元一斤。

6. 多少个演员

$102/(1-1/9-2/7-1/3)=378$。

所以这个剧团现在一共有 378 人。

7. 运送物资

设两地距离 x 千米，往返 4 次也就是说装物资和空车各行了 $4x$ 千米。

$4x/120+4x/200=6$

解得：

$x=112.5$ 公里。

所以两地相距 112.5 公里。

8. 动物园

本题可以列方程。假设鸵鸟有 x 只，那么斑马有 $24-x$ 只。

根据题意，可知：

$2x+4(24-x)=68$

解得 $x=14$。

所以鸵鸟有 14 只，斑马有 10 只。

9. 导师的诡计

实际上是不可能的，因为隔的时间太久了，要 40320 天，相当于 100 多年。算法为：每天换一下位子，第一个人有 8 种坐法，第二个人有 7 种，第三个人有 6 种，……，第八个人只有 1 种。$8\times7\times6\times5\times4\times3\times2\times1=40320$。

10. 领文具

假设他们公司一共有 x 人，可以列出方程式：

$x+x/2+x/3+x/4=120+5$

解得：$x=60$。

所以，他们公司一共有 60 个人。

11. 保持平衡

根据前三个系统平衡，计算出圆、三角、方形物体的重量，然后计算即可。第四个应该是 24。

12. 三人决斗

设：A 代表阿历克斯；B 代表克里斯；C 代表鲍博。

只有 AB 相对：

A 活下来的可能性为 $30\%+70\%\times50\%\times30\%+70\%\times50\%\times70\%\times50\%\times30\%+\cdots$

=0.3/0.65。

B活下来的可能性为70%×50%+70%×50%×70%×50%+70%×50%×70%×50%×70%×50%+…=0.35/0.65。

应该恰好等于1−0.3/0.65。

只有AC相对：

A活下来的可能性为30%。

C活下来的可能性为70%。

只有BC相对：

B活下来的可能性为50%。

C活下来的可能性为50%。

三人相对：

A活下来有以下三种情况。

(1) A杀了C，B杀不死A，A又杀了B，概率30%×50%×0.3/0.65。

(2) A杀不死C，B杀了C，A杀了B，概率70%×50%×0.3/0.65。

(3) A杀不死C，B杀不死C，C杀了B，A杀了C，概率70%×50%×30%。

所以A活下来的可能性为0.105+3/13≈0.336，大于1/3，比较幸运了。

也有人对此提出质疑，他认为：A的正确决策是首先朝天开枪！在这种情况下，B和A一定会死一个，那么A在该情况下就有30%的概率可能活命！比其他任何情况都高！这才是A的策略，也是A所能控制的情况。

B活下来有以下三种情况。

(1) A杀了C，B杀了A，概率为30%×50%。

(2) A杀不死C，B杀了C，AB相对的情况下B杀了A，概率为70%×50%×0.35/0.65。

(3) A杀了C，B杀不了A，AB相对的情况下B杀了A，概率为30%×50%×0.35/0.65。

所以B活下来的可能性为0.15+3.5/13≈0.419，大于1/3，非常幸运了。

C活下来只有一种情况：

A杀不死C，B杀不死C，C杀了B，A杀不死C，C杀了A，概率为70%×50%×70%，

所以C活下来的可能性为0.245，小于1/3，非常不幸。

而且A、B、C活下来可能性之和恰为1。

13. 抢糖果

先拿4个，之后哥哥拿 n 个($1\leqslant n\leqslant 5$)，你就拿 $6-n$ 个，每一轮都是这样，就能保证你能拿到最后一个糖果。

(1) 我们不妨逆向推理，如果只剩 6 个糖果，让对方先拿，你一定能拿到第 6 个糖果。理由是：如果他拿 1 个，你拿 5 个；如果他拿 2 个，你拿 4 个；如果他拿 3 个，你拿 3 个；如果他拿 4 个，你拿 2 个；如果他拿 5 个，你拿 1 个。

(2) 我们再把 100 个糖果从后向前按组分开，6 个一组。100 不能被 6 整除，这样就分成 17 组。第 1 组 4 个，后 16 组每组 6 个。

(3) 自己先把第 1 组的 4 个拿完，后 16 组每组都让对方先拿，自己拿剩下的。这样你就能拿到第 16 组的最后一个，即第 100 颗糖果了。

14. 贪心的渔夫

如果把第一天打的鱼看作 1 份，可以知道第二、三、四、五天打的鱼分别是 3、9、27、81 份。根据打鱼的总和和总份数，能先求出第一天打的鱼数量，再求出以后几天鱼的数目。

即 1089/(1+3+9+27+81)=9(条)。

所以他这五天分别打了 9,27,81,243,729 条鱼。

15. 农夫买鸡

有三种可能：4 只公鸡、18 只母鸡、78 只小鸡；8 只公鸡、11 只母鸡、81 只小鸡；12 只公鸡、4 只母鸡、84 只小鸡。

解题过程如下：

设买公鸡 x 只，买母鸡 y 只，买小鸡 z 只，那么根据已知条件列方程，有

$x+y+z=100$……①

$5x+3y+z/3=100$……②

②×3−①，得

$14x+8y=200$

也就是 $7x+4y=100$……③

在③式中 $4y$ 和 100 都是 4 的倍数：

$7x=100-4y=4(25-y)$

因此 $7x$ 也是 4 的倍数，7 和 4 是互质的，也就是说 x 必须是 4 的倍数。

设 $x=4t$

代入③，得 $y=25-7t$

再将 $x=4t$ 与 $y=25-7t$ 代入①，有：

$z=75+3t$

取 $t=1$，$t=2$，$t=3$，就有：

$x=4$，$y=18$，$z=78$；

或 $x=8$，$y=11$，$z=81$；
或 $x=12$，$y=4$，$z=84$；
因为 x、y、z 都必须小于 100 且都是正整数，所以只有以上三组解符合题意。

16. 各买了多少苹果

设卖得少的商贩有 x 斤苹果，另一个则有 $(1000-x)$ 斤。
卖得少的单价为：$4900/(1000-x)$
卖得多的单价为：$900/x$
那么：$4900x/(1000-x)= 900(1000-x)/x$
解得：$x=300$
所以一个商贩卖了 300 斤苹果，另一个商贩卖了 700 斤苹果。

17. 有多少士兵

设现在一共有 x 名士兵。
$(x-100)\times5=(x-200)\times6$
解得：$x=700$
所以现在一共还有 700 名士兵。

18. 平均速度

设平路的路程为 x，上坡的路程为 y。则
$2x/4+y/3+y/6=5$
$x+y=10$
所以他 5 小时一共走了 $2x+2y=20$ 千米。

19. 多少零件

是 32 个。可以这样计算：4 人工作 4×4 小时生产 4 个零件，所以，1 人工作 4×4 小时生产 1 个零件，这样每人工作 1 小时就生产 1/16 个零件。

因此，8 个人每天工作 8 小时，一共工作 8 天，生产的零件数目就是 $8\times8\times8\times1/16=32$ 个。

20. 买衣服

丁和己是男生。设男生买的衣服单价为 X
$2\times(1+2+3+4+5+6)X-N\times X=1000$
N 为两名男生所买件数和，取值范围在 3～11 之间。$42-N$ 的取值范围为 31～39 之间。

X 为男生所买衣服的单价，要求 $1000/X$ 是个整数或者两位以内的有限小数。

解得 $42-N=1000/X$。

只有当 N 为 10 时，$42-N=32$。$1000/X$ 符合条件。

而能等于 10 的只有 4+6，也就是丁和己是男生。

21. 堆高台

285 块儿。

$1=1$

$5=1+2\times2$

$14=1+2\times2+3\times3$

$30=1+2\times2+3\times3+4\times4$

所以

$1+2\times2+3\times3+4\times4+5\times5+6\times6+7\times7+8\times8+9\times9=285$

22. 排队

一共有 108 名学生。计算过程为：设人数为 m。x、y、z 为 m 被 3、5、7 除得的整数商，则可列出以下方程式：$3x=5y+3=7z+3=m$。从上式中可得：$x=5y/3+1$，$z=5y/7$。从上式中可得：$y=21$。故学生数为：$m=5\times21+3=108$(枚)。

23. 运米问题

设两地距离 x 千米，往返 3 次也就是说装米和空车各行了 $3x$ 千米。

$3x/25+3x/35=5$

解得 $x=875/36$ 千米

所以两地相距 875/36 千米。

24. 鸡兔同笼

本题可以列方程。假设鸡有 x 只，则兔子有 $35-x$ 只。

根据题意，可得：

$2x+(35-x)\times4=94$

解得：$x=23$

所以鸡有 23 只，兔子有 35−23=12 只。

另外还有其他一些简便算法：

有人是这样计算的：假设这些动物全都受过训练，一声哨响，每只动物都抬起一条腿，再一声哨响，又分别抬起一条腿，这时鸡全部坐在了地上，而兔子还用两只后腿站立着。此时，脚的数量为 94−35×2=24，所以兔子有 24/2=12 只，则鸡有 35−12=23 只。

或者说：假设把 35 只全看作鸡，每只鸡有 2 只脚，一共应该有 70 只脚。比已知的总脚数 94 只少了 24 只，少的原因是把每只兔的脚少算了 2 只。看看 24 只里面少算了多少个 2 只，便可求出兔的只数，进而求出鸡的只数。

除此之外，我国古代有人也想出了一些特殊的解答方法。

假设一声令下，笼子里的鸡都表演“金鸡独立”，兔子都表演“双腿拱月”。那么鸡和兔着地的脚数就是总脚数的一半，而头数仍是 35。这时鸡着地的脚数与头数相等，每只兔着地的脚数比头数多 1，那么鸡兔着地的脚数与总头数的差就等于兔的头数。

我国古代名著《孙子算经》对这种解法就有记载：“上署头，下置足。半其足，以头除足，以足除头，即得。”

具体解法：兔的只数是 94÷2−35=12(只)，鸡的只数是 35−12=23(只)。

25. 兔子问题

第一个月初，有 1 对兔子；第二个月初，仍有一对兔子；第三个月初，有 2 对兔子；第四个月初，有 3 对兔子；第五个月初，有 5 对兔子；第六个月初，有 8 对兔子；……。把这些数顺序排列起来，可得到下面的数列：

1，1，2，3，5，8，13，…

观察这一数列，可以看出：从第三个月起，每月兔子的对数都等于前两个月对数的和。根据这个规律，可以推算出第十三个月初的兔子对数，也就是一年后养兔人有兔子的总对数。

26. 洗碗问题

设客人是 x 人，可用各种碗的个数合起来等于碗的总数的关系列方程解答。

$x/2+x/3+x/4=65$

解得：$x=60$

所以她家一共来了 60 位客人。

这道题目在《孙子算经》中的解法是这样记载的：“置六十五只杯，以一十二乘之，得七百八十，以一十三除之，即得。”

27. 三女归家

从刚相会到最近的再一次相会的天数，是三个女儿回家间隔天数的最小公倍数。也就是求 5、4、3 的最小公倍数，为 60。所以至少要隔 60 天，三人才能再次在娘家相会。

28. 有女善织

若把第一天织的布看作 1 份，可知她第二、三、四、五天织的布分别是 2、4、8、16 份。根据织布的总尺数和总份数，能先求出第一天织的尺数，再求出以后几天织布的尺数。

即 $62/(1+2+4+8+16)=2$(尺)

所以她这五天分别织布 2,4,8,16,32 尺。

29. 利息问题

这道题就是一个等比数列求和问题。

$1+2+3+4+\cdots+99+100=(1+100)\times100/2=5050$

所以过期 100 天一共需要缴纳利息 5050 尺绢。

30. 良马与驽马

本题过程有些复杂。

首先，我们要计算出两马相遇共跑的路程。良马跑完全程 3000 里后，再返回途中与驽马相遇，相遇时两匹马一共跑了 $3000\times2=6000$(里)。所以可以把这个过程看成是一个简单的相遇问题，即良马相向而行，总距离为 6000 里。

然后我们再用等差数列求和公式，分别计算出两匹马各行多少里，它们的和为 6000 里，解出即可。

设 n 天后两马相遇，由等差数列求和公式列方程得：

$[193n+13n(n-1)/2]+[97n-1/2\times n(n-1)/2]=6000$

解得：$n=15.7$(天)

良马所走的距离为 $193n+13n(n-1)/2=4534.24$(里)，驽马所走的距离为 $6000-4534.24=1465.76$(里)。

31. 黑蛇进洞

每 5/14 天只前进了 15/2 安古拉，每天前进 $15/2\div5/14=21$(安古拉)，它的尾巴每 1/4 天就要长出 11/4 安古拉，每天长出 $11/4\div1/4=11$(安古拉)。

设大黑蛇要过 x 天才能完全进洞，则：

$21x=80+11x$

$10x=80$

$x=8$(天)

所以大黑蛇要 8 天时间才能完全进洞。

32. 三女刺绣

设这个花样总数为 1，则大女儿的速度为 1/7，二女儿的速度为 1/8，小女儿的速度为 3/29。

如果一起绣的话，所用时间为 1/(1/7+1/8+3/29)=2.7(天)。

所以三个女子一起来绣这块花样，一共需要 2.7 天时间。

33. 紫草染绢

一匹绢等于 40 尺，7 匹=280 尺。

设需要卖掉 x 尺，则剩下 $280-x$ 尺。

每卖一尺绢所买的紫草可以染绢数为 25/40 尺。

根据题意可得：$25x/40=280-x$

$x=172.3$(尺)

所以要卖掉 172.3 尺，可以换紫草 172.3/40×30=129(斤)。

34. 耗子穿墙

这是一个等比数列问题，又叫“盈不足术”。

第一日，大、小鼠各打 1 尺，共计 2 尺；第二日，大鼠打 2 尺，小鼠打 0.5 尺，共计 2.5 尺，差 0.5 尺；第三日，大鼠打 4 尺，小鼠打 0.25 尺，共计 4.25 尺，多 3.75 尺。二日不足，三日则盈，需用 0.5÷4.25=2/17(日)，所以共用 2 又 2/17 日。

35. 数不知总

看来问题比较麻烦，但通过细心观察，还是有窍门可寻的。

第一句“以五累减之无剩”其实是多余的，因为这个数以 715 除余 10 必定是 5 的倍数。第三句话“以 247 累减之剩 140”，就是说此数减去 247 的若干倍后还余 140，140 是 5 的倍数，此数也是 5 的倍数，那么减去的 247 的倍数也应是 5 的倍数。因此这句话可改为“以 247×5=1235 累减之剩 140”。同样第四句话也可改为“以 391×5=1955 累减之剩 245”。

现在我们可以完全仿照前面的方法进行计算，从 245 逐次加 1955，直至得到的数用 1235 除余数为 140 止。

计算过程如下：

逐次加 1955 可得：245,2200,4155,6110,8065,10020,…,用 1235 去除的余数分别是 965,450,1170,655,140,…

所以可以得出 10020 满足这两项要求。

经检验 10020 的确符合全部条件，它就是我们要求的数。

36. 余米推数

将这个题目简单地翻译一下便是：一个数，用 19 除余 1，用 17 除余 14，用 12 除余 1，求这个数是多少。

因为用 19 除、12 除都余 1 的数为 $19\times12\times n+1$，当 $n=1$ 时，为最小，是 229。但是用 229 除以 17 时，余数为 8，不是 14，要想余数是 14，则 $n=14$。此时这个数最小，为 3193。

所以每箩米有 3193 合，甲偷走 3193−1=3192 合，乙偷走 3193−14=3179 合，丙偷走 3193-1=3192 合。

37. 五家共井

这个题目只要用五元一次方程组即可求得，解法如下：

设甲、乙、丙、丁、戊五根绳子分别长 x、y、z、s、t，井深 u，那么列出方程组：

$2x+y=u$

$3y+z=u$

$4z+s=u$

$5s+t=u$

$6t+x=u$

解这个方程组得：

$x=265/721$

$y=191/721$

$z=148/721$

$s=129/721$

$t=76/721$

而井深为 1。

38. 余数问题

用 2 除余 1 很好理解，只要是奇数即可。所以首先我们来看后三个条件，这个数用 5 除余 2，用 7 除余 3，用 9 除余 4，那么把这个数乘以 2 的话，它必定被 5 除余 4，用 7 除余 6，用 9 除余 8，也就是说如果这个数加 1 正好可以除尽 5,7,9。而可以被 5,7,9 除尽的最小整数是 $5\times7\times9=315$。那么这个数就应该是 $(315-1)/2=157$。

39. 铜币问题

共有(100+10)÷[3/(3+1)−1/(7+1)]=176(枚)
某人有 176×3/(3+1)−100=32(枚)
朋友有 176−32=144(枚)

40. 七猫问题

总数是 19607。

房子有 7 间，猫有 7^2=49 只，鼠有 7^3=343 只，麦穗有 7^4=2401 个，麦粒有 7^5=16807 个。全部加起来就是 19607。

可以说这是世界上最古老的数学趣题了。大约在公元前 1800 年，埃及的一个僧侣名叫阿默士，他在纸草书上写有如下字样：

家	猫	鼠	麦	量器
7	49	343	2401	16807

但他没有说明是什么意思。

2000 多年后，意大利的裴波那契在《算盘书》中写了这样一个问题：“7 个老妇同赴罗马，每人有 7 匹骡，每匹骡驮 7 个袋，每个袋盛 7 个面包，每个面包带有 7 把小刀，每把小刀放在 7 个鞘之中，问各有多少？”受到这个问题的启发，德国著名的数学家 M.康托尔推断阿默士的题意和这个题所问是相同的。

这类问题，在 19 世纪初又以歌谣体出现在算术书中：

我赴圣地爱弗西，
途遇妇女数有七，
一人七袋手中提，
一袋七猫数整齐，
一猫七子紧相依，
妇与布袋猫与子，
几何同时赴圣地？

41. 汉诺塔问题

因为就算有人会搬这些金片，它的步骤也非常巨大，是 $2^{64}-1$ 次。这个数究竟是几呢？我们来算一下，答案是 18446744073709551615。搬这么多次金片一共需要多长时间呢？

假设搬一个金片要用一秒钟，18446744073709551615÷3600=5124095576030431(小时)，再除以 24 等于 213503982334601(天)，除以 365 等于

584942417355(年)，约等于5849(亿年)。所以根本不需要高僧守护，没有人可以完成这个艰巨的任务。

42. 木长几何

用方程解很简单，设木头长为x，那么绳子的长就应该是$x+4.5$，根据题意列方程得：

$x-(x+4.5)/2=1$

解得：$x=6.5$(尺)

所以这块木头的长度为6.5尺。

43. 相遇问题

这个问题在古代是非常难的，但是现在我们来看，就是一个简单的相遇问题。设长安至齐的距离为1，甲的速度为1/5，乙的速度为1/7，因为乙先出发2天，所以列出算式为：

$(1-2/7)/(1/5+1/7)=25/12$(天)

也就是说，还要再经过25/12天两人相遇。

44. 关税问题

设原来金子重量为x，则：

第一关收税为$x/2$；

第二关收税为$(x-x/2)/3=x/6$；

第三关收税为$(x-x/2-x/6)/4=x/12$；

第四关收税为$(x-x/2-x/6-x/12)/5=x/20$；

第五关收税为$(x-x/2-x/6-x/12-x/20)/6=x/30$；

$x/2+x/6+x/12+x/20+x/30=1$

解得：$x=1.2$(斤)

这个人带了1.2斤金子。

45. 韩信点兵(1)

他至少带了2519个兵。

首先，我们发现了一个特点，就是说，无论选择2～10这几个数中的那个，都是只差一个人就可以站满整排。

换句话说，只要多增加一个人，就可以做到2人一排、3人一排、4人一排、5人一排、6人一排、7人一排、8人一排、9人一排、10人一排都可以站满整排了。

所以我们以能站齐整排为出发点。

要想每排人站齐，人数必须是每排人数的倍数，也就是只有 10,9,8,7……2 的公倍数，才能做到无论怎样排都是整排的。

而 10,9,…,2 的最小公倍数是 2520。

这其中当然包括那个多出来的一个人。

所以，韩信的兵数至少应该是 2520−1=2519(人)。

46. 韩信点兵(2)

他的这种巧妙算法，人们称为“鬼谷算”、“隔墙算”、“秦王暗点兵”等。

这个问题人们通常把它叫作“孙子问题”，西方数学家把它称为“中国剩余定理”。到现在，这个问题已成为世界数学史上闻名的问题。

在明代，数学家程大位把这个问题的算法编成了四句歌诀：

三人同行七十稀，五树梅花廿一枝；七子团圆正半月，除百零五便得知。

用现在的话来说就是：一个数用 3 除，除得的余数乘 70；用 5 除，除得的余数乘 21；用 7 除，除得的余数乘 15。最后把这些乘积加起来再减去 105 的倍数，就知道这个数是多少。

《孙子算经》中这个问题的算法是：

$70\times2+21\times3+15\times2=233$

$233-105-105=23$

所以这个数最少应为 23。

根据上面的算法，韩信点兵时，必须先知道部队的大约人数，否则他也是无法准确算出人数的。你知道这是怎么回事吗？

这是因为，被 3、5 整除，而被 7 除余 1 的最小正整数是 15；

被 3、7 整除，而被 5 除余 1 的最小正整数是 21；

被 5、7 整除，而被 3 除余 1 的最小正整数是 70。

因此，被 3、5 整除，而被 7 除余 2 的最小正整数是 $15\times2=30$；

被 3、7 整除，而被 5 除余 3 的最小正整数是 $21\times3=63$；

被 5、7 整除，而被 3 除余 2 的最小正整数是 $70\times2=140$。

于是和数 $15\times2+21\times3+70\times2$，必具有被 3 除余 2，被 5 除余 3，被 7 除余 2 的性质。但所得结果 233(30+63+140=233)不一定是满足上述性质的最小正整数，故从它中减去 3、5、7 的最小公倍数 105 的若干倍，直至差小于 105 为止，即 233−105−105=23。所以 23 就是被 3 除余 2，被 5 除余 3，被 7 除余 2 的最小正整数。

47. 托尔斯泰的割草问题

“割草问题”的解法较多，既可以用小学所学的算术方法解，也可以用中学所学的方程组解，下面先用最基本的列方程组的方法来解：

设割草队共有 x 人，每人每天割草的面积为 1，小块草地的面积为 k，则大块草地的面积为 $2k$。

根据题意列方程组，得：

$x/2+x/2\times1/2=2k$

$x/2\times1/2+1=k$

解得：

$x=8$

$k=3$

所以割草队共有 8 人。

另外，在“割草问题”中，有个非常值得一提的解法：

因为大块草地面积是小块草地面积的 2 倍，全队人在大块草地上割半天所割下草的面积也是一半人在小块草地上割半天所割下草的面积的 2 倍。由于大块草地上的剩下部分由一半人半天割完，所以小块草地上的剩下部分也需要总人数的 1/4 用半天割完，相当于总人数的 1/8 用一天割完，而实际上，小草地上的剩余部分由 1 人割 1 天割完，所以总人数为 8。

这种构图法构思巧妙，解法简捷，是“割草问题”最为简捷的解法，几乎不用动笔。在这种方法的背后，实际上用到了一个推理，即由“大块草地面积是小块草地面积的 2 倍”得到“全队人在大块草地上割半天所剩下草的面积是一半人在小块草地上割半天所剩下草的面积的 2 倍”，这是为什么呢？

根据“大块草地面积是小块草地面积的 2 倍”可设小块草地的面积为 a，则大块草地的面积为 $2a$。再设一半人在小块草地上工作半天的割草面积为 b，则全队人在大块草地上工作半天的割草面积为 $2b$，因此全队人在大块草地上割半天所剩下草的面积是 $2a-2b$，一半人在小块草地上割半天所剩下草的面积是 $a-b$，显然 $2a-2b=2(a-b)$。

48. 柯克曼女生散步问题

这个问题比较难，下面列出其中一个符合条件的组合，其实满足要求的答案还有很多，感兴趣的读者可以自己研究摸索一下。

星期日：010203，040812，051015，061113，070914；

星期一：010405，020810，031314，060915，071112；

星期二：010607，020911，031215，041014，050813；

星期三：010809，021214，030506，041115，071013；

星期四：011011，021315，030407，050912，060814；
星期五：011213，020406，030910，051114，070815；
星期六：011415，020507，030811，040913，061012。

49. 苏步青跑狗问题

这个问题其实很简单，关键点在于不计狗转弯的时间而且速度恒定。也就是说，只要计算出小狗跑这段路程一共所需要的时间就可以了，而这段时间正好与甲乙两人相遇的时间相同。所以 $t=50/(3+2)=10$(小时)，小狗跑的路程 $s=5\times10=50$(km)。

50. 阿基米德分牛问题

设公牛中，白、黑、花、棕四种颜色的牛分别为 a、b、c、d 头，母牛中，白、黑、花、棕四种颜色的牛分别为 e、f、g、h。

根据题意列出方程组：

$a-d=b/2$

$b-d=c/3$

$c-d=a/4$

$e=(b+f)/3$

$f=(c+g)/4$

$g=(d+h)/5$

$h=(a+e)/6$

因为有 8 个未知数，只有 7 个方程，所以解不止一个，我们来求最小值。

解得：

$a=40d/23$

$b=34d/23$

$c=33d/23$

$e=5248d/8257$

$f=3538d/8257$

$g=2305d/8257$

$h=3268d/8257$

又因为这些数字都必须是整数，所以 d 的最小值为 8257。

其他数字分别为：$a=14360$，$b=12206$，$c=11847$，$d=8257$，$e=5248$，$f=3538$，$g=2305$，$h=3268$。

51. 三十六军官问题

如果用(1,1)表示来自第一个军团具有第一种军阶的军官，用(1,2)表示来自第一个军团具有第二种军阶的军官，(6,6)表示来自第六个军团具有第六种军阶的军官，欧拉的问题就是如何将这 36 个数对排成方阵，使得每行每列的数无论从第一个数看还是从第二个数看，都恰好是由 1,2,3,4,5,6 组成。

三十六军官问题提出后，很长一段时间没有得到解决，直到 20 世纪初才被证明这样的方队是排不起来的。

52. 泊松分酒问题

利用两次小容器盛酒比大容器多 1 升，和本身盛 3 升的关系，即可以凑出 4 升的酒。具体做法如下：

	8 升	5 升	3 升
第一次	3	5	0
第二次	3	2	3
第三次	6	2	0
第四次	6	0	2
第五次	1	5	2
第六次	1	4	3
第七次	4	4	0

53. 牛顿牛吃草问题

因为这片草地上的草天天都以同样的速度在生长。设草地上原有草量为 a，每头牛每天吃草 b，草每天生长量为 c，那么 $a+22c=10\times22\times b$，$a+10c=16\times10\times b$，两式相减，$c=5b$。也就是说草地上每天新长出的草够 5 头牛吃。所以只需知道草地上原有的草够吃几天即可。原有的草够(10−5)头牛吃 22 天，够(16−5)头牛吃 10 天。由此可以求出，够(25−5)头牛吃 5.5 天。

所以，这片草地可以供 25 头牛吃 5.5 天。

54. 欧拉遗产问题

大家不要被这么长的题目吓到，只要抓住题中的关键所在，从后往前推算，就可以迎刃而解了。首先我们设这位父亲共有 n 个儿子，最后一个儿子为第 n 个儿子，则倒数第二个就是第$(n-1)$个儿子。通过分析可知：

第一个儿子分得的财产=100×1+剩余财产的 1/10；

第二个儿子分得的财产=100×2+剩余财产的 1/10；

第三个儿子分得的财产=100×3+剩余财产的 1/10；

……

第$(n-1)$个儿子分得的财产$=100\times(n-1)+$剩余财产的 1/10；

第 n 个儿子分得的财产为 $100n$。

因为每个儿子所分得的财产数相等，即 $100\times(n-1)+$剩余财产的 $1/10=100n$，所以剩余财产的 1/10 就是 $100n-100\times(n-1)=100$(克朗)。

那么，剩余的财产就为 100÷1/10=1000(克朗)

最后一个儿子分得：1000−100=900(克朗)。

从而得出，这位父亲有(900÷100)=9(个)儿子，共留下财产 900×9=8100(克朗)。

55. 哥德巴赫猜想

(1) 100=3+97

(2) 50=47+3=43+7=37+13

(3) 20=17+3=7+13

56. 布哈斯卡尔的蜜蜂问题

可以将这道题归结为简单的方程。

设共有 x 只蜜蜂，由条件得：

$x/3+x/5+3(x/3-x/5)+1=x$

解这个方程，得到：$x=15$

所以答案是共有 15 只蜜蜂。

57. 马塔尼茨基的短衣问题

设这件短衣的价值为 x 元。

则根据题意列方程：

$(5+x)/(12+x)=7/12$

解得：$x=4.8$

这件短衣价值为 4.8 元。

58. 涡卡诺夫斯基的领导问题

27/(1−2/5−2/7−1/4)=420(人)

所以这位船长领导下共有 420 人。

59. 埃及金字塔的高度

法列士选择一个晴朗的天气，组织测量队的人来到金字塔前。太阳光给每一个测量队的人和金字塔都投下了长长的影子。当法列士测出自己的影子等于它自己的身高时，便立即让助手测出金字塔的阴影长度。他根据塔的底边长度和塔的阴影长度，很快就算出了金字塔的高度。

60. 古罗马人遗嘱问题

其实这个问题很简单，只要满足一点，就是儿子所得是母亲的 2 倍，母亲所得是女儿的 2 倍即可满足这个人的遗嘱。

列个方程就可以很方便解出这个问题了。首先，设女儿所得为 x，则妈妈所得为 $2x$，儿子所得为 $4x$。

所以分配方法为将所有财产平均分为 7 份，儿子得 4 份，母亲得 2 份，女儿得 1 份。

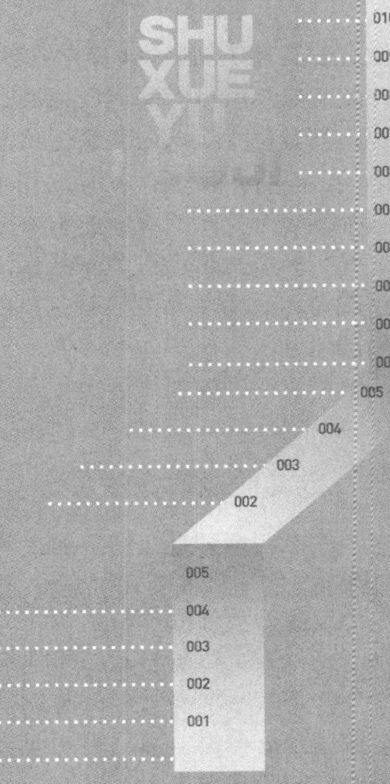

第二部分 概念与定义判断

概念是具有本质特征的一类事物所构成的集合。概念具有内涵和外延两个属性。内涵是概念所具有的本质特征；外延是概念所指事物构成集合的范围。

而定义是明确概念内涵的逻辑方法。

给一个概念下定义，就是用精练的语句将这个概念的内涵揭示出来，也就是揭示这个概念所反映的对象的本质属性。

定义判断是逻辑学基本知识在现实生活中的运用，主要是考查我们短时间内的领悟能力以及运用标准进行判断的能力。面对大量复杂的信息，我们要能够根据抽象的概念和定义来判断事物的性质和内涵，能够运用所学的基本抽象概念和定义来解释生活中的具体事例或具体行为。

要想快速准确地解答定义判断题，首先必须掌握一些定义的基本逻辑知识。

一、定义的逻辑方法

定义的方法主要是“属”加“种差”的方法。

“属”加“种差”，就是通过揭示概念最邻近的“属”概念和“种差”来明确概念内涵的逻辑方法。可用公式表示为：

被定义项=种差+邻近属概念

第一，被定义项的邻近属概念，即比被定义概念范围更大、外延更广的概念，以确定被定义概念所反映的对象属于哪一类事物。

第二，被定义项的种差，即指被定义项的这个种概念与同属于其他同级种概念在内涵上的差别，这种差别也就是被定义概念所反映的对象同其他对象的本质区别。

第三，把被定义项同属加种差构成的定义项用定义联项联结起来，构成完整的定义。

例：人是能制造和使用工具进行劳动的动物。

这是给“人”下的定义。其中，“人”的属概念是“动物”，确定人是动物这类事物中的一种。“能制造和使用工具进行劳动”是种差，是将人与其他动物相比较而得出的本质差别。“是”是定义联项，它把被定义项与定义项(属+种差)联结起来构成了一个完整的定义。

二、一般的解题步骤

由于定义判断考查的是我们的领悟能力、严格理解和规范理解的能力，因此解答定义判断也要按照一定的步骤进行。

第一步，对定义进行快速扫读，过滤掉多余信息；全面把握定义，注意细节，以达到对定义的初步了解，并且找全、找准定义的属性。

第二步，结合选项确定最具价值的属性(可能有的定义属性很多，但真正有用的却很少)，这一过程必须在尽量短的时间内完成。

第三步，分析各选项中的案例，找到各选项的重心，并与定义属性对比，从而得出正确答案。

三、常用方法

解答定义判断题目，最常用且最有效的方法就是提取要点。那么，怎样才能准确地提取出定义的要点呢？

可以从主体、客体、主观要素、客观要素四个方面考虑，其中主观要素是指目的、目标等，客观要素则是指采取的手段、达到的效果等。实际上很多要点是可以通过提示词来确定的，常见的要点类型有以下几种。

1. 表主体

当我们看到一个新的定义时，首先要确定一下该定义是否有明确的主体。

主体，就是行为或事件的发动者、当事方。主体一般位于定义项的前面，除了要重点关注主体本身外，还要特别注意主体的修饰词，如主体的数量、主体的性质等。一般来说，有明显主体的定义多为法律类、行政类定义。

主体一般可作为定义的要点，有的题目仅仅依靠区分主体就可以得到正确答案。

例 1：

行政指令是指行政主体依靠行政组织的权威，运用行政手段，包括行政命令、指示、规定、条例及规章制度等措施，按照行政组织的系统和层次进行行政管理活动的方法。

根据上述定义，下列描述不属于行政指令的是(　　)。

A. 市消防大队对未经消防设计备案擅自施工的违法工程下发《责令改正通知书》

B. 体育局局长签发嘉奖令，表彰在全运会上取得优异成绩的运动员和教练员

C. 消费者协会同中国家用电器协会正式发布《太阳能热水器选购指南》

D. 市教育局紧急电话通知，要求全市中小学、幼儿园加强校园安全管理

解答：

此题答案为 C。注意题干要求选择不属于行政指令的。首先分析行政指令的定义。

行政指令是指行政主体依靠行政组织的权威，运用行政手段，包括行政命令、指示、规定、条例及规章制度等措施，按照行政组织的系统和层次进行行政管理活动的方法。

分析各选项，C 项中消费者协会和中国家用电器协会都不属于行政主体，因此不符合定义。A、B、D 三项都符合定义，属于行政指令。

2. 表客体

客体，是指行为或事件的承受者、被指向者，也就是我们通常所说的对象。单独以客体为要点的定义比较少，很多定义中的客体都是省略的，即使出现，一般也需和其他要素结合在一起才能判断。

例 2：

行政确认是指行政机关和法定授权的组织依照法定权限和程序对有关法律事实进行甄别，通过确定、证明等方式决定管理相对人某种法律地位的行政行为。

下列不属于行政确认的是(　　)。

A. 某法院依据《招标投标法》，认定某招标代理机构在一次招标活动中违反相关法律规定，与招标人私下串通，谋取不当利益，并确认此次招标无效

B. 某高速公路发生一起交通事故，并引起责任纠纷，交警到达现场后，经过勘察了解，认定甲司机应负主要责任

C. 某市地税局干部小丁和小杨因工作中产生的一些矛盾吵得不可开交，一直闹到李局长那里，李局长了解情况后认为小杨应负主要责任，并批评教育了小杨

D. 赵某是养鱼专业户，去年冬天因抢救落水者而不幸死亡，政府相关部门依据法律，确认其为烈士

解答：

此题答案为 C。首先分析行政确认的定义。

行政确认是指行政机关和法定授权的组织依照法定权限和程序对有关法律事实进行甄别，通过确定、证明等方式决定管理相对人某种法律地位的行政行为。

C 项杨局长和小杨是上下级关系，不符合定义中的客体，不属于行政确认。

3. 表目的

有些定义中会明确指出其目的，即主观要素，也就是行为者主观上具有什么样的动机、意图，追求一种什么样的目的，一般会用“达到什么目的”、“为了……”、“确保……”等表示。

例如，投机是指为了以后再销售(或暂时售出)商品而购买，以期从其价格变化中获利。在这个定义中，“为了以后再销售商品而购买”和“以期从其价格变化中获利”就表示目的，揭示了投机这个定义的要点。

例 3：

偶然防卫是指在客观上被害人正在或即将对被告人或他人的人身进行不法侵害，但被告人主观上并没有认识到这一点，而出于非法侵害的目的对被害人使用了武力，客观上起到了人身防卫的效果。

根据上述定义，下列行为不属于偶然防卫的一项是(　　)。

A. 甲正准备枪杀乙时，丙在后面对甲先开了一枪，将其打死。而丙在开枪时并不知道甲正准备杀乙，纯粹是出于报复泄愤的目的杀甲，结果保护了乙的生命

B. 甲与乙积怨很深，某日发生冲突后，甲回家拿了手枪打算去杀乙，两人在路上正好碰上，甲先开枪杀死了乙，但开枪时不知乙的右手已抓住口袋中的手枪正准备对其射击

C. 甲身穿警服带着电警棍，冒充警察去“抓赌”，甲抓住乙搜身时，乙将甲打伤后逃离，甲未能得手

D. 甲与乙醉酒后发生激烈冲突，两人相互厮打至马路上，正当甲要捡起路边砖头击打乙时，围观人群中有人喊“警察来啦”，甲受惊吓不慎跌落路边河沟溺水身亡，乙安全无事

解答：

此题答案为 D。首先分析偶然防卫的定义。

偶然防卫，是指在客观上被害人正在或即将对被告人或他人的人身进行不法侵害，但被告人主观上没有认识到这一点，而出于非法侵害的目的被害人使用了武力，客观上起到了人身防卫的效果。

D 项中乙并没有对甲使用武力，甲是自己溺水身亡，因此不属于偶然防卫。

4. 表原因

有些定义中规定了某些行为的原因，这类信息一般也是定义的要点，常常会跟在“由于”“出于”等词语的后面。

例如，时间综合征是指由于对时间的紧迫感而造成心理上的烦恼、紧张以及生理上的活动改变等导致的病症。在这个定义中，“对时间的紧迫感”就是时间综合征这个定义的要点之一。

例 4：

法律责任是指由特定法律事实所引起的对损害予以补偿、强制履行或接受惩罚的特殊义务，亦即由于违反第一性义务而引起的第二性义务。

根据上述定义，下列属于导致法律责任的是(　　)。

A. 陈某向某电视台举报揭露某公司造假，电视台没报道

B. 李某被公共汽车售票员提醒后，仍不给残疾人王某让座，结果王某被挤伤

C. 孙某和肖某谈恋爱，后因感情不和分手，肖某极度痛苦，患上抑郁症

D. 某公司要求工人每天至少工作 16 小时，加班费每小时 5 元

解答：

此题答案为 D。首先分析法律责任的定义。

法律责任是指由特定法律事实所引起的对损害予以补偿、强制履行或接受惩罚的特殊义务，亦即由于违反第一性义务而引起的第二性义务。

A、B、C 三项都不符合这一定义要点，D 项违反了劳动法所规定的义务，符合定义。

61. 思维定式

思维定式：根据已有的知识、经验，在头脑中形成的一种固定的思维模式。遇到问题自然地沿着固有的思维模式进行思考。

下列认识不包含思维定式的是(　　)。

A. 贫寒出孝子，纨绔少伟男

B. 螳螂捕蝉，黄雀在后

C. 万般皆下品，唯有读书高

D. 汉字读半边，不会错上天

62. 人才

① 人才团：在一个较小空间和时间段内，人才以相同或相似的风格、方法、表达方式及共同的追求方向和目标为纽带结成的人才群体。

② 人才链：指有血缘关系或师徒关系的两代或两代以上的人才以技艺、知识为纽带而前后相承的现象。

③ 潜人才：指已具备从事某种创造性劳动的能力，有可能为社会做出较大贡献，但由于缺乏某种外部条件和机会，还未被发现、还未得到社会承认的人才。

典型例证：

(1) 长征途中，红二师四团为抢渡乌江而架设的浮桥数次被激流冲走，战士和群众一同发明了“河底坠石稳固桥面”的方法，确保了架桥成功。

(2) 三国时代，为了完成统一大业，魏、蜀、吴都十分注重网罗人才，就蜀国而言，名相诸葛亮自不消说，就是关羽、张飞、赵云、马超、黄忠，也各有千秋。

(3) 中国戏曲中的生、旦、净、丑各行当均有自己的流派，如老生行中的马、谭、奚、杨、麒派等；旦行中的四大名旦、四小名旦等。

对上述典型例证与定义的关系判断正确的是(　　)。

A. 例证(2)(3)分别与定义①②相符

B. 例证(1)(3)(2)分别与定义①②③相符

C. 例证(1)(2)分别与定义②③相符

D. 例证(3)(1)(2)分别与定义①③②相符

63. 社会

① 社会组织：人们为实现特定目标而建立的共同活动的群体。

② 社会设置：用来满足社会基本需要的社会结构中相对稳定的一组要素。

③ 社会分层：按照一定的标准将人们区分为高低不同的等级序列。

典型例证：

(1) 在古罗马，人们的社会身份有贵族、骑士、平民和奴隶。

(2) 一个社会生养后代、教育年轻人的功能一般由家庭来完成。

(3) 公务员之间的友好关系大多是在共同的工作中建立起来的。

上述典型例证与定义存在对应关系的数目有(　　)。

A. 0 个　　B. 1 个　　C. 2 个　　D.3 个

64. 人格

① 自恋型人格：过于重视自我价值而缺乏对自身和他人进行理性和客观认识的一种人格。

② 回避型人格：行为退缩、心理自卑，面对挑战多采取回避态度或无能应付的一种人格。

③ 强迫型人格：过于要求严格和完善，具有强烈的自制心理和自控行为的一种人格。

典型例证：

(1) 小王敏感羞涩，害怕参加社交活动，担心自己的言行不当而被人讥笑讽刺，也从来不去做那些冒险的事情。

(2) 小李经常无根据地夸大自己的成就和才干，认为自己应当被视作“特殊人才”，幻想自己拥有比他人更多的智慧、聪明。

(3) 小张过分注意自己的行为是否正确、举止是否适当，往往用十全十美的高标准要求自己，追求完美，同时又墨守成规。

对上述典型例证与定义的关系判断正确的是(　　)。

A. 例证(2)(1)(3)分别与定义③②①相符

B. 例证(2)(3)分别与定义③①相符

C. 例证(1)(3)分别与定义①②相符

D. 例证(1)(2)(3)分别与定义②①③相符

65. 诗歌

① 送别诗：抒发诗人离别之情的诗歌。

② 田园诗：歌咏田园生活的诗歌。

③ 咏史诗：以历史题材为咏写对象的诗歌。

典型例证：

(1) 李白乘舟将欲行，忽闻岸上踏歌声。桃花潭水深千尺，不及汪伦送我情。——李白《赠汪伦》

(2) 种豆南山下，草盛豆苗稀。晨兴理荒秽，戴月荷锄归。道狭草木长，夕露沾我衣。衣沾不足惜，但使愿无违。——陶渊明《归园田居之三》

(3) 折戟沉沙铁未销，自将磨洗认前朝。东风不与周郎便，铜雀春深锁二乔。——杜牧《赤壁》

上述典型例证与定义存在对应关系的数目有(　　)。

A. 0 个　　B. 1 个　　C. 2 个　　D.3 个

66. 立体农业

立体农业是指农作物复合群体在时空上的充分利用。根据不同作物的不同特性，如高秆与矮秆、富光与耐阴、早熟与晚熟、深根与浅根、豆科与禾本科，利用它们在生长过程中的时空差，合理地实行科学的间种、套种、混种、轮种等配套种植，形成多种作物、多层次、多时序的立体交叉种植结构。根据上述定义，下列属于立体农业的是(　　)。

A. 甲在自己的玉米地里种植大豆

B. 乙在自己承包的鱼塘不但养鱼，还种植了很多莲藕

C. 丙在南方某地区承包了十亩稻田，特意引种了高产的水稻新品种

D. 丁前年承包了一座山，他在山上种植了大量苹果树，并在山上养殖了大量蜜蜂

67. 妄想

妄想，指一种病态的信念，尽管不符合事实，但仍坚信不疑。

下列属于妄想的是(　　)。

A. 尽管实验失败了 5 次，但他想，要是实验条件再做些改变也许就能成功

B. 尽管许多医院的专家都诊断他无病，但他还是认为自己患了不治之症，反复就医，并认为那些医生不负责任，有意害自己

C. 尽管他的妻子已去世多年，但他眼前还经常浮现出妻子的音容笑貌

D. 如果学习认真点，他想他可以取得更好的成绩

68. 争论

小王、小李、小张准备去爬山。天气预报说，今天可能下雨。围绕天气预报，三个人争论起来。

小王："今天可能下雨，那并不排斥今天也可能不下雨，我们还是去爬山吧。"

小李："今天可能下雨，那就表明今天要下雨，我们还是不去爬山了吧。"

小张："今天可能下雨，只是表明今天不下雨不具有必然性，去不去爬山由你们决定。"

对天气预报的理解，三个人中(　　)。

A. 小王和小张正确，小李不正确

B. 小王正确，小李和小张不正确

C. 小李正确，小王和小张不正确

D. 小张正确，小王和小李不正确

E. 小李和小张正确，小王不正确

69. 家庭住址

我家住在小明和小红两家之间的某个地方。小明的家在小红和小亮之间。以下(　　)项判断是正确的。

A. 小明到我家的距离比到小亮家要近

B. 我住在小明和小亮家之间

C. 我家的位置到小明家比到小亮家要近

70. 收入高低

爸爸比妈妈的收入高；爷爷比奶奶的收入高；奶奶没有姑姑的收入高；姑姑和妈妈的收入正好一样。

由此可以判断(　　)。

A. 爷爷的收入比姑姑高

B. 妈妈的收入比爷爷高

C. 奶奶的收入比妈妈高

D. 爸爸的收入比奶奶高

71. 喝酒与疾病

以前有几项研究表明，喝酒会增加患心脑血管疾病的风险。而一项最新的、更为可靠的研究得出的结论是：喝酒与心脑血管疾病的发病率无关。估计这项研究成果公布以后，放心喝酒的人将会大大增加。

上述推论基于以下(　　)项假设。

A. 尽管有些人知道喝酒会增加患心脑血管疾病的可能性，却照样大喝特喝

B. 人们从来也不相信喝酒会更容易患心脑血管疾病的说法

C. 现在许多人喝酒是因为他们没有听说过喝酒会导致心脑血管疾病的说法

D. 现在许多人不敢喝酒完全是因为他们相信喝酒会诱发心脑血管疾病

72. 防护墙

为保护海边建筑物免遭海洋风暴的袭击，海洋度假地在海滩和建筑物之间建起了巨大的防护墙。这些防护墙不仅遮住了一些建筑物的海景，而且使海岸本身也变窄了。这是因为在风暴从水的一边对沙子进行侵蚀的时候，沙子不再向内陆扩展。上述信息最支持的一项论断是(　　)。

A. 为后代保留下海滩应该是海岸管理的首要目标

B. 防护墙最终不会被风暴破坏，也不需要昂贵的维修和更新

C. 由于海洋风暴的猛烈程度不断加深，必须在海滩和海边建筑物之间建立更多的高大的防护墙

D. 通过建筑防护墙来保护海边建筑的努力，从长远来看作用是适得其反的

73. 苹果

如果所有的学生都有苹果，那么三年级的女学生会有(　　)。

A. 比一年级学生大的苹果　　B. 比男生红的苹果

C. 苹果　　D. 甜的苹果

74. 考试成绩

考完试后，甲说："我知道乙和丙的成绩，我比他们俩的都高。"丁说："我比丙的成绩高，但是比戊的成绩差。"由这个，可以知道(　　)。

A. 戊的成绩比甲的好

B. 乙的成绩比丙的好

C. 甲的成绩比丁的好

D. 在五个人的成绩中，丙最多排到第四

75. 吃药

一个病房里住着四个人，得了同样的病。有一天，护士发放完药物后，由于走神，忘了谁吃了，谁没吃，就又回来问四个人，四人因为和护士关系不错，就想逗逗她，分别说了下面一句话：

A：所有的人都没吃药；

B：D 没有吃药；

C：不都没有吃药；

D：有人没有吃药。

如果四人中只有一个陈述属实，则以下(　　)项是真的。

A. A 陈述属实，D 没有吃药

B. C 陈述属实，D 吃了药

C. C 陈述属实，但 D 没吃药

D. D 陈述属实，D 没有吃药

76. 选举权

我国选举法规定：中华人民共和国年满 18 周岁的公民，不分民族、种族、性别、职业、家庭出身、宗教信仰、财产状况和居住期限，都有选举权和被选举权；依照法律剥夺政治权利的人除外。根据这一法律，(　　)。

A. 罪犯都不具有选举权和被选举权

B. 学生也都具有选举权和被选举权

C. 拥有选举权和被选举权的必须是18周岁以上的中国公民

D. 选举权是不受任何限制的

77. 班长选举

某班级要重新选班长，采取全班同学对候选人投票的方式。结果显示，有人投了所有候选人的赞成票。如果统计是真实的，那么下列(　　)项也必定是真实的。

A. 对每个候选人来说，都有人投了他的赞成票

B. 对所有候选人都投赞成票的不止一人

C. 有人没有投所有候选人的赞成票

D. 不可能所有的候选人都当选

E. 所有的候选人都可以当选

78. 顺序推理

苹果树是植物，植物的细胞有细胞壁，所以，苹果树的细胞有细胞壁。这个推理正确吗？(　　)

A. 是　　　　　　B. 否

79. 正确推理

我的同伴现在是花季年龄，我的同伴穿了条漂亮的白裙子。所以，我的同伴是个16岁的姑娘。这个推理正确吗？(　　)

A. 是　　　　　　B. 否

80. 是相同的吗

所有的A都有5只胳膊，这个B有五只胳膊，所以，这个B与A是相同的。这个推理正确吗？(　　)

A. 是　　　　　　B. 否

81. 关于上课的决定

小王、小马、小周三个人是大学生，周一一大早他们来到课堂上，发现黑板上写着一行字：我可能不会来上课。署名是：逻辑学教授。围绕这行字，三人争论起来：

小王：老师可能不会来上课，那并不排除他来上课的可能，我们还是要等等他的。

小马：老师可能不会来上课，那就表明他不会来上课了，所以，我们还是走吧。

小周：老师可能不来上课，只是表明可能性，并没有说明必然性，走与不走每个人自己决定。

对黑板上的字的理解，三个人中(　　)。

A. 小王和小周正确，小马不正确

B. 小王正确，小周、小马不正确

C. 小马正确，小王和小周不正确

D. 小周正确，小王和小马不正确

82. 黑帮火并

两个黑帮之间发生了矛盾，约定在第二天于某处决斗。其中一个黑帮求助于第三方，这方的一个小兵——阿丁说："如果我们老大——老黑去，那我和小赵、小孙也一定一起去。"如果他的这句话是真的，则以下(　　)项也是真的。

A. 如果老黑没去，那么阿丁、小赵、小孙三人中至少有一人没去

B. 如果老黑没去，那么阿丁、小孙、小赵三人都没去

C. 如果阿丁、小孙、小赵都去，那么老黑也去

D. 如果阿丁没去，那么小赵和小孙不会都去

E. 如果阿丁没去，那么老黑和小赵不会都去

83. 川菜还是粤菜

在某餐馆中，所有的菜或者属于川菜系或者属于粤菜系，张先生点的菜中有川菜，因此，张先生点的菜中没有粤菜。

以下(　　)项最能增强上述论证。

A. 餐馆规定，点粤菜就不能点川菜，反之亦然

B. 餐馆规定，如果点了川菜，可以不点粤菜，但点了粤菜，一定也要点川菜

C. 张先生是四川人，只喜欢川菜

D. 张先生是广东人，但不喜欢粤菜

E. 张先生是四川人，最不喜欢粤菜

84. 无知者无畏

关于“无知者无畏”这一原则包含的含义，有三种观点：

甲：无知者无畏，意味着有畏者可以是无知者。

乙：无知者无畏，意味着有畏的人都是有知者。

丙：无知者无畏，意味着有畏者可能是有知者。

以下(　　)项结论是正确的。

A. 甲的意见正确，乙和丙的意见不正确

B. 乙和丙的意见正确，甲的意见不正确

C. 甲和丙的意见正确，乙的意见不正确

D. 乙的意见正确，甲和丙的意见不正确

E. 丙的意见正确，甲和乙的意见不正确

85. 高明的骗子

美国前总统林肯说：“最高明的骗子，可能在某个时刻欺骗所有的人，也可能在所有的时刻欺骗某些人，但不可能在所有时刻欺骗所有的人。”如果林肯的上述断定是真的，那么下述(　　)项断定是假的。

A. 林肯可能在任何时刻都不受骗

B. 不存在某一时刻有人可能不受骗

C. 林肯可能在某个时刻受骗

D. 不存在某一时刻所有的人都必然不受骗

86. 申请基金

八个学者赵教授、钱教授、孙教授、李教授、王所长、陈博士、周博士和沈局长在争取一项科研基金。按规定只有一人能获得该基金，由学校评委投票决定。已知：如果钱教授获得的票数比周博士多，那么李教授将获得该项基金；如果沈局长获得的票数比孙教授多，或者李教授获得的票数比王所长多，那么陈博士将获得该基金；如果孙教授获得的票数比沈局长多，同时周博士获得的票数比钱教授多，那么赵教授将获得该项基金。

问题1：如果陈博士获得了该项基金，那么下面(　　)项结论一定是正确的。

A. 孙教授获得的票数比沈局长多　　B. 沈局长获得的票数比孙教授多

C. 李教授获得的票数比王所长多　　D. 钱教授获得的票数不比周博士多

问题2：如果周博士获得的票数比钱教授多，但赵教授没有获得该基金。那么下面(　　)项结论必然正确。

A. 李教授获得了该项基金　　B. 陈博士获得了该项基金

C. 李教授获得的票数比王所长多　　D. 孙教授获得的票数不比沈局长多

87. 考试及格

如果李佳考试及格了，那么李华、孙涛和赵林肯定也及格了。由此可知(　　)。

A. 如果李佳考试没及格，那么李华、孙涛和赵林中至少有一个没及格

B. 如果李华、孙涛和赵林都及格了，那么李佳的成绩肯定也及格了

C. 如果赵林的成绩没有及格，那么李华和孙涛不会都考及格

D. 如果孙涛的成绩没有及格，那么李佳和赵林不会都考及格

88. 语言逻辑

某地有一名热心的理发师，他只给村子里的所有不给自己理发的人理发，而村子里所有不为自己理发的人都来找这位理发师理发，则这位理发师(　　)。

A. 给自己理发　　B. 叫人为他理发

C. 从不理发　　D. 不存在这样的人

89. 说谎检测

当一个人被怀疑说谎时，观察他的表情比用测谎仪检测得到的结论可靠性更高。如果这句话正确，能最好地支持上述观点的一项是(　　)。

A. 通过观察一个人的表情来断定他是否说了谎，这对于每个观察者来说是不一样的

B. 广泛推行测谎仪还不具有现实条件，测谎仪的成本高、操作难

C. 有些人说谎时，面目表情丰富

D. 微表情研究得到了重大突破，测谎仪却被越来越多的研究证明是不可靠的

90. 辩论

甲：儿童吃糖多会导致蛀牙。

乙：我不同意，蛀牙和吃糖的关系应该是来自于下面的事实：那些牙齿不好的孩子，倾向于选择吃软的以及可以在嘴里融化的东西，糖块儿恰好符合这个条件。请问：乙对甲是通过什么方法反驳的？(　　)

A. 运用类比来说明甲推理中的错误

B. 指出甲的声明是自相矛盾的

C. 说明如果接受甲的声明，会导致荒谬的结论

D. 论证甲的声明中某一现象的原因实际上是该现象的结果

91. 推论

如果公司拿到项目 A，则 B 产品就可以按期投放市场；只有 B 产品按期投放市场，公司资金才能正常周转；若公司资金不能正常周转，则 C 产品的研发就不能如期进行。而事实是 C 产品的研发正如期进行。由此可见(　　)。

A. 公司拿到了项目 A 并且 B 产品按期投放市场

B. 公司既没有拿到项目 A，B 产品也没能按期投放市场

C. B 产品按期投放市场并且公司资金周转正常

D. B 产品既没有按期投放市场，公司资金周转也极不正常

92. 大鼻子

有些俄罗斯人不是大鼻子。有些爱喝酒的人不是大鼻子。以下(　　)项能保证上述推理成立。

A. 所有俄罗斯人都不是大鼻子

B. 有些俄罗斯人爱喝酒

C. 所有爱喝酒的人都是大鼻子

D. 所有俄罗斯人都爱喝酒

93. 血型问题

在美国，献血者所献血液中的 45%是 O 型血，O 型血在紧急情况下是必不可少的，因为在紧急情况下根本没有时间去检验受血者的血型，而 O 型血可供任何人使用。O 型血的独特性在于：它和一切类型的血都相合，因而不论哪一种血型

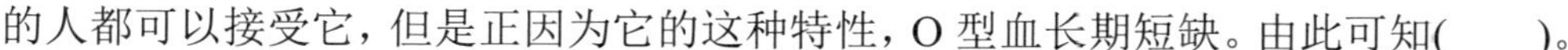

的人都可以接受它，但是正因为它的这种特性，O 型血长期短缺。由此可知(　　)。

A. 血型为 O 型的献血者越来越受欢迎

B. O 型血的特殊用途在于它与大多数人的血型是一样的

C. 输非 O 型血给受血者必须知道受血者的血型

D. 在美国，45%的人的血型为 O 型，O 型是大多数人共同的血型

94. 减肥

减肥的时候，有人请你吃蛋糕。如果你吃了蛋糕，你会感觉后悔；如果你没有吃蛋糕，那你会感觉发馋。但是要么吃蛋糕，要么就不吃蛋糕。由此可以知道(　　)。

A. 有人请你吃蛋糕的时候，要么让你感觉后悔，要么让你觉得馋嘴

B. 吃蛋糕对你没有好处

C. 以上皆是

D. 以上皆非

95. 判断水果

苹果是甜的水果，这个水果不甜，由此可以得出(　　)。

A. 这个水果是榴梿

B. 无确切的结论

C. 这个水果不是苹果

96. 地点

小明在中心小学上学，爸爸在贸易公司上班，他们家住在幸福小区。已知：贸易公司在幸福小区的西北，中心小学在幸福小学的西北，所以(　　)。

(1) 中心小学比幸福小区更靠近贸易公司

(2) 幸福小区在贸易公司的东南

(3) 幸福小区离中心小学不远

(4) 贸易公司离中心小学不远

A. (1)　　B. (2)　　C. (3)　　D. (4)

E. (2)、(3)和(4)　　F. (1)、(3)和(4)　　G. (1)、(2)、(3)和(4)

97. 菜的味道

辣味重时，甜味就淡。苦味淡时，咸味就合适。所以可以知道(　　)时要么辣味重要么苦味淡。

A. 甜味淡　　B. 苦味重

C. 甜味淡，或者咸味合适　　D. 以上皆非

98. 位置关系

我住在农场和城市之间的那个地方。农场位于城市和机场之间，所以(　　)。

(1) 农场到我住处的距离比到机场要近

(2) 我住在农场和机场之间

(3) 我的住处到农场的距离比到机场要近

A. 1　　B. 2　　C. 3　　D. 1，2

E. 1，3　　F. 2，3　　G. 1，2 和 3

99. 有才华的律师

有才华的律师只接谋杀案，聪明的律师只接盗窃案。这个律师有时候接案子，所以(　　)。

(1) 他要不是个有才华的律师，就是个聪明的律师

(2) 他可能是个有才华的律师，也可能不是个聪明的律师

(3) 他既不是个有才华的律师，也不是个聪明的律师

A. (1)　　B. (2)　　C. (3)　　D. (1)，(2)

E. (1)，(3)　　F. (2)，(3)　　G. 以上皆非

100. 职业

只要 x 是医生，y 就一定是律师；只要 y 不是律师，z 就一定是会计。但是，当 x 是医生的时候，z 绝对不是会计，由此可以知道(　　)。

(1) 只要 z 是会计，y 就可能是律师

(2) 只要 y 不是医生，z 就不可能是律师

(3) 只要 y 不是律师，x 就不可能是医生

A. (1)　　B. (2)　　C. (3)　　D. (1)，(2)
E. (1)，(3)　　F. (2)，(3)　　G. (1)，(2)和(3)

101. 打麻将

有的矿工是满族人，有的满族人打麻将，所以可以知道(　　)。

(1) 有的矿工不见得一定是打麻将的满族人

(2) 矿工不可能是打麻将的满族人

A. (1)　　B. (2)　　C. (1)，(2)　　D. 以上皆非

102. 潜水艇

潜水艇上有一个手柄，有 4 个按钮，手柄有两个挡位：“上升”、“下降”，按钮有“开”、“关”两个状态。潜水艇有下面几个规则。

(1) 如果把手柄推到“上升”位置，那么必须同时打开 1 号按钮并且关上 4 号按钮；

(2) 如果开启了 1 号按钮或者 4 号按钮，就必须关上 3 号按钮；

(3) 不能同时关上 2 号和 3 号按钮。

现在要把手柄推到“上升”位置，同时要打开的是(　　)。

A. 1 号按钮和 3 号按钮

B. 1 号按钮和 2 号按钮

C. 2 号按钮和 4 号按钮

D. 3 号按钮和 4 号按钮

103. 逻辑错误

所有得了肾炎的病人都会浮肿，张天身体浮肿，所以，张天一定得了肾炎。

以下(　　)项充分揭示了上述推理形式的错误。

A. 所有大学生都穿 T 恤，江华穿了 T 恤，所以，他是大学生

B. 所有的螃蟹都横着走，这个动物直着走，所以它不是螃蟹

C. 所有的素数都是自然数，17 是自然数，所以 17 是素数

D. 我是个笨蛋，因为所有的聪明人都是近视眼，而我的视力相当的好

104. 比重问题

比重比水小的东西会浮在水面上，比重比水大的物体则会沉入水底。木头与铁块绑在一起后沉到了水底，由此可知(　　)。

A. 木头与铁块的比重都比水大

B. 木头与铁块的平均密度比水大

C. 木头的比重比水小

D. 铁的比重比水大

105. 高明的伪造者

真正高明的伪造家制造的作品从不会被发现，所以一旦他的作品被认出是伪造的，则伪造者不是位高明的伪造者，真正的伪造家从不会被抓到。下列(　　)项推理方式与这段话类似。

A. 田壮是一个玩魔术专家，他的魔术总能掩人耳目，从未被揭穿，所以他是一个高明的魔术师

B. 王伟是一个玩魔术的人，他的魔术一般不会被揭穿，偶尔有一两次被人看穿，但这不妨碍他是一名优秀魔术师

C. 岗村是一个玩魔术的人，他的魔术一般不会被人看穿，偶尔有一两次被人看穿，说明他并不是一个高明的魔术师，因为高明的魔术师不会被人看穿

D. 小马的魔术很好，从不会被揭穿，所以他是一个优秀魔术师

106. 生命的条件

生命在另外一个行星上发展，必须至少具备两个条件：(1)适宜的温度，这是与热源保持适当距离的结果。(2)至少在 37 亿年的时间内保持一个相对稳定的温度变化幅度。这样的条件在宇宙中很难找到，这使得地球很可能是唯一存在生命的地方。上述结论成立的前提是(　　)。

A. 某一个温度变化范围是生命在行星上发展的唯一必要条件

B. 生命不在地球以外的地方生存

C. 在其他行星上的生命形态需要的条件与地球上的生命形态相似

D. 灭绝的生命形态的迹象有可能在有极端温度的行星上被发现

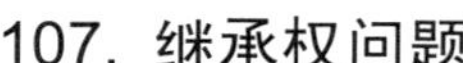

107. 继承权问题

教授：在长子继承权的原则下，男人的第一个妻子生下的第一个男性婴儿总是首先有继承家庭财产的权利。

学生：那不正确。休斯敦夫人是其父唯一妻子所生唯一活着的孩子，她继承了他的所有遗产。

学生误解了教授的意思，他理解为(　　)。

A. 男人可以是孩子的父亲

B. 女儿不能算第一个出生的孩子

C. 只有儿子才能继承财产

D. 私生子不能继承财产

108. 水够吗

缸比桶要大，我有一盆水，装不满两个桶，所以(　　)。

A. 一盆水装不满一个缸

B. 一盆水可能够，也可能不够装满一缸

C. 以上皆非

109. 萝卜与茄子

萝卜比茄子便宜，我的钱不够买两斤萝卜，所以(　　)。

A. 我的钱不够买一斤茄子

B. 我的钱可能够，也可能不够买一斤茄子

C. 以上皆非

110. 台球运动员

高水平的台球运动员都在打斯诺克，而要成为高水平的台球运动员就必须要练习击球。所以，学会打斯诺克比学会打美式落袋需要更多的击球练习。(　　)

A. 是　　　　B. 否

111. 推论

前进不见得死得光荣，但是后退没死也不见得是耻辱，所以可得出(　　)。

A. 后退意为死得光荣

B. 前进意为不死就是耻辱

C. 前进意为死得光荣

D. 以上皆非

112. 反省自己

曾子说：“吾日三省吾身。”

下面(　　)项与这句话的意思最不接近。

A. 未经反省的人生是没有价值的

B. 糊涂一世，快活一生

C. 人应该活得明白一点

D. 自省出真知

113. 己所不欲

孔子说：“己所不欲，勿施于人。”

下面(　　)项不是上面这句话的逻辑推论。

A. 只有己所欲，才能施于人

B. 若己所欲，则施于人

C. 除非己所欲，否则不施于人

D. 凡施于人的都应该是己所欲的

114. 计算机与人

人的日常思维和行动，哪怕是极其微小的，都包含着有意识的主动行为，包含着某种创造性，而计算机的一切行为都是由预先编制的程序控制的，因此计算机不可能拥有人所具有的主动性和创造性。

补充下面(　　)项，可以最强有力地支持题干中的推理。

A. 计算机能够像人一样具有学习功能

B. 计算机程序不能模拟人的主动性和创造性

C. 在未来社会，人控制计算机还是计算机控制人，是很难说的一件事

D. 人能够编出模拟人的主动性和创造性的计算机程序

115. 推理结论

只有老姜才辣。

下面(　　)项不是上面这句话的推理结论。

A. 老姜要比嫩姜辣

B. 不辣的姜都是嫩姜

C. 所有老姜都辣

D. 所有嫩姜都不辣

116. 错误推论

东北人都是活雷锋，翠花是活雷锋，所以，翠花是东北人。

以下(　　)项最明确地显示了上述推理的荒谬。

A. 中国人爱打乒乓球，李雷是中国人，所以，李雷爱打乒乓球

B. 雷锋爱帮助老人，老人走得比较慢，所以，雷锋走路很慢

C. 所有鸟儿都会唱歌，所以，会唱歌的都是鸟

D. 所有的电暖气都能发热，火炉会发热，所以火炉是电暖气

117. 大小关系

当 B 大于 C 时，X 小于 C；但是 C 绝不会大于 B，由此可得出(　　)。

A. X 绝不会大于 B

B. X 绝不会小于 B

C. X 绝不会小于 C

118. 涨价事件

新年过后，由于受雪灾影响，粮油蛋奶等食品纷纷开始涨价。下面是三位家庭主妇的对话：

主妇甲：“如果大米涨价的话，食用油也会涨价。”

主妇乙：“如果食用油涨价的话，鸡蛋也会涨价。”

主妇丙：“如果鸡蛋涨价的话，牛奶也会涨价。”

从结果看来，三位家庭主妇的说法都是正确的，但大米、食用油、鸡蛋、牛奶这四种商品中只有两种涨了价，你知道是哪两种商品吗？

答案：

61. 思维定式

本题选择 B。根据思维定式的定义，是一种固定的思维模式，A、C、D 中都包含有这一点。

62. 人才

此题答案为 A。本题给出了三个定义和三个典型例证，属于典型的多定义判断。

首先判断各个例证与定义的对应关系：例(1)说的是“战士和群众的发明”是一种劳动创造，为社会做出了较大贡献，但是还没有被发现，属于潜人才，对应定义③；例(2)中蜀国的大将组成了“人才团”，对应定义①；例(3)戏曲中的流派是以技艺为纽带前后相承的，对应定义②。

63. 社会

此题答案为 D。例(1)古罗马人们的社会身份有贵族、骑士、平民和奴隶之分，符合社会分层的定义；例(2)家庭符合社会设置的定义，满足社会基本需要即生养后代、教育年轻人，在社会结构中相对稳定；例(3)在工作中建立起来的公务员之间的关系是为了特定的目标而建立的，符合社会组织的定义。

64. 人格

此题答案为 D。例(1)小王“害怕参加社交活动”体现了行为的退缩，“从不去做那些冒险的事情”体现了“回避态度”，显然属于回避型人格，对应定义②，可排除 C 项；例(2)小李“毫无根据夸大自己的成就和才干”，属于自恋型人格，对应定义①，可排除 A 项和 B 项；例证(3)小张过于追求完美，又墨守成规，属于强迫型人格，对应定义③。因此正确的选项只有 D 项。

65. 诗歌

此题答案为 D。例(1)是李白临行前赠给汪伦的诗，符合送别诗的定义；例(2)歌咏了田园生活，因此与田园诗存在对应关系；例(3)与咏史诗存在对应关系。故答案选 D。

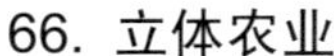

66. 立体农业

本题选择 A。第一句话说的是定义，其他的即为无用信息，直接忽略。本题的关键信息是定义的主体，农作物复合群体，选项 B、D 均涉及了动物，故排除；选项 C 指出的并非复合群体。

67. 妄想

有些题目可以用常识来判断。选项 B 中涉及的内容是生活中典型的疑病妄想症，如果考生知道此常识内容，可以直接选 B 选项。

68. 争论

A 是正确的。小王和小张对可能的理解是正确的，而小李对可能的理解是不正确的。可能下雨，就是可能会下雨，也可能不下雨，而不是小李所说的，可能下雨就表明今天要下雨。

69. 家庭住址

画一个简单的位置图就可以判断出来了，选 C。

70. 收入高低

选 D。由题目可以得出收入有如下排序：爸爸>妈妈；爷爷>奶奶；奶奶≤姑姑；姑姑=妈妈。由此可以推出：爸爸>妈妈=姑姑≥奶奶。从而可知爸爸的收入比奶奶高。

71. 喝酒与疾病

正确答案为 D。本题的结论是喝酒的人将大大增加；小前提是喝酒与心脑血管疾病发病率无关，找另一个大前提。我们看选项，只有 D 说许多人不敢喝酒是完全相信喝酒会诱发心脑血管疾病，现在既然研究显示喝酒与心脑血管疾病无关，这样以前不敢喝酒的也会喝，带来销量的变化，所以 D 正是我们要找的大前提。其他选项均不是论述的前提假设，所以应排除掉。

72. 防护墙

正确答案为 D。问最支持的选项，最好应用排除法。题干说因为风暴从水的一边对沙子进行侵蚀的时候，沙子不会向内陆扩展，而在海滩与建筑物之间建立起防护墙，不仅遮住了建筑物的海景还使海岸变窄了，所以用防护墙的方法保护建筑物的做法并不能起到很好的作用，所以 D 是题干的意思，是最支持的论断；其他 A、B、C 三项均不是题干最支持的论断，排除掉。

73. 苹果

选 C。

74. 考试成绩

D。画个图就可以知道答案。

75. 吃药

本题选择答案 C。

不都没吃药=有的吃了药。

A 和 C 的断定互相矛盾，不能同假，必有一属实；又由条件，只有一人属实，所以 B 和 D 的断定失实，即事实上 D 没吃药，并且由 D 断定失实，可推出 A 的断定失实，可推出 C 的断定属实。

76. 选举权

选 C。本题采用排除法。罪犯如不被剥夺政治权利，是具有选举权和被选举权的，故 A 不正确；学生如未满 18 周岁，不具有选举权和被选举权，故 B 不正确；选举权受年龄和国籍限制，故 D 不正确。符合题意的只有 C。

77. 班长选举

选 A。

78. 顺序推理

选 A。

79. 正确推理

选 B。

80. 是相同的吗

选 B。

81. 关于上课的决定

选 A。

82. 黑帮火并

只有 E 正确。

83. 川菜还是粤菜

选 A。

84. 无知者无畏

选 D。

85. 高明的骗子

选 B。

根据林肯所说的，骗子不可能在所有的时刻欺骗所有的人，那就有可能在某个时刻有人不受骗，也就是说，存在某一个时刻，在这个时刻有人可能没有受骗。

86. 申请基金

1. 选 D。根据“如果钱教授获得的票数比周博士多，那么李教授将获得该项基金”，而事实为陈博士获得了该项基金，因只有一个人能获该项基金，所以李教授未获得该项基金，根据充分条件假设命题的推理规则，“否定后件则否定前件”，可得钱教授获得的票数不比周博士多。

2. 选 D。根据“赵教授没有获得该基金”这一事实，对“如果孙教授获得的票数比沈局长多，同时周博士获得的票数比钱教授多，那么赵教授将获得该项基金。”这一充分条件假言命题进行推理，可知，孙教授获得的票数不比沈局长多或者周博士获得的票数不比钱教授多。又根据已知，周博士获得的票数比钱教授多，得出孙教授获得的票数不比沈局长多。

87. 考试及格

选 D。如果孙涛的成绩没有及格，这就否定了充分条件假言命题“如果李佳考试及格，那么李华、孙涛和赵林肯定也及格了”。所以可以推出否定的前件，即孙涛考试不及格，所以便可推出李佳和赵林都不会及格。

88. 语言逻辑

选 D。首先假设理发师是不给自己理发的人，而陈述表明不给自己理发的人都来找理发师理发，结果是理发师给自己理发，与假设不符，所以假设不成立；再假设理发师给自己理发，又与陈述“只给所有不给自己理发的人理发”矛盾，假设亦不成立。所以，不存在这样的人。

89. 说谎检测

选 D。

90. 辩论

选 D。

91. 推论

选 C。根据题意，简写如下：如果 A，那么 B，只有 B，公司资金才正常周转，如果公司资金不能正常周转，那么 C 产品研发不能如期进行，C 产品研发如期进行→资金正常周转→B，所以选择 C 答案。

92. 大鼻子

选 D。

93. 血型问题

选 C。A 答案的错误在于无法从题干中推出 O 型血是否越来越受欢迎；B 答案的错误在于 O 型血的特殊用途不是“它与大多数人的血型是一样的”而是“O 型血可供任何人使用”；D 答案的错误在于在美国 O 型血的人数只占 45%，不足 50%，无法推出“O 型是大多数人共同的血型”。

94. 减肥

选 A。

95. 判断水果

选 C。

96. 地点

选 B。

97. 菜的味道

选 C。

98. 位置关系

选 C。

99. 有才华的律师

选 B。

100. 职业

选 C。

101. 打麻将

选 A。

102. 潜水艇

选 B。

103. 逻辑错误

选 A。

104. 比重问题

选 B。由陈述可推断出木头加铁块在一起的平均密度比水大，故 B 为正确答案。其他选项都无法从陈述中推出。

105. 高明的伪造者

选 C。题干的推理过程是：高明的伪造家不会被发现伪造，一旦被发现了伪造，即证明该伪造者不是高明的伪造家。C 项过程类似：高明的魔术师不会被人看穿，一旦被看穿的话，就说明不是高明的魔术师。

106. 生命的条件

题干推论的得出需要一个假设，即其他星球的生命形态需要的条件和地球上生命形态需要的条件一致。因为在宇宙中难以找到具备两个必要条件的星球，所以可以推导出地球可能是唯一存在生命的地方，故答案为 C。

107. 继承权问题

选 C。根据教授的结论，长子继承权是特定男性婴儿的权利，但并不排除女儿也有可能继承财产，学生忽略了这个可能，所以造成了误解。在只有女儿的情况下，女儿当然具有继承财产的权利，这并不会对长子继承权构成反驳。答案为 C。

108. 水够吗

选 B。

109. 萝卜与茄子

选 B。

110. 台球运动员

选 B。

111. 推论

选 C。

112. 反省自己

选 B。

113. 己所不欲

选 B。

114. 计算机与人

选 B。

115. 推理结论

选 C。

116. 错误推论

选 D。

117. 大小关系

选 A。

118. 涨价事件

涨价的是鸡蛋和牛奶。

第三部分
逻辑判断与推理

逻辑判断题主要测查大家对事物关系和文字材料的理解、演绎和归纳的能力。其中理解是基础，演绎和归纳是重点，要求我们有清晰的思维。根据逻辑判断的题目要求，解题时需要遵循以下两个原则。

① 假设正确，即题目所说的话无论是否和实际相符，都假设是正确的、不容置疑的。

② 不需附加任何说明即可推出，这就要求我们在解题时不要主观臆断，附加自己的想法，而应以题干内容为准。

方法一：递推法

递推法，指的是按照原思路刨根寻底，穷追不舍，直至找出答案为止。递推思维法要求你善于抓住一些常被人忽视的地方，通过仔细观察与思索，在现有事物的基础上一步一步地连续向前探索，一步一步地思考，直到解决问题。

任何事物都有其原因和结果，表象和本质。通过原因，可以探究出事物的结果；通过表象，可以发掘出事物的本质。由已知条件层层向下分析，要确保每一步都能准确无误。在这个过程中，可能会有几个分支，应本着先易后难的原则，先从简单的一支入手，逐个分析，直至考虑到所有的情况，找出符合要求的答案。

例 1：1 元钱一瓶汽水，喝完后两个空瓶可以换一瓶汽水，问：你有 20 元钱，最多可以喝到几瓶汽水？

解答：

解这种题的时候就可以用到“递推法”，也就是自上而下，一步步地推理。第一步，1 元钱一瓶，20 元可以买 20 瓶。接着，喝完有 20 个空瓶，可以换 10 瓶汽水。喝完还有 10 个空瓶，可以换 5 瓶汽水……如此一步步地推下去，就可以得到结果了。

需要注意的是，在“递推法”中，有时推理可能仅仅只列举了使结论成立的一些必要条件，但结论的成立可能依赖于许多条件，只有所有的必要条件都找到了，才可以构成充分条件推导出推理的结论。也就是说，有原因才能有确定的结果，但只有找到了所有影响某一确定结果的原因，我们才能得出这个确定的结果。而如果我们知道了某一确定结果，必定可以推断它的一些原因(必要条件)存在。

方法二：倒推法

倒推法，又叫逆向思维法，是运用与常人不同的思维方式，跳出传统观念和习惯的束缚，“反其道而思之”，让思维向对立面的方向发展，从问题的相反面深入地进行探索，树立新思想，创立新形象。它是对司空见惯的似乎已成定论的事物或观点反过来思考的一种思维方式。

通俗地说，倒推法就是从问题最后的结果开始，一步一步往前推，把所有能够得出这个结果的原因一一列出，再逐一确定是不是真工的原因加以确认和排除，直到求出问题的答案。

司马光砸缸的故事我们都听过，为什么说司马光聪明？原因就是他运用了逆向思维法。因为要使水缸里的小朋友不被淹死，就得想办法让人和水分离。别的小朋友想的都是把人从水里拉出来，即人离开水，而司马光想的恰恰是让水离开人。这种突破思维定式，从对立、颠倒的、相反的角度去思考问题就是逆向思维法。通俗地讲，就是倒过来想问题。

例 2：

一个小孩有一堆糖果，第一天他吃了 1/4，第二天他吃了剩下的 1/3，第三天他又吃了剩下的 1/3，这时他还有 4 块糖果。问最开始他有多少块糖果？

解答：

这个问题就可以用“倒推法”来解决，从他最后有 4 块糖果可以推出第三天他吃之前有 6 块，然后可以推出第二天吃之前他有 9 块，所以第一天他就应该有 12 块。

类似这种问题如果顺推思考，比较麻烦，很难理出头绪来。而如果用倒推法进行分析，就像剥卷心菜一样层层深入，直到解决问题。

方法三：归纳法

归纳法，是论证的前提支持结论但不确保结论的推理过程。人的行动很大一部分是建立在归纳推理之上的。归纳推理从少数观测的事例中概括出普遍性的命题。

归纳推理是一种由个别到一般的论证方法。它通过许多个别的事例或分论点，然后归纳出它们所共有的特性，从而得出一个一般性的结论。归纳法可以先列举事例再归纳结论，也可以先提出结论再举例加以证明。前者即我们通常所说的归纳法，后者我们称为例证法。例证法就是一种用个别、典型的具体事例证明论点的论证方法。

例 3：

我们每天看到太阳从东方升起而得出结论说“太阳每天从东方升起”，我们看到了几只天鹅是白色的，我们说“所有的天鹅是白色的”，这都是归纳推理。

归纳法不是一个严密的论证方法，因为只要有一个特例也就推翻了前面的结论。我们可设想一下：主人每天给猪喂食，当猪看到主人来时，意味着食物送来了，然而猪不能必然性地得出，主人来必然给它喂食物。因为，很可能的是，一天主人拿着刀杀它来了。这就是归纳法的困难。

方法四：演绎法

演绎法，是以一般性的逻辑假设为基础，得出特定结论的推理过程。

玻璃是易碎的，而石头是不易碎的。从这个结论出发，你可进行演绎推理，从而得到其他不易碎的东西(像木棍)也会打破玻璃，而石头也会打破其他易碎的东西(像冰块)。

例 4：

在一次演讲中，著名物理学家费米向大家提到了这样一个问题："芝加哥需要多少位钢琴调音师？"

解答：

大家对费米的提问都感到很奇怪，因为大家觉得这个问题根本无从下手。但是费米却不这样认为，他向大家解释道："假设芝加哥的人口有 300 万，每个家庭 4 口人，全市 1/3 的家庭有钢琴。那么芝加哥共有 25 万架钢琴。一般来说，每年需要调音的钢琴只有 1/5，那么，一年需要调音 5 万次。每个调音师每天能调好 4 架钢琴，一年工作 250 天，共能调好 1000 架钢琴，是所需调音量的 1/50。由此可以推断，芝加哥共需要 50 位调音师。"

这就是一个典型的演绎法。这种推论需要知道很多预备性的知识。比如，你应该知道芝加哥的人口数，有钢琴的家庭所占的比例，每架钢琴一年要调音的次数，调音师的工作效率、工作时间等。如果你不知道这些知识，这个问题显然是无法回答的。

方法五：假设法

假设法，是对给定的问题先作一个或一些假设，然后根据已给的条件进行分析。如果出现与题目给的条件相矛盾，说明假设错误，可再作另一个或另一些假设。如果结果只剩下一种可能了，那么问题就解决了。在科学史上，"假设"曾起了极大的作用。

假设法是科学研究中常用的一种思维方法，也是数学中的一个重要思想。通过假设可以使复杂的问题简单化，使所求的问题明朗化，这样我们就可以更快地找到解决问题的突破口了。

例 5：

桌子上摆着甲、乙、丙三个盒子。甲盒上写着一句话："珠宝不在此盒中"，乙盒上写着一句话："珠宝在甲盒中"，丙盒上写着一句话："珠宝不在此盒中"。现在知道，这三句话中，只有一句话是真的，那么珠宝在哪儿？

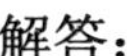

解答：

这种题型是题干推理中的前提不足够充分以推出结论，要求在选项中确定合适的前提，去补充原来的前提，从而合乎逻辑地推出结论。因此，做这类题的基本思路是紧扣结论，简化推理过程，从因果关系上考虑。从前提到结论，中间一定要有适当的假设，寻找断路或是因为“显然”而省略掉的论述，也就是要“搭桥”。

假设珠宝在甲盒中，那么第一句是错的，第二句是对的，第三句也是对的。这样就有了两句真话，所以可以断定，珠宝不在甲盒中。然后再换为乙重新进行假设，这样依次下来就可以找到正确的答案了。

由于假设仅仅是推理成立的一个必要条件，所以我们找到了推理的一个假设，并不能够肯定这个推理必然成立。我们只有找到了推理成立的所有必要条件，才能够得出一个确定性的结论，推理才能够成立。

方法六：排除法

排除法，就是根据题目的要求，结合所学知识，排除题干中的冗余信息或者所给选项中的错误选项。把一些无关的问题先予以排除，可以确定的问题先确定，尽可能缩小未知的范围，从而降低理解难度，缩小选择范围，快速明确答案，以便于问题的分析和解决，提高命中率。

例 6：

有三位旅客为 A、B 和 C。已知他们三人一个去荷兰，一个去加拿大，一个去英国。据悉 A 不去荷兰，B 不打算去英国，而 C 则既不去加拿大，也不去英国。问三个人分别去哪个国家？

解答：

这就需要用到“排除法”，就是对题目中可能的答案逐一排除，最后留下的就一定是准确答案。因为 C 既不去加拿大，也不去英国。所以排除了这两种可能后，他只能去荷兰。而 B 不去英国，也不能去荷兰(因为 C 已经确定去荷兰了)，所以他只能去加拿大。最后剩下的 A 只能去英国了。

这种方法看似笨拙，但在解题时特别重要。正确运用这种方法，往往会收到意想不到的效果。这种思维方式在我们的工作和生活中都是很有用处的。这对于提高大家的逻辑思维能力、推理能力，也有很大的作用。

方法七：分析法

分析法，是把事物分解为各个属性、部分和方面，对它们分别研究和表述的思维方法。分析法是一种最基本的思维方法，各种方法常常都要用到分析法。可以说，分析能力的高低，是一个人智力水平的体现。分析能力不仅是先天性的，在很大程度上还取决于后天的训练，应养成对客观事物进行分析的良好习惯。逻辑分析题从推理思路上也属于归纳型，即“自上而下推理”，其解题关键是要“把条件用尽”，即对于题目所给出的规则，必须边读题边把题目所给出的条件一条条在草稿纸上逐一列出，同时要善于分析隐含条件。

例 7：

一个人花 8 块钱买了一只鸡，9 块钱卖掉了，然后他觉得不划算，花 10 块钱又买回来了，11 块卖给另外一个人。问他赚了多少？

解答：

这个问题看似很复杂，其实只要你换种方式思考的话，你会发现它非常简单。只要你把它当成两次交易，第一次 8 块钱买 9 块钱卖，赚了 1 块钱；第二次 10 块钱买 11 块钱卖，又赚了 1 块钱。所以一共赚了 2 块钱。

逻辑分析偏重于缜密的推理以及对具体事物的抽象能力，解这类问题要从宏观的角度对大局和整体进行认识。

119. 圈出的款额

两位女士和两位男士走进一家自助餐厅，每人从机器上取下一张如下所示的标价单。

50，95

45，90

40，85

35，80

30，75

25，70

20，65

15，60

10，55

(1) 4 个人要的是同样的食品，因此他们的标价单被圈出了同样的款额(以美分为单位)。

(2) 每人都只带有 4 枚硬币。

(3) 两位女士所带的硬币价值相等，但彼此间没有一枚硬币面值相同；两位男士所带的硬币价值相等，但彼此间也没有一枚硬币面值相同。

(4) 每个人都能按照各自标价单上圈出的款额付款，不用找零。

在每张标价单中圈出的是哪一个数目？

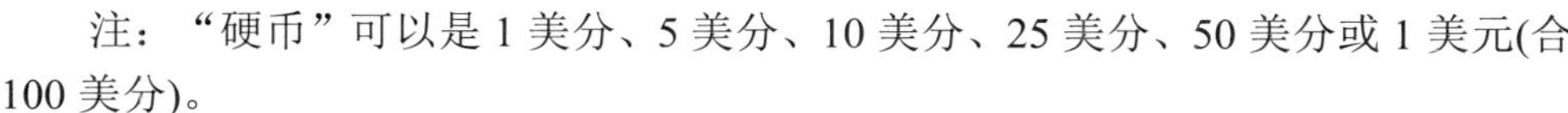

注：“硬币”可以是 1 美分、5 美分、10 美分、25 美分、50 美分或 1 美元(合 100 美分)。

提示：设法找出所有这样的两组硬币(硬币组对)：每组四枚，价值相等，但彼此间没有一枚硬币面值相同。然后从这些组对中判定能付清账目而不用找零的款额。

120. 手心的名字

春游的时候，老师带着四名学生 A、B、C、D 一起做猜名字的游戏。游戏很简单：

首先，老师在自己的手上用圆珠笔写了四个人中的一个人的名字。

然后他握紧手，在此过程中，不让四名学生中的任何一个人看到。

最后，老师对他们四人说：“我在手上写了你们四个人其中一个人的名字，猜猜我写了谁的名字？”

A 回答说：是 C 的名字；

B 回答说：不是我的名字；

C 回答说：不是我的名字；

D 回答说：是 A 的名字。

四名学生猜完之后，老师说：“你们四人中只有一个人猜对了，其他三个人都猜错了。”

四人听了以后，都很快猜出老师手中写的是谁的名字了。

你知道老师手中写的是谁的名字吗？

121. 合租的三家人

有三户人家合租了一个复式别墅。这三户人家都是三口之家：丈夫、妻子和孩子。他们的名字已在下表中列出来了：

丈夫	老张、老王、老李
妻子	丁香、李平、杜丽
孩子	美美(女)、丹丹(女)、壮壮(男)

现在只知道老张和李平家的孩子都参加了学校的女子篮球队训练；老王的女儿不叫丹丹；老李和杜丽不是一家的。

你能根据上面的条件说出这每家分别是哪三个人吗？

122. 每个人的课程

一个大学生宿舍住了 5 个人，这 5 个人要按照学校的规定去上课。学校对音乐、体育和美术课有下面的规定：每个人每周三门课最少要各上一个小时，但最多不能超过 5 个小时。等 5 个人选完课时，发现没有任何两个人选的课的课时总数是相同的，并且就连每种课的课时大家也都是各不相同。惊讶之余：

甲说：我的音乐课每周 2 个小时，三门课总课时数我排第三；

乙说：我的体育课时最多，一周有 5 个小时，丙有 3 个小时的体育课，不过他的音乐和美术课时更多。

丁说：我的音乐课和美术课的课时要比戊的音乐课和美术课时都多。

问题：每个人分别各选了几个课时的课。

123. 首饰的价值

小李有 A、B、C、D、E 五件首饰，其价值各不相同。已知：

A 的价值是 B 的两倍；

B 的价值是 C 的四倍；

C 的价值是 D 的一半；

D 的价值是 E 的一半。

请问：这 5 件首饰的价值由大到小是怎么排列的？

124. 谁的工资最高

小王、小李、小赵、小刘四个人同时进入公司，由于公司实行“信封式”工资发放方式，谁都不知道别人的工资是多少。小王心里痒痒，就问人事经理每个人工资是多少。人事经理说：“我不能告诉你。但是我能告诉你下面三句话：小王小李工资和大于小赵小刘工资和；小王小赵工资和大于小李小刘工资和；但是小赵小李工资和小于小王小刘工资和。”

你能帮小王分析一下，谁的工资最高吗？

125. 消失的扑克牌

计算机课上，老师说：“今天我给你们做一个测验，你们打开电脑桌面上的附件，背景上浮现出大卫·科波菲尔的脸。然后，出现了六张扑克牌，都是不同花色的J到K，每张都不一样。然后——你在心里默想其中的一张。不要用鼠标点中它，只是在心里默想。看着我的眼睛，默想你的卡片。默想你的卡片，然后击空格键。”

我选了红桃 Q，一切都是按步骤来的，最后，我轻轻一击空格键，画面哗地一变，原来的六张牌不见了，然后出现了一行字：看！我取走了你想的那张卡片！我急忙去看，天哪！扑克牌只剩下五张，红桃Q不见了！真的不见了！！

大吃一惊的我，马上再来一遍，这次选了黑桃 K，几个步骤下来，黑桃 K 又不见了！

百思不得其解，其他的同学看来也同样惊讶，看来他们也被这神奇的魔术震慑住了。这时，老师说：“你们是不是觉得很神奇呢？其实答案很简单。”他说出了谜底。他的回答令我再次失声惊呼：竟然是这样简单！

你知道这个魔术师怎么变的吗？

126. 篮球比赛

学校篮球联赛中，有 4 个班级在同一组进行单循环赛，成绩排在最后的一个班级被淘汰。如果排在最后的几个班的负场数相等，则他们之间再进行附加赛。初一(1)班在单循环赛中至少能胜一场，这个班是否可以确保在附加赛之前不被淘汰？是否一定能出线？为什么？请写出解题步骤，并简单说明。

127. 怀疑丈夫

赵丽丽、李师师、王美美和孙香香这四位女士去参加一次聚会。

(1) 晚上 8 点，赵丽丽和她的丈夫已经到达，这时参加聚会的人数不到 100 人，正好分成五人一组进行交谈。

(2) 到晚上 9 点，由于 8 点后只来了李师师和她的丈夫，人们已改为四人一组在进行交谈。

(3) 到晚上 10 点，由于 9 点后只来了王美美和她的丈夫，人们已改为三人一组在进行交谈。

(4) 到晚上 11 点，由于 10 点后只来了孙香香和她的丈夫，人们已改为二人一组在进行交谈。

(5) 上述四位女士中的一位，对自己丈夫的忠诚有所怀疑，本来打算先让她丈夫单独一人前来，而她自己则过一个小时再到。但是她后来放弃了这个打算。

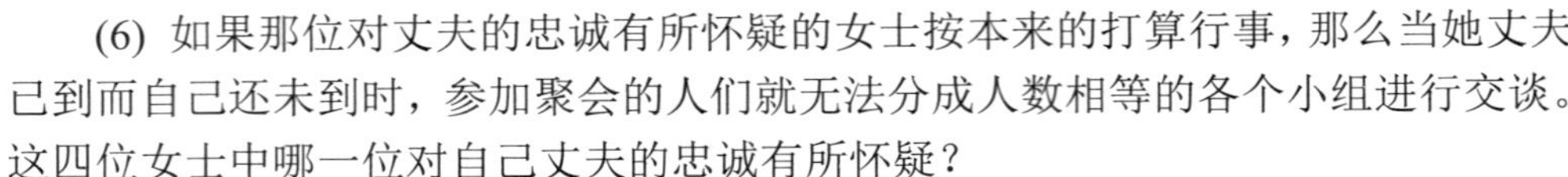

(6) 如果那位对丈夫的忠诚有所怀疑的女士按本来的打算行事，那么当她丈夫已到而自己还未到时，参加聚会的人们就无法分成人数相等的各个小组进行交谈。这四位女士中哪一位对自己丈夫的忠诚有所怀疑？

128. 三项全能

校运动会上，老师统计了班上 4 个人的成绩。

(1) 有优秀、良好、及格 3 个等级的评分。

(2) 有 1 人三项比赛的成绩都是优秀。

(3) 有 1 人某项比赛的成绩是优秀，某项比赛的成绩是良好，某项比赛的成绩是及格。

(4) 有 2 人两项相同比赛的成绩都是优秀。

(5) 跳远成绩中没有良好。

(6) 长江和雷雷的跳远成绩相同。

(7) 一婧的跳高成绩和雷雷的铅球成绩相同。

(8) 宇华成绩中有一项是及格。

(9) 长江的铅球成绩和宇华的跳高成绩相同。

请列出四人的成绩表。

129. 聪明的俘虏

在一个集中营里，关了 11 个俘虏，有一天，集中营的负责人说："现在集中营里人满为患，我们想释放一名俘虏。我会把你们捆在广场的柱子上，在你们头上系上一条丝巾，如果你们谁能知道自己脑袋上系的是什么颜色的丝巾，我就释放了他。如果你们谁也不知道自己脑袋上的丝巾是什么颜色的，我就让你们都在广场上饿死。" 11 名俘虏被蒙上眼睛带到广场上，当扯掉他们眼上的黑布时，他们发现：有一个人被捆在正中央，还被蒙着眼，其他 10 个人围成一个圈，由于中间那个人的阻挡，每个人只能看到另外 9 个人，而这 9 个人有的人戴的红丝巾，有的人戴的是蓝丝巾。集中营那个负责人说："我可以告诉你们，一共有 6 个人戴红丝巾，5 个人戴蓝丝巾。"这些人还是大眼瞪小眼，没有人敢说自己头上的是什么颜色丝巾。那个负责人说："如果你们还说不出来的话，我就把你们都饿死。"这时，中间那个一直被蒙着眼的人说："我猜到了。"

问：中央那个被蒙住眼的俘虏戴的是什么颜色的丝巾？他是怎么猜到的？

130. 玻璃球游戏

几个男孩在一起玩玻璃球。每个人要先从盒子里拿 12 个玻璃球。盒子中绿色的玻璃球比蓝色的少，而蓝色的玻璃球又比红色的少。因此，每个人红的要拿得最多，绿的要拿得最少，并且每种颜色的玻璃球都要拿。小明先拿了 12 个玻璃球，其他的男孩子也都照着做。盒子中只有三种颜色的玻璃球，且数量也刚好够大家拿。

几个男孩子最后把球看了一下，发现拿法全都不一样，而且只有小强有 4 个蓝色球。

小明对小刚说："我的红球比你的多。"

小刚突然说："咦，我发现我们 3 个人的绿色球一样多啊！"

"嗯，是啊！"小华附和说，"咦，我怎么掉了一个球！"说着把脚边的一个绿球捡了起来。

几个男孩手里总共有 26 颗红色的玻璃球。请问这里有多少个男孩？各种颜色的球各有多少个？

131. 拆炸弹

犯罪分子在一栋大厦中安装了一枚定时炸弹，幸好被警察及时发现，派来了拆弹专家来拆除炸弹。这个炸弹很特别，上面有一排六个按钮，只有按 A、B、C、D、E、F 的顺序按下这些按钮才能拆除炸弹。但是不知道哪个按钮代表 A、B、C、D、E、F。

拆弹专家通过检查得出以下信息："A 在 B 的左边；B 是 C 右边的第三个；C 在 D 的右边；D 紧靠着 E；E 和 A 中间隔一个按钮。"

通过这些信息，你能帮他找出每个按钮的位置吗？

132. 逻辑顺序

下面一排遮住的图形与上面一排顺序不同，但遵循以下规则。

十字形和圆都不和六边形相邻。

十字形和圆都不和三角形相邻。

圆和六边形都不和正方形相邻。

正方形的右边是三角形。

你能找出它们的顺序吗？

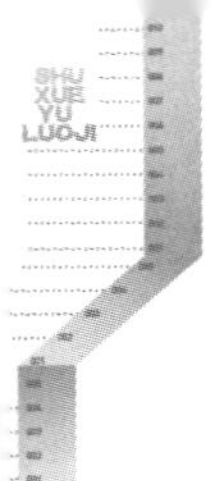

133. 都是做什么的

孙鹏、程菲(女)、刘国梁和张宁(女)四人围成一桌在聊天，他们都是运动员。孙鹏坐在体操运动员对面，羽毛球运动员在程菲右边，刘国梁在张宁对面，乒乓球运动员在网球运动员右边，刘国梁右边是女的。问：这四人分别是什么运动员？

134. 谁是冠军

田径场上正在进行 100 米决赛。参加决赛的是 A、B、C、D、E、F 六个人。小李、小张、小王对谁会取得冠军谈了自己的看法：小张认为，冠军不是 A 就是 B；小王坚信，冠军绝不是 C；小李则认为，D、F 都不可能取得冠军。比赛结束后，人们发现 3 个人中只有一个人的看法是正确的。

问：谁是 100 米决赛的冠军？(　　)

A. 冠军是 A

B. 冠军是 B

C. 冠军是 C

D. 冠军是 E

135. 扑克牌

桌上放着红桃、黑桃和梅花三种牌，共 20 张。

(1) 桌上至少有一种花色的牌少于 6 张。

(2) 桌上至少有一种花色的牌多于 6 张。

(3) 桌上任意两种牌的总数将不超过 19 张。

上述论述中正确的是(　　)。

A. 1、2

B. 1、3

C. 2、3

D. 1、2和3

136. 分别在哪个科室

在一所医院里，甲、乙、丙三位医生分别负责内科、外科、骨科、皮肤科、泌尿科和妇产科。每位医生兼任两个科室的工作。骨科医生和内科医生住在一起，甲医生是三位医生中最年轻的，内科医生和丙医生是经常一起下棋，外科医生比皮肤科医生年长，比乙医生又年轻。三人中最年长的医生住家比其他两位医生远。

请问，哪位医生在哪个科室？

137. 老朋友聚会

甲、乙、丙、丁四个人上大学的时候在一个宿舍住，毕业10年后他们又约好回母校相聚。老朋友相见分外热情。四个人聊起来，知道了这么一些情况：只有三个人有自己的车；只有两个人有自己喜欢的工作；只有一个人有了自己的别墅；每个人至少具备一样条件；甲和乙对自己的工作条件感觉一样；乙和丙的车是同一牌子的；丙和丁中只有一个人有车。如果有一个人三种条件都具备，那么，你知道他是谁吗？

138. 留学生

勺园住进了四名留学生，他们的国籍各不相同。分别来自英、法、德、美四个国家。而且他们入学前的职业也各不相同，现已知德国人是医生，美国人年龄最小且是警察，C比德国人年纪大，B是法官且与英国人是好朋友，D从未学过医。

由此可知C是哪国人？

139. 谁的狗

有四个孩子，他们分别叫黄黄、花花、黑黑和白白。他们每个人都养了一条狗，狗的名字也叫黄黄、花花、黑黑和白白。当然一个人绝不能与他的狗叫同一个名字，例如，叫花花的狗绝不会是花花的。

(1) 我们还知道花花的狗并不和那只叫花花的狗的主人叫同一个名字。

(2) 黄黄的狗并不和叫黑黑的狗的主人用一个名字。

(3) 黑黑的狗并不和白白的主人叫同一个名字。

(4) 白白的狗也不叫花花。

谁能说清楚哪条狗是属于哪个孩子？

140. 三个家庭

有三个家庭，每个家庭共有 3 名成员，参加一场游戏。这 9 个人中，有 3 个成年妇女 R、S、T，两个成年男人 U、V 和四个孩子 W、X、Y、Z。

已知：

(1) 同性别的成年人不是出自同一个家庭

(2) W 与 R 不在同一个家庭

(3) X 与 S 或 U 一家，或者同时与 S，U 一家

问题 1：如果 R 是某家的唯一的大人，那么她家里的其他两个成员一定是(　　)。

A. W 和 X

B. W 和 Y

C. X 和 Y

D. X 和 Z

E. Y 和 Z

问题 2：如果 R 和 U 是其中一个家庭的两个成员，那么谁将分别在第二个家庭和第三个家庭的成员？(　　)

A. S，T，W；V，Y，Z

B. S，W，Z；T，V，X

C. S，X，Y；T，W，Z

D. T，V，W；S，Y，Z

E. W，X，Y；S，V，Z

问题 3：下列哪两个人与 W 在同一家庭？(　　)

A. R 和 YB.S 和 UC.S 和 VD.U 和 VE.X 和 Z

问题 4：下列哪一个判断一定是对的？(　　)

A. 有一个成年妇女跟两个孩子在同一家庭

B. 有一个成年男人跟 W 同一家庭

C. R 和一个成年男人同一家庭

D. T 一家只有一个孩子

E. 有一个家庭没有孩子

问题 5：如果 T、Y 和 Z 是同一家庭，那么下列哪些人是另一家庭的成员？(　　)

A. R，S，V　　B. R，U，W
C. S，U，W　　D. S，V，W　　E. U，V，X

141. 社团成员

A、B、C、D、E、F 和 G 七名同学在大学里住在同一个宿舍，他们分别加入了学校的两个社团，围棋社和曲艺社，此外，我们还知道以下几点信息。

(1) 每个人必须在围棋社或曲艺社工作

(2) 没有人能够既服务于围棋社又服务于曲艺社

(3) A 不能与 B 或 E 在同一个社团工作

(4) C 不能与 D 在同一个社团工作

问题 1：如果 C 在围棋社，下列哪一条必定是正确的？(　　)

A. A 在围棋社

B. B 在曲艺社

C. D 在曲艺社

D. F 在围棋社

E. G 在曲艺社

问题 2：如果围棋社只有两个人，下列人员当中谁有可能是其中之一？(　　)

A. B　　B. C　　C. E　　D. F　　E. G

问题 3：如果 G 与 F 或 D 不在同一个社团，下列哪一条是错的？(　　)

A. A 与 D 在一起　　B. B 与 C 在一起
C. C 与 F 在一起　　D. D 与 F 在一起　　E. E 与 G 在一起

问题 4：原先的条件再加上下列哪一条限制，可以使社团的成员分配只有一种可能？(　　)

A. A 和 G 必须在围棋社，而 C 必须在曲艺社

B. E 必须在围棋社，而 F 和 G 必须在曲艺社

C. B 和 G 必须在围棋社

D. C 和另外 4 个人必须在围棋社

E. D 和其他 3 个人必须在曲艺社

142. 销售果汁

一家饮料公司销售果汁，为了促销，他们将三瓶果汁装成一箱打包出售。已知：果汁共有葡萄、橘子、草莓、桃子、苹果 5 种口味，并且必须按照以下条件

装箱。

(1) 每箱必须包含 2 种或 3 种不同的口味

(2) 含有橘子果汁的箱里必定至少装有一瓶葡萄果汁

(3) 含有葡萄果汁的箱里必定至少装有一瓶橘子果汁

(4) 桃子果汁与苹果果汁不能装在同一箱内

(5) 含有草莓果汁的箱里必定至少有一瓶苹果果汁，但是，含有苹果果汁的箱里并不一定有草莓果汁

问题 1：下列哪一箱果汁是符合题设条件的呢？(　　)

A. 一瓶桃子果汁、一瓶草莓果汁和一瓶橘子果汁

B. 一瓶橘子果汁、一瓶草莓果汁和一瓶葡萄果汁

C. 两瓶草莓果汁和一瓶苹果果汁

D. 三瓶桃子果汁

E. 三瓶橘子果汁

问题 2：除了一种情况外，下列各个装箱均符合题设条件。这种情况是(　　)。

A. 葡萄果汁和桃子果汁　　B. 桃子果汁和苹果果汁

C. 橘子果汁和桃子果汁　　D. 草莓果汁和苹果果汁

问题 3：下面哪一箱加上一瓶草莓果汁后便可符合题设条件？(　　)

A. 一瓶桃子果汁和一瓶橘子果汁

B. 一瓶葡萄果汁和一瓶橘子果汁

C. 两瓶苹果果汁

D. 两瓶橘子果汁

E. 两瓶葡萄果汁

问题 4：一瓶橘子果汁、一瓶桃子果汁，再加上一瓶什么果汁，便可装成一箱(　　)。

A. 葡萄果汁　　B. 橘子果汁　　C. 草莓果汁

D. 桃子果汁　　E. 苹果果汁

问题 5：一瓶橘子果汁再加上下列哪两瓶果汁即可装成一箱？(　　)

A. 一瓶橘子果汁与一瓶草莓果汁

B. 一瓶葡萄果汁与一瓶草莓果汁

C. 两瓶橘子果汁

D. 两瓶葡萄果汁

E. 两瓶草莓果汁

问题 6：一箱符合条件的果汁，不能含有下列哪两瓶果汁？(　　)

A. 一瓶草莓果汁和一瓶桃子果汁

B. 一瓶葡萄果汁和一瓶橘子果汁
C. 两瓶橘子果汁
D. 两瓶葡萄果汁
E. 两瓶草莓果汁

问题 7：一箱符合条件的果汁，不能含有下列两瓶什么果汁？(　　)

A. 橘子果汁　　B. 葡萄果汁　　C. 苹果果汁
D. 草莓果汁　　E. 桃子果汁

143. 成绩高低

期末考试的成绩已经出来了，在八名同学之中，他们的语文和数学成绩有以下关系。

(1) A 比 B 数学成绩差；
(2) C 比 D 语文成绩好；
(3) E 比 F 语文成绩差；
(4) F 比 G 数学成绩好；
(5) H 比 D 数学成绩好。

问题 1：如果 G 比 H 数学成绩好，那么可以推断出(　　)。

A. F 比 D 数学成绩差　　B. F 比 D 数学成绩好
C. F 比 E 数学成绩差　　D. F 比 E 数学成绩好
E. C 比 F 数学成绩好

问题 2：如果 D 和 F 语文成绩一样好，那么下列哪一组判断是错误的？(　　)

A. C130 分，D125 分
B. F130 分，H120 分
C. E130 分，C125 分
D. B130 分，A130 分
E. G130 分，A130 分

问题 3：下列哪一种条件可以保证 A 与 F 数学成绩同样好？(　　)

A. D 和 B 数学成绩一样好
B. G 和 H 数学成绩一样好，D 和 B 数学成绩一样好
C. G、H、B 和 D 数学成绩一样好
D. 以上没有一条是对的

问题 4：下列哪一条推论是对的？(　　)

A. D 至少不比其中三人数学成绩差或语文成绩差

B. F 至少比其中一人数学成绩好和语文成绩好

C. 如果再加入一个人——X，他比 H 数学成绩好，比 A 数学成绩差，那么 B 比 D 数学成绩好

D. 如果附加人员 Y 比 G 数学成绩好，那么他也比 F 数学成绩好

E. 以上均为错

144. 公司取名

据说一个好的公司名要由三个单词组成，而且组成一个公司名的这三个单词必须符合以下四个条件。

(1) 每个单词必须含有 3 个、5 个或 7 个字母。

(2) 字母 R、T、X 不能在一个公司名中出现两次或两次以上。

(3) 一个公司名中，第三个单词要比第二个单词包含的字母多。

(4) 每个单词的头一个字母不能相同。

问题 1：如果 BOXER 是某个公司名中的第二个单词，那么下列哪两个单词可能分别为这个公司名的第一个和第三个单词？(　　)

A. ARM、RUNNING

B. BID、TAMES

C. CAMPS、TRAINER

D. DID、STEAMED

E. FOX、RENTED

问题 2：MOTHS、VEX、MAR 三个单词不符合公司名的次序，下列哪一种改进方法可以使它们成为一个好的公司名字？(　　)

A. 颠倒某个单词的字母，并将最长单词中的某个字母抽出来

B. 颠倒某个单词的字母，并把三个单词的词序倒过来

C. 颠倒某个单词的字母

D. 颠倒三个单词的词序

E. 将最长单词中的某个字母换个位置

问题 3：一个公司名中第二个单词可能由几个字母组成？(　　)

A. 3 个，不可能是 5 个或 7 个

B. 5 个，不可能是 3 个或 7 个

C. 7 个，不可能是 3 个或 5 个

D. 3 个或 5 个，不可能是 7 个

E. 5 个或 7 个，不可能是 3 个

145. 选修课程

某大学的同一个宿舍中有 I、J、K、L、M、N 和 O 七个人，他们选修了三种课程。这三种课程分别是：经济学、心理学和博弈论。为了便于分组讨论，学校要求：经济学课程一个宿舍中必须有 3～4 人一起选修；心理学必须有 4 人或 6 人一起选修；博弈论课程必须 2 人以上才能选修。

选修这三门课程还有以下条件限制。

(1) 每人必须参加 3 种课程中的两种。

(2) I 必须选修经济学课程。

(3) K 必须选修博弈论课程。

(4) N 必须选心理学。

(5) M 必须选修 I 选修的两种课程。

(6) O 必须选修 L 选修的两种课程。

问题 1：如果 K 和 N 选修的两种课程相同，下列哪一个判断是错误的？(　　)

A. I 选修经济学课程

B. N 选修经济学课程

C. K 选修博弈论课程

D. N 选修博弈论课程

E. K 选修心理学课程

问题 2：如果 I 和 N 选修博弈论课程，且有 4 个人选修经济学课程，除了 I 和 M 外，还有谁选修经济学课程？(　　)

A. J 和 K　　B. J 和 N　　C. K 和 N

D. K 和 O　　E. L 和 N

问题 3：如果 N 是唯一既选修经济学又选修心理学的人，那么，下列哪个判断肯定是对的？(　　)

A. L 选修经济学课程

B. M 选修心理学课程

C. K 选修心理学课程

D. N 选修博弈论课程

E. I 选修博弈论课程

146. 成绩排名

一个班级前七名同学的学习成绩相差不大，很难排出名次。但是，在一次期末考试中，这 7 个人 P、Q、R、S、T、U 和 V 的分数各不相同，老师给出了如下信息。

(1) V 的分数比 P 高。

(2) P 的分数比 Q 高。

(3) 或者 R 是第一名，T 最后一名；或者 S 是第一名，U 或 Q 是最后一名。

问题 1：在这次考试中，如果 V 是第五名，下列哪一条一定是对的？(　　)

A. S 第一名　　B. R 第二名

C. T 第三名　　D. Q 第四名　　E. U 最后一名

问题 2：在这次考试中，如果 R 是第一名，V 最差是第几名？(　　)

A. 第二名　　B. 第三名

C. 第四名　　D. 第五名　　E. 第六名

问题 3：在这次考试中，如果 S 是第二名，下列哪一条有可能是对的？(　　)

A. P 在 R 之前　　B. V 在 S 之前

C. P 在 V 之前　　D. T 在 Q 之前　　E. U 在 V 之前

问题 4：在这次考试中，如果 S 是第六名，Q 是第五名，下列哪一条有可能是对的？(　　)

A. V 是第一名或第四名

B. R 是第二名或第三名

C. P 是第二名或第五名

D. U 是第三名或第四名

E. T 是第四名或第五名

问题 5：在这次考试中，如果 R 是第二名，Q 是第五名，下列哪一条必定是对的？(　　)

A. S 是第三名　　B. P 是第三名

C. V 是第四名　　D. T 是第六名　　E. U 是第六名

147. 星光大道

在歌唱比赛星光大道上采取的是淘汰制，一次比赛中，有 H、J、K、L、M、N 和 O 七位评委，针对 1 号、2 号、3 号三名选手进行表决。按比赛规定，至少有

4 位评委通过，一名选手才能晋级。每个评委都必须对这三名选手做出表决，不能弃权。

已知：

(1) H 淘汰了这三名选手；

(2) 其他每位评委至少通过一名选手，也至少淘汰一名选手；

(3) J 淘汰 1 号选手；

(4) O 淘汰 2 号和 3 号选手；

(5) L 和 K 持同样态度；

(6) N 和 O 持同样态度。

问题 1：下列哪位评委一定通过了 1 号选手？(　　)

A. J　　B. K　　C. L　　D. M　　E. O

问题 2：通过了 2 号选手的最多人数是(　　)人？

A. 2　　B. 3　　C. 4　　D. 5　　E. 6

问题 3：下面的断定中，哪一个是错的？(　　)

A. J 和 K 通过了同一选手

B. J 和 O 通过了同一选手

C. J 一票通过，两票淘汰

D. K 两票通过，一票淘汰

E. N 一票通过，两票淘汰

问题 4：如果 3 个选手中某一个选手晋级，下列哪一位评委肯定通过呢？(　　)

A. J　　B. K　　C. M　　D. N　　E. O

问题 5：如果 M 的意见跟 O 一样，那么，我们可以确定(　　)。

A. 1 号选手将晋级

B. 1 号选手将被淘汰

C. 2 号选手将晋级

D. 2 号选手将被淘汰

E. 3 号选手将晋级

问题 6：如果 K 通过 2 号和 3 号选手，那么，我们可以确定(　　)。

A. 1 号选手将晋级

B. 1 号选手将被淘汰

C. 2 号选手将晋级

D. 2 号选手将被淘汰

E. 3 号选手将晋级

148. 杂技演员

5 个成人杂技演员 M、N、O、P、Q 和 5 个儿童杂技演员 V、W、X、Y、Z，按以下规则在进行四层叠罗汉表演。

(1) 第一层，即最底层有 4 个人，第二层有 3 个人，第三层有 2 个人，第四层，即最高的一层只有 1 个人。

(2) 除了第一层的演员站在地上，其他人都站在下一层相邻两人肩上。

(3) 任何一个杂技演员摔倒时，站在他肩上的其他两个杂技演员同时摔倒。

(4) 儿童杂技演员既不能站在底层，也不能站在双肩都被其他杂技演员踩的位置上。

问题 1：如果 X 站在 V 的肩上，且 M 和 W 肩并肩地站在同一层，那么下面哪种排列可能是第二层的排列？(　　)

A. V，M，W　　B. V，W，M
C. X，M，W　　D. Y，N，Z　　E. Y，O，V

问题 2：如果 Q 和 W 站在 N 的肩上，这时 M 跌倒了，M 跌倒后会造成其他人的跌倒，那么不跌倒的还剩下哪些人？(　　)

A. N，O，P，Q，V 和 W
B. N，O，P，V，X 和 Y
C. N，P，V，W，X 和 Y
D. O，P，Q，V，X 和 Y
E. O，P，Q，W，X 和 Y

问题 3：如果 V 和 W 站在不同的层次上，且 X 和 Z 站在同一层，那么 Y 可以站在哪层？(　　)

A. 第二层　　B. 第三层　　C. 第四层
D. 第二层、第三层　　E. 第三层、第四层

问题 4：如果 V 和 W 站在 O 的肩上，且 M，N 和 P 站在同一层，同时 M 是 N 和 P 之间唯一的一个演员，那么下列哪一判断肯定正确？(　　)

A. 如果 M 跌倒，那么所有的 5 个儿童演员也一定跌倒
B. 如果 N 跌倒，那么肯定有 4 个儿童演员也同时跌倒
C. 如果 O 跌倒，那么肯定有 2 个儿童演员也同时跌倒
D. 如果 P 跌倒，那么肯定有 3 个儿童演员也同时跌倒
E. 如果 Q 跌倒，那么肯定有 3 个儿童演员也同时跌倒

问题 5：如果 W 站在 V 的肩上，V 站在 M 的肩上，那么下列哪一推断不可能

正确？(　　)

A. N 和 V 肩并肩地站在同一层上

B. W 和 X 肩并肩地站在同一层上

C. X 和 Y 肩并肩地站在同一层上

D. M 站在 N 和 P 那一层，而且是唯一站在他们之间的杂技演员

E. M 站在 Y 和 Z 那一层，而且是唯一站在他们之间的杂技演员

问题 6：如果 W 站在 N 和 P 的肩膀上，X 站在 M 和 V 的肩膀上，那么下列哪一推断肯定正确？(　　)

A. M 站在 V 和 W 那一层，并且是唯一站在他们之间的杂技演员

B. N 站在 P 和 Q 那一层，并且是唯一站在他们之间的杂技演员

C. O 站在 P 和 Q 那一层，并且是唯一站在他们之间的杂技演员

D. Q 站在 N 和 O 那一层，并且是唯一站在他们之间的杂技演员

E. P 站在 N 和 O 那一层，并且是唯一站在他们之间的杂技演员

问题 7：如果 N 和 Y 站在 M 的肩上，Z 站在 P 和 O 的肩上，那么下列哪一对演员肯定肩并肩地站在同一层上？(　　)

A. M 和 O　　B. M 和 P

C. N 和 Z　　D. P 和 Q　　E. W 和 X

149. 十张扑克牌

在一副扑克牌中抽出 10 张，其中 1 张 J、2 张 Q、3 张 K、4 张 A。将这 10 张牌排成一个三角形：第一排 1 张扑克牌，第二排 2 张扑克牌，第三排 3 张扑克牌，第四排 4 张扑克牌。它们的排列还须满足下列条件。

(1) 第四排没有 A。

(2) 每排相同内容的扑克牌不得超过两张。

(3) A 不能与 K 放在同一排。

问题 1：下列哪一种排列符合以上条件？(　　)

A. 每排有 1 张 A

B. 第一、第二、第三排各有 1 张 K

C. 所有的 A 和 Q 都放在前三排

D. 所有的 A 放在第二排和第三排

E. 第三排内有 2 张 K

问题 2：第二排必须由下列哪几张扑克牌组成？(　　)

A. 2 张 A

B. 2 张 K

C. 1 张 A 和 1 张 K

D. 1 张 K 和 1 张 J

E. 1 张 J 和 1 张 Q

问题 3：下列哪几张扑克牌可以组成第三排？(　　)

A. 1 张 K 和 2 张 A

B. 1 张 K 和 2 张 Q

C. 1 张 Q 和 2 张 A

D. 1 张 Q 和 2 张 K

E. 1 张 J 和 1 张 A 和 1 张 Q

问题 4：在所有的排列中，2 张 Q 在哪几种排列中可以排在一行内？(　　)

A. 第二排　　B. 第三排　　C. 第四排

D. 第二排，第四排　　E. 第三排，第四排

问题 5：如果所有的 A 被排在第二排和第三排，那么，下列哪一判断必定是正确的？(　　)

A. 在 2 张 A 中间夹着一张 J

B. 第一排是 1 张 K

C. 当 1 张 K 放在第四排时，1 张 Q 在同一排内毗邻于它

D. 第三排中有 1 张 J

E. 第三排中有 1 张 Q

问题 6：如果有 1 张 A 排在第三排中，那么下列哪一判断是错误的？(　　)

A. 当 1 张 Q 放在第三排时，同排有 1 张 A 毗邻于它

B. 第三排中间那 1 张是 A

C. 第一排是 1 张 A

D. 第二排的 2 张扑克牌都是 A

E. 第三排中间那张是 J

问题 7：任何一种排列都肯定有下列哪种情况出现？(　　)

A. 1 张 A 在第一排

B. J 在第三排

C. 有 1 张 Q 在第三排

D. 2 张 Q 都放在第四排

E. 有 2 张 K 在第四排

150. 打扫卫生

一间宿舍里有六名学生 A、B、C、D、E 和 F。他们约定，在一个星期中，六个人轮流打扫卫生，这样除了星期日大家一起休息外，其余每天都由一个人打扫卫生。打扫卫生的顺序按以下条件排列。

(1) B 在星期二或者在星期六打扫卫生。

(2) 如果 A 在星期一打扫卫生，那么 C 就在星期四打扫卫生；若 A 不在星期一打扫卫生，F 也不在星期五打扫卫生。

(3) 如果 E 不在星期三打扫卫生，那么 A 在星期三打扫卫生。

(4) 如果 A 在星期四打扫卫生，那么 D 在星期五打扫卫生。

(5) 如果 B 在星期二打扫卫生，那么 E 在星期五打扫卫生。

(6) 如果 F 在星期六打扫卫生，那么 D 在星期四打扫卫生。

问题 1：下列哪一个打扫卫生的顺序符合从星期一到星期六的打扫卫生条件？(　　)

A. D、B、A、E、C、F
B. B、A、F、C、E、D
C. F、E、B、C、D、A
D. C、B、A、D、E、F
E. A、B、D、C、E、F

问题 2：如果 D 在星期六打扫卫生，那么 C 在哪一天打扫卫生？(　　)

A. 星期一　　B. 星期二
C. 星期三　　D. 星期四　　E. 星期五

问题 3：如果 A 在星期一打扫卫生，那么下列哪个人在星期二打扫卫生？(　　)

A. B　　B. C　　C. D　　D. E　　E. F

问题 4：如果 B 在星期二打扫卫生，那么 F 可能在哪一天打扫卫生？(　　)

A. 星期一
B. 星期四
C. 星期一或星期四
D. 星期四或星期六
E. 星期一或星期四或星期六

151. 两卷胶卷

在一次选举中，一家报纸的摄影师交给报社两卷胶卷，其中一卷彩色胶卷，一卷黑白胶卷。这两卷胶卷拍的是关于某一个候选人的情况。

(1) 如果这个候选人在选举中获胜，那么这家报社的编辑们将用 X 卷。

(2) 如果这个候选人落选，编辑们将采用 Y 卷。

(3) Y 卷中的底片只有 X 卷的一半。

(4) X 卷是彩色片。

(5) X 卷中大部分的底片都已报废无用。

问题 1：如果这家报社没有刊登候选人的彩色照片，那么下列哪个判断必定正确？(　　)

A. 编辑们用了 X 胶卷

B. 这个候选人在选举中没有获胜

C. Y 卷中没有 1 张有用的底片

D. 这个候选人在选举中获胜

E. Y 卷中大部分底片没有用

问题 2：如果 Y 卷中所有的底片都有用，那么下列哪一陈述肯定正确？(　　)

A. Y 卷中有用的底片比 X 卷中有用的底片多

B. Y 卷中有用的底片只是 X 卷中有用的底片的一半

C. Y 卷中有用的底片比 X 卷中有用的底片少

D. Y 卷中的底片与 X 卷中的底片一样多

E. Y 卷中有用的底片是 X 卷中有用的底片的两倍

问题 3：如果这个候选人在选举中获胜，那么下列哪一陈述为真？(　　)

1. 彩色胶卷将被采用；

2. 如果这个候选人落选，那么这家报社所用的彩色照片与黑白照片一样多；

3. 不采用黑白片。

A. 只有 1 是对的

B. 只有 3 是对的

C. 只有 1 和 2 是对的

D. 只有 1 和 3 是对的

E. 只有 2 和 3 是对的

152. 出国考察

为了学习西方的教育方法，某校建立了一个 5 人考察团，准备出国考察。考察团成员必须由两名老师代表、两名学生代表和 1 名校领导组成。

已知：

(1) 老师代表必须在 M、N 和 O 三人中产生；

(2) 学生代表必须在 P、R 和 S 三人中产生；

(3) 或者 J，或者 K 必须作为校领导带队；

(4) P 不能和 S 一同选入考察团；

(5) O 不能和 P 一同选入考察团；

(6) 除非 K 选入考察团，否则 N 就不能选入考察团。

问题 1：下列哪个名单中的人员可以一同选入考察团？(　　)

A. J，M，N，R，S

B. J，N，O，R，S

C. K，M，N，P，R

D. K，M，N，P，S

E. K，N，O，P，R

问题 2：下列人员中，谁必定会被选入考察团？(　　)

A. J　　B. M　　C. N　　D. P　　E. R

问题 3：设 P 和 R 被选为学生代表。此时，X、Y、Z 三人各作了一个判断。那么，谁的判断和分析肯定正确？(　　)

X：K 被选入考察团

Y：M 和 N 被选为老师代表

Z：J 被选入考察团

A. 只有 X 对

B. 只有 Y 对

C. 只有 Z 对

D. 只有 X 和 Y 对

E. 只有 Y 和 Z 对

问题 4：如果 J 已被选入考察团，下列名单中哪四个人可同时被选入考察团？(　　)

A. M，N，P，R　　B. M，N，R，S

C. M，O，P，R　　D. M，O，R，S　　E. N，O，R，S

问题 5：如果 N，R 和 S 三人已被确定为考察团成员，下列哪一条关于其余两名考察团成员的判断是准确的？(　　)

A. M 和 O 是可以补齐考察团成员的两个人

B. K 和 O 是可以补齐考察团成员的两个人

C. K 和 M 是可以补齐考察团成员的两个人

D. 或者M和O，或者K和O有可能补上考察团的空缺

E. 或者K和M，或者K和O有可能补上考察团的空缺

问题6:如果J必须被选入考察团,那么下列名单中哪一个不可能入选?(　　)

A. M　　B. O　　C. P　　D. R　　E. S

153. 操场上的彩旗

在操场上有6根旗杆，排列在同一条直线上，从左至右分别编号1～6。现在有5面旗子——一个黄的、一个绿的、一个红的、一个白的、一个蓝的，需挂在这些旗杆上。一根旗杆上只能挂一面旗子，这样不管怎样安排，都会留下一个空余的旗杆。

而且，旗子必须按以下条件挂在旗杆上。

(1) 绿旗子必须离红旗子近离蓝旗子远。

(2) 黄旗子必须挂在紧挨在蓝旗子左边的旗杆上。

(3) 白旗子不能与蓝旗子毗邻。

(4) 红旗子不能挂在1号旗杆上。

问题1：下列各组从左至右的旗子安排除了一组之外，均符合以上条件，请指出不符合条件的那一组是(　　)。

A. 绿旗子、红旗子、白旗子、空旗杆、黄旗子、蓝旗子

B. 绿旗子、红旗子、空旗杆、黄旗子、蓝旗子、白旗子

C. 绿旗子、白旗子、红旗子、黄旗子、蓝旗子、空旗杆

D. 白旗子、空旗杆、黄旗子、蓝旗子、红旗子、绿旗子

E. 空旗杆、绿旗子、白旗子、红旗子、黄旗子、蓝旗子

问题2：如果绿旗子必须挂在紧邻黄旗子左边的旗杆上，那么下列哪种从左至右的安排是符合条件的？(　　)

A. 红旗子、绿旗子、黄旗子、蓝旗子、空旗杆、白旗子

B. 白旗子、红旗子、空旗杆、绿旗子、黄旗子、蓝旗子

C. 空旗杆、红旗子、绿旗子、黄旗子、蓝旗子、白旗子

D. 空旗杆、白旗子、红旗子、绿旗子、黄旗子、蓝旗子

E. 空旗杆、红旗子、白旗子、绿旗子、黄旗子、蓝旗子

问题3：如果改变已知条件，使红旗子挂在1号旗杆上。如果只有一种可能，这种可能是(　　)。

A. 绿旗子、白旗子、黄旗子、蓝旗子

B. 绿旗子、黄旗子、蓝旗子、白旗子

C. 绿旗子、蓝旗子、黄旗子、白旗子

D. 白旗子、黄旗子、蓝旗子、绿旗子

E. 白旗子、绿旗子、黄旗子、蓝旗子

154. 乘出租车

罗伯特家与吉姆家是好朋友，两家经常一起聚餐。一次他们准备去一家离住处比较远的地方聚餐，于是一同乘出租车。这两家的家庭成员共 9 人，他们是——罗伯特(父)、玛丽(母)，以及他们的 3 个儿子：托米、丹、威廉；吉姆(父)、埃伦(母)，以及他们的两个女儿：珍妮、苏珊。

此外，我们还已知：

(1) 他们打了 3 辆出租车，每辆出租车上可以坐 3 个人。

(2) 每辆出租车上至少要有 1 个父母辈的人。

(3) 每辆出租车上不能全是同 1 个家庭的成员。

问题 1：如果两个母亲(玛丽与埃伦)在同一辆出租车上，而罗伯特的 3 个儿子分别坐在不同的出租车上，下面的哪一个断定一定是正确的呢？(　　)

A. 每辆出租车上都有男也有女

B. 有一辆出租车上只有女的

C. 有一辆出租车上只有男的

D. 珍妮和苏珊两姐妹坐在同一辆出租车上

E. 罗伯特与吉姆这两个父亲坐在同一辆出租车上

问题 2：如果埃伦和苏珊乘坐同一辆出租车，下面哪一组人可以同乘另一辆出租车呢？(　　)

A. 丹、吉姆、珍妮

B. 丹、吉姆、威廉

C. 丹、珍妮、托米

D. 吉姆、珍妮、玛丽

E. 玛丽、罗伯特、托米

问题 3：如果吉姆和玛丽在同一辆出租车上，下列的 5 种情况中，只有 1 种情况是不可能存在的。到底是哪一种情况呢？(　　)

A. 丹、埃伦和苏珊同乘一辆出租车

B. 埃伦、罗伯特和托米同乘一辆出租车

C. 埃伦、苏珊和威廉同乘一辆出租车

D. 埃伦、托米和威廉同乘一辆出租车

E. 珍妮、罗伯特和苏珊同乘一辆出租车

问题 4：罗伯特家的 3 个儿子乘坐不同的出租车。对此，P、Q、R 三人作出 3 种断定。

P 断定：吉姆家的两个女儿不在同一辆出租车上。

Q 断定：吉姆和埃伦夫妻俩不在同一辆出租车上。

R 断定：罗伯特和玛丽夫妻俩不在同一辆出租车上。

问哪一种判断肯定是正确的呢？(　　)

A. 只有 P 的断定对

B. 只有 Q 的断定对

C. P 和 Q 的断定对，R 的断定错

D. P 和 R 的断定对，Q 的断定错

E. P，Q，R 的断定都对

问题 5：途中，吉姆和两个男孩子下了车，准备去买点东西，而剩下的 6 个人则乘坐两辆出租车继续去餐馆。如果题设的其他已知条件不变，下面哪一组的孩子们可能直接到餐馆？(　　)

A. 丹、珍妮、苏珊　　B. 丹、苏珊、威廉

C. 丹、托米、威廉　　D. 丹、托米、苏珊　　E. 苏珊、托米、威廉

155. 生病的人

已知：

(1) 一个得了 G 病的病人，会表现出发皮疹和发高烧，或者喉咙痛，或者头痛等症状，但不会同时有后两种症状；

(2) 一个得了 L 病的病人，会表现出发皮疹和发高烧等症状，但既不会喉咙痛，也不会头痛；

(3) 一个得了 T 病的病人，至少会表现出喉咙痛、头痛和其他可能产生的症状中的某种症状；

(4) 一个得了 Z 病的病人，至少会表现出头痛和其他可能产生的症状中的某种症状，但绝不会发皮疹；

(5) 没有人会同时患上所列 G，L，T，Z 四种疾病之中的两种以上。

问题 1：如果一个病人既喉咙痛又发烧，那么这个病人肯定(　　)。

A. 得了 Z 病

B. 得的不是 G 病

C. 得的不是 L 病

D. 发了皮疹

E. 头也痛

问题 2：如果有一个病人，患了以上某种不发皮疹的疾病，那么他肯定(　　)。

A. 发烧　　B. 头痛　　C. 喉咙痛　　D. 得了 T 病　　E. 得了 Z 病

问题 3：如果病人米勒没有喉咙痛的症状，那么他肯定(　　)。

A. 得了 L 病

B. 得了 Z 病

C. 得的不是 G 病

D. 得的不是 Z 病

E. 得的不是 T 病

问题 4：如果病人罗莎患上了以上某种疾病，但她既不发烧又不喉咙痛，那么，下列哪个判断肯定是对的？(　　)

(1) 她头痛；

(2) 她得了 Z 病；

(3) 她发了皮疹。

A. 只有 1 是对的

B. 只有 2 是对的

C. 只有 3 是对的

D. 只有 1 和 2 是对的

E. 只有 2 和 3 是对的

问题 5：如果病人哈里斯患了以上某种疾病，但他没有发烧，那么，他肯定会有下列哪种症状？(　　)

(1) 头痛；

(2) 发皮疹；

(3) 喉咙痛。

A. 只有 1 是对的

B. 只有 2 是对的

C. 只有 3 是对的

D. 只有 1 和 2 是对的

E. 只有 2 和 3 是对的

问题 6：如果某个病人患了以上某种疾病，只表现出发烧和头痛两种症状，那么他得的肯定是(　　)。

A. G 病

B. L 病

C. T 病

D. Z 病

E. 可能是 G 病，也可能是 T 病

156. 密码的学问

一种密码只由字母 K、L、M、N、O 组成。密码的字母由左至右写成。符合下列条件才能组成密码文字。这组字母是：

(1) 密码文字最短为两个字母，可以重复；

(2) K 不能为首；

(3) 如果在某一密码文字中有 L，则 L 就得出现两次以上；

(4) M 不可为最后一个字母，也不可为倒数第二个字母；

(5) 如果这个密码文字中有 K，那么一定有 N；

(6) 除非这个密码文字中有 L，否则 O 不可能是最后一个字母。

问题 1：下列哪一个字母可以放在 LO 后面形成一个由 3 个字母组成的密码文字？(　　)

A. K　　B. L　　C. M　　D. N　　E. O

问题 2：如果某一种密码只有字母 K、L、M 可用，且每个字只能用两个字母组成，那么可组成密码文字的总数是几？(　　)

A. 1　　B. 3　　C. 6　　D. 9　　E. 12

问题 3：下列哪一组是一个密码文字？(　　)

A. KLLN　　B. LOML　　C. MLLO　　D. NMKO　　E. ONKM

问题 4：K、L、M、N、O 五个字母能组成几个由三个相同字母组成的密码文字？(　　)

A. 1　　B. 2　　C. 3　　D. 4　　E. 5

问题 5：只有一种情况除外，以下其他 4 种方法可以使密码文字 MMLLOKN 变成另一个密码文字。这种例外情况是(　　)。

A. 用 N 替换每个 L

B. 用 O 替换第一个 M

C. 用 O 替换 N

D. 把 O 移至 N 右边

E. 把第二个 M 移至 K 的左边

问题 6：下列五组字母中，有一组不是密码文字，但是只要改变字母的顺序，它也可以变成一个密码文字。这组字母是(　　)。

A. LLMNO　　B. LLLKN

C. MKNON　　D. NKLML　　E. OMMLL

问题 7：下列哪一组密码能用其中的某个字母来替换这个密码中的字母 X，从而组成一个符合规则的密码文字？(　　)

A. MKXNO　　B. MXKMN

C. XMMKO　　D. XMOLK　　E. XOKLLN

157. 两对三胞胎

M、N、O、P、Q 和 R 是两对三胞胎。此外，我们还知道以下条件。

(1) 同胞兄弟姐妹不能婚配。

(2) 同性不能婚配。

(3) 六人中，四人是男性，二人是女性。

(4) 没有一对三胞胎是同性兄弟或姐妹。

(5) M 与 P 结为夫妇。

(6) N 是 Q 的唯一的兄弟。

问题 1：下列哪一对人中，谁和谁不可能是兄弟姐妹关系？(　　)

A. M 和 Q　　B.O 和 R　　C.P 和 Q　　D.P 和 R　　E.R 和 Q

问题 2：在下列何种条件下，R 肯定为女性？(　　)

A. M 和 Q 是同胞兄弟姐妹

B. Q 和 R 是同胞兄弟姐妹

C. P 和 Q 是同胞兄弟姐妹

D. O 是 P 的小姑

E. O 是 P 的小叔

问题 3：下列哪个判断肯定错？(　　)

A. O 是 P 的小姑

B. Q 是 P 的小姑

C. N 是 P 的小叔

D. O 是 P 的小叔

E. Q 是 P 的小叔

问题 4：如果 Q 和 R 结为夫妇，下列哪一判断肯定正确？(　　)

A. O 是男的　　B. R 是男的

C. M 是女的　　D. N 是女的　　E. P 是女的

问题 5：如果 P 和 R 是兄弟关系，那么下列哪一判断肯定正确？(　　)

A. M 和 O 是同胞兄弟姐妹

B. N 和 P 是同胞兄弟姐妹

C. M 是男的

D. O 是女的

E. Q 是女的

158. 展厅之间的通道

某博物馆的负责人正走进一个临时分为七个房间——R、S、T、U、X、Y 和 Z 的画展的预展厅。这个展厅只有一个入口(也是出口)，从入口大门进去之后，他们首先到达房间 R，并且只能通过 R 出入展览馆。但是，一旦在展览馆内，他们即可自由地选择从一个房间到另一个房间去。所有连接七个房间的通道是：R 和 S 之间有一条通道；R 和 T 之间有一条通道；R 和 X 之间有一条通道；S 和 T 之间有一条通道；X 和 U 之间有一条通道；X 和 Y 之间有一条通道；Y 和 Z 之间有一条通道。

问题 1：下面哪间房间，是博物馆负责人不可能从入口进去的第三间房间？(　　)

A. S　　B. T　　C. U　　D. Y　　E. Z

问题 2：如果有一条两个房间之间的通道被关掉，而所有的房间仍能让人们进去参观，那么，被关掉的通道是可以通向下列哪一间房间的？(　　)

A. S　　B. U　　C. X　　D. Y　　E. Z

问题 3：假如有一位参观者觉得没有必要重复走来走去，而只想参观完所有的房间后就离开，这在目前条件下当然是不可能的。那么，请问这位参观者下列哪一间房间必须进去两次？(　　)

A. U　　B. S　　C. T　　D. Z　　E. Y

问题 4：有人建议开出一条新的通道，然后在 Z 房间设一个出口，使参观者可以从 R 开始参观一直到 Z 结束，不重复走任何一间房间。那么新开的通道应该在哪两个房间之间？(　　)

A. R-U　　B. S-Z　　C. T-U　　D. U-Y　　E. U-Z

159. 被偷的答案

一天，在迪姆威特教授讲授的一节物理课上，他的物理测验的答案被人偷走了。有机会窃取这份答案的，只有阿莫斯、伯特和科布这三名学生。

(1) 那天，这个教室里总共上了五节物理课。

(2) 阿莫斯只上了其中的两节课。

(3) 伯特只上了其中的三节课。

(4) 科布只上了其中的四节课。

(5) 迪姆威特教授只讲授了其中的三节课。

(6) 这三名学生都只上了两节迪姆威特教授讲授的课。

(7) 这三名被怀疑的学生出现在这五节课的每节课上的组合各不相同。

(8) 在迪姆威特教授讲授的一节课上，这三名学生中有两名来上了，另一名没有来上。事实证明来上这节课的那两名学生没有偷取答案。

这三名学生中谁偷了答案？

160. 倒班制度

某大学要求学生毕业前都要去公司实习。

一个寝室有三名学生，碰巧的是，他们在同一时间去了同一家公司实习。

这个公司会轮流上班和休息，具体哪天上班，哪天休假都是已经安排好的。

现在已知：

(1) 一星期中只有一天三位实习员工同时值班；

(2) 没有一位实习员工连续三天值班；

(3) 任意两位实习员工在一个星期中同一天休假的情况不超过一次；

(4) 第一位实习员工在星期日、星期二和星期四休假；

(5) 第二位实习员工在星期四和星期六休假；

(6) 第三位实习员工在星期日休假。

请问：这三位实习员工在星期几可以同时值班？

提示：先判定星期日、星期二和星期四是谁值班；然后判定在题目中没有提到的三天中分别是谁休假。

161. 三位授课老师

在一所高中里有甲、乙、丙三位老师，他们在同一个年级里，并且相互之间都是好朋友。

甲、乙、丙三位老师分别讲授数学、物理、化学、生物、语文和历史六门课程，但不知道哪个老师分别教什么课程。现在只知道：其中每位老师分别教两门课。

除此之外，我们还知道以下信息：

(1) 化学老师和数学老师住在一起；

(2) 甲老师是三位老师中最年轻的；

(3) 数学老师和丙老师是一对优秀的象棋国手；

(4) 物理老师比生物老师年长，比乙老师又年轻。

(5) 三人中最年长的老师住家比其他两位老师远。

请问，哪位老师教哪两门课？

162. 英语竞赛

小王、小张、小李、小刘和小赵每人都参加了两次英语竞赛。

(1) 每次竞赛只进行了 4 场比赛：小王对小张，小王对小赵，小李对小刘，小李对小赵。

(2) 只有一场比赛在两次竞赛中胜负情况保持不变。

(3) 小王是第一次竞赛的冠军。

(4) 在每一次竞赛中，输一场即被淘汰，只有冠军一场都没输。

谁是第二次竞赛的冠军？

注：每场比赛都不会有平局的情况。

提示：从一个人必定胜的比赛场数，判定在第一次竞赛中每一场的胜负情况；然后判定哪一位选手在两场竞赛中输给了同一个人。

163. 大有作为

鲁道夫、菲利普、罗伯特三位青年，一个当了歌手，一个考上大学，一个加入美军陆战队，个个未来都大有作为。现已知：

(1) 罗伯特的年龄比战士的大；

(2) 大学生的年龄比菲利普小；

(3) 鲁道夫的年龄和大学生的年龄不一样。

请问：三个人中谁是歌手？谁是大学生？谁是士兵？

164. 买工艺品

五个艺术品收藏家 S、T、U、V 和 W，去拍卖会买工艺品。此次拍卖共有 7 个工艺品，编为分别为 1～7 号。五人购买的工艺品符合以下特点。

(1) 没有一个工艺品可以分给多个人同时购买，没有一个买者可以买 3 个以上工艺品。

(2) 谁买了 2 号工艺品，就不能买其他工艺品。

(3) 没有一个买者可以既买 3 号工艺品，又买 4 号工艺品。

(4) 如果 S 买了 1 个工艺品或数个工艺品，那么 U 就不能买。

(5) 如果 S 买 2 号工艺品，那么 T 必须买 4 号工艺品。

(6) W 必须买 6 号工艺品，而不能买 3 号工艺品。

问题 1：如果 S 买了 2 号工艺品，那么谁必须买 3 号工艺品？(　　)

A. S　　B. T　　C. U　　D. V　　E. W

问题 2：如果 S 买了 2 号工艺品，其他三位买者各买两个工艺品，那么三人当中没人能同时买下列哪两个工艺品？(　　)

A. 1 号工艺品和 3 号工艺品

B. 1 号工艺品和 6 号工艺品

C. 1 号工艺品和 7 号工艺品

D. 4 号工艺品和 5 号工艺品

E. 6 号工艺品和 7 号工艺品

问题 3：如果 U 和 V 都没有买工艺品，谁一定买了 3 个工艺品？(　　)

A. 只有 S 买了 3 个工艺品

B. 只有 T 买了 3 个工艺品

C. 只有 W 买了 3 个工艺品

D. S 和 T 每人都买了 3 个工艺品

E. S 和 W 每人都买了 3 个工艺品

165. 左邻右舍

张先生、李太太和陈小姐三人住在一幢公寓的同一层上。一人的房间居中，另外两人分别在两旁。

(1) 他们每人都只养了一只宠物：不是狗就是猫；每人都只喝一种饮料：不是茶就是咖啡；每人都有一种体育爱好：不是网球就是篮球。

(2) 张先生住在打网球者的隔壁。

(3) 李太太住在养狗者的隔壁。

(4) 陈小姐住在喝茶者的隔壁。

(5) 没有一个打篮球者喝茶。

(6) 至少有一个养猫者打篮球。

(7) 至少有一个喝咖啡者住在一个养狗者的隔壁。

(8) 任何两人的相同嗜好不超过一种。

谁的房间居中？

提示：判定哪些嗜好组合可以符合这三人的情况，然后判定哪一个组合与住在中间的人相符合。

166. 避暑山庄

甲、乙、丙和丁四个人分别在上个月不同时间入住到避暑山庄，又在不同的时间分别退了房。现在只知道：

(1) 滞留时间(比如从 7 日入住，8 日离开，滞留时间为 2 天)最短的是甲，最长的是丁。乙和丙滞留的时间相同。

(2) 丁不是 8 日离开的。

(3) 丁入住的那天，丙已经住在那里了。

入住时间是：1 日、2 日、3 日、4 日。

离开时间是：5 日、6 日、7 日、8 日。

根据以上条件，你知道他们四人分别的入住时间和离开时间吗？

167. 名字与职业

张三，李四，王五，赵二，孙六在上大学时住在同一个宿舍，大家关系很好。他们毕业以后，分别当上了老板、理发师、医生、教师和公司职员(名字和职业不是相互对应的)。

现在知道：

(1) 老板不是王五，也不是赵二；

(2) 教师不是赵二，也不是张三；

(3) 王五和孙六住在同一栋公寓，对面是公司职员的家；

(4) 李四、王五和理发师经常一起出去旅游；

(5) 张三和王五有空时，就和医生、老板一起打牌；

(6) 每隔十天，赵二和孙六一定要到理发店修个脸；

(7) 公司职员则一向自己刮胡子，从来不到理发店去。

问题：请将这五个人的名字和职业对应起来。

168. 谁养鱼

此题源于1981年柏林的德国逻辑思考学院，98%的测验者无法解答此题。

有五间房屋排成一列；所有房屋的外表颜色都不一样；所有的屋主都来自不同的国家；所有的屋主都养不同的宠物，喝不同的饮料，抽不同牌子的香烟。

(1) 英国人住在红色房屋里；

(2) 瑞典人养了一只狗；

(3) 丹麦人喝茶；

(4) 绿色的房子在白色的房子的左边；

(5) 绿色房屋的屋主喝咖啡；

(6) 吸 PallMall 香烟的屋主养鸟；

(7) 黄色屋主吸 Dunhill 香烟；

(8) 位于最中间的屋主喝牛奶；

(9) 挪威人住在第一间房屋里；

(10) 吸 Blend 香烟的人住在养猫人家的隔壁；

(11) 养马的屋主在吸 Dunhill 香烟的人家的隔壁；

(12) 吸 BlueMaster 香烟的屋主喝啤酒；

(13) 德国人吸 Prince 香烟；

(14) 挪威人住在蓝色房子隔壁；

(15) 只喝开水的人住在吸 Blend 香烟的人的隔壁。

问：谁养鱼？

169. 谁偷了考卷

高三二班期末考试的试卷在考试前两天的时候被偷了，老师根据调查和一些线索找到了三个嫌疑人。对三名嫌疑人来说，下列事实成立。

(1) A、B、C 三人中至少一人偷了考卷。

(2) A 偷考卷时，B、C 肯定会与之同案。

(3) C 偷考卷时，A、B 肯定会与之同案。

(4) B 偷考卷时，没有同案者。

(5) A、C 中至少一人无罪。

根据以上信息，请问是谁偷了考卷？

170. 写信

已知：

(1) 教室里标有日期的信都是用粉色纸写的；

(2) 小王写的信都是以“亲爱的”开头的；

(3) 除了小赵外没有人用黑墨水写信；

(4) 小李没有收藏他可以看到的信；

(5) 只有一页信纸的信中，都标明了日期；

(6) 未作标识的信都是用黑墨水写的；

(7) 用粉色纸写的信都收藏起来了；

(8) 一页以上的信纸的信中，没有一封是做标记的；

(9) 小赵没有写一封以“亲爱的”开头的信。

根据以上信息，判断小李是否可以看到小王写的信？

171. 副经理姓什么

一家公司有 3 名职员：老张、老陈和老孙。公司的经理、副经理和秘书恰好和这 3 名职员的姓氏一样。现在已知：

(1) 职员老陈是天津人；

(2) 职员老张已经工作了 20 年；

(3) 副经理家住在北京和天津之间；

(4) 领导老孙常和秘书下棋；

(5) 其中一名职员和副经理是邻居，他也是一个老职工，工龄正好是副经理的 3 倍；

(6) 与副经理同姓的职员家住北京。

根据上面的资料，你能知道副经理姓什么吗？

172. 小王的老乡

小王寝室有 5 位室友，他们分别姓赵、钱、孙、李、周，其中一位是他的同乡。

(1) 5 位室友分为两个年龄档：3 位是 80 后，2 位是 90 后。

(2) 2 位在学校工作，另外 3 位在工厂工作。

(3) 赵和孙属于相同年龄档。

(4) 李和周不属于相同年龄档。

(5) 钱和周的职业相同。

(6) 孙和李的职业不同。

(7) 小王的同乡是一位在学校工作的90后。

请问：谁是小王同乡？

173. 排队

课间操时，小王、小张、小赵、小李、小吴、小孙 6 个人排成一排。他们的前后顺序如下。

(1) 小孙没有排在最后，而且他和最后一个人之间还有两个人。

(2) 小吴不是最后一个人。

(3) 在小王的前面至少还有四个人，但他没有排在最后。

(4) 小李没有排在第一位，但他前后至少都有两个人。

(5) 小赵没有排在最前面，也没有排在最后。

请问：他们6个人的前后顺序是怎么排的？

174. 四兄弟

一家有四兄弟，老大、老二、老三、老四，大学毕业后，他们各自成了家，而且一个成了教师，一个成了编辑，一个成了记者，一个成了律师。

请你根据下面的情况判断每个人的职业。

(1) 老大和老二是邻居，每天一起骑车去上班。

(2) 老大比老三长得高。

(3) 老大和老四业余一同练武术。

(4) 教师每天步行上班。

(5) 编辑的邻居不是律师。

(6) 律师和记者互不相识。

(7) 律师比编辑和记者长得高。

175. 满分成绩

初三 2 班有三名同学，他们的成绩都非常好，在一次考试中，他们的成绩有如下特点。

(1) 恰有两位数学满分，恰有两位语文满分，恰有两位英语满分，恰有两位物理满分。

(2) 每名同学至多只有 3 科得了满分。

(3) 对于小明来说，下面的说法是正确的：如果他数学满分，那么他物理也满分。

(4) 对于小华和小刚来说，下面的说法是正确的：如果他语文满分，那么他英语也满分。

(5) 对于小明和小刚来说，下面的说法是正确的：如果他物理满分，那么他英语也满分。

哪一位同学的物理没有满分？

提示：先判定哪几位同学的英语得了满分。

176. 夏日的午后

夏日的午后，一家四口人分别在做不同的事情。他们当中有一个人在乘凉，一个人在洗澡，一个人打电话，还有一个人在看书。

(1) 爸爸没有在乘凉，也没有在看书。

(2) 妈妈没有打电话，也没有在乘凉。

(3) 如果爸爸没有打电话，那么弟弟没有在乘凉。

(4) 姐姐既没有在看书，也没有在乘凉。

(5) 弟弟没有在看书，也没有打电话。

他们各自在做什么呢？

177. 谁偷了珠宝

一件价值连城的珠宝在展厅里被盗，甲、乙、丙、丁四名国际大盗都有嫌疑。经过核实，发现是四人中的两个人合伙作案。在盗窃案发生的那段时间，四个人的行动是有规律的。

(1) 甲、乙两人中有且只有一个人去过展厅。

(2) 乙和丁不会同时去展厅。

(3) 丙若去展厅，丁一定会同去。

(4) 丁若没去展厅，则甲也没去。

根据这些情况，你可以判断是哪两个人作的案吗？

178. 政府要员

在一列国际列车的某节车厢内，有 A、B、C、D 四名不同国籍的旅客，他们

身穿不同颜色的西装，坐在同一张桌子的两对面，其中两人靠边坐。已经知道，他们中有一位身穿蓝色西装的旅客是政府要员，并且又知道：

(1) 英国旅客坐在 B 先生的左侧；

(2) A 先生穿褐色西装；

(3) 穿黑色西装者坐在德国旅客的右侧；

(4) D 先生的对面坐着美国旅客；

(5) 俄国旅客身穿灰色西装；

(6) 英国旅客把头转向左边，望着窗外。

那么，请找出谁是穿蓝色西装的政府要员。

179. 考试成绩

期末考试后，老师透露了一些同学的成绩，其中 A、B、C、D、E、F、G、H 八个人的名次关系如下。

(1) B、C、D 三人中 B 最高，D 最低，但不是第八名。

(2) F 的名次为 A、C 名次的平均数。

(3) F 比 E 高四个名次。

(4) G 是第四名。

(5) A 比 C 的名次高。

根据以上信息，你可以判断出他们分别是第几名吗？

180. 谁被雇用了

又到了毕业找工作的时节，甲、乙、丙、丁四人竞争应聘同一个职务，此职务的要求条件是：

研究生毕业；

至少两年的工作经验；

会用 Office 办公软件；

具有英语六级证书；

谁满足的条件最多，谁就被雇用。

又知道以下情况：

(1) 把上面 4 个要求条件两两配对，可配成 6 对，每对条件都恰有 1 人符合；

(2) 甲和乙具有同样的学历；

(3) 丙和丁具有同样的工作年限；

(4) 乙和丙都会用 Office 办公软件；

(5) 丁具有六级证书。

你知道这四个人当中谁被雇用了？

181. 电话线路

直到现在，在一些偏远的地区还没有普及电话。有的镇与镇之间只能靠人传递信息，西北的某个地区就是这样。该地区的 6 个小镇之间的电话线路还很不完备。A 镇同其他 5 个小镇之间都有电话线路；但是 B 镇、C 镇却只与其他 4 个小镇有电话线路；D、E、F 三个镇则只同其他 3 个小镇有电话线路。而且，这些镇之间的电话线路都是直通的，也就是无法中转。如果在 A 镇装个电话交换系统，A、B、C、D、E、F 六个小镇都可以互相通话。但是，电话交换系统要等半年之后才能建成。在此之前，两个小镇之间必须装上直通线路才能互相通话。我们还知道 D 镇可以打电话到 F 镇。

请问：E 镇可以打电话给哪 3 个小镇呢？

182. 教职员工

某大学的一名教职员工说："我们系里的教职员工中，包括我在内，总共有 16 名教授和讲师。下面讲到的人员情况，无论是否把我计算在内，都不会有任何变化。"

在这些教职员工中：

(1) 讲师多于教授；

(2) 男教授多于男讲师；

(3) 男讲师多于女讲师；

(4) 至少有一位女教授。

这位说话的人是什么性别和职务？

提示：确定一种不与题目中任何陈述相违背的关于男讲师、女讲师、男教授和女教授的人员分布情况。

183. 六名运动员

要从编号为 A、B、C、D、E、F 的六名运动员中挑选若干人去参加运动会，但是人员的配备是有要求的，具体要求如下：

(1) A、B 中至少去一人；

(2) A、D 不能一起去；

(3) A、E、F 中要派两人去；

(4) B、C 都去或都不去；

(5) C、D 中去一人；

(6) 若 D 不去，则 E 也不去。

由此可见，被挑去的人是哪几个？

184. 相识纪念日

汤姆和杰瑞是一对情侣，他们是在一家健身俱乐部首次相遇并相互认识的。一天，杰瑞问汤姆他们相识的纪念日是哪一天，可汤姆并没有记住确切的日期，他只知道以下这些信息。

(1) 汤姆是在一月份的第一个星期一那天开始去健身俱乐部的。此后，汤姆每隔四天(即第五天)去一次。

(2) 杰瑞是在一月份的第一个星期二那天开始去健身俱乐部的。此后，杰瑞每隔三天(即第四天)去一次。

(3) 在一月份的 31 天中，只有一天汤姆和杰瑞都去了健身俱乐部，正是那一天他们首次相遇。

你能帮助汤姆算出他们的相识纪念日是一月份的哪一天吗？

185. 点餐

赵、钱、孙、李、周、吴 6 个好朋友去餐馆吃饭。他们坐在一张长方形的桌子的两边，一边坐了 3 个人。这 6 个人点了 6 种不同的菜。其中一位点了红烧牛肉，服务员忘记是谁了，她只记得以下这些信息。

(1) 钱坐在孙旁边。

(2) 孙坐在与周相邻的男孩的对面。

(3) 李坐在赵对面，李点了鱼香肉丝。

(4) 点了肉丸子的男孩坐在周的对面。

(5) 坐在李和吴中间的女孩点了炒洋葱。

(6) 吴没有点宫保鸡丁。

(7) 点了宫保鸡丁的女孩坐在李的对面。

(8) 坐在钱旁边的女孩点了土豆丝。

你能帮帮这个服务员，判断一下谁点了红烧牛肉吗？

186. 参加舞会

在一次舞会上，尚未订婚的 A 先生看到一位女士 B 单独一人站在酒柜旁边。他很想知道这位女士是独身、订婚还是结婚。现在知道以下信息。

(1) 参加舞会的总共有 19 人。

(2) 有 7 人是单独一人来的，其余的都是一男一女成对来的。

(3) 那些成对来的，要么已经结婚了，要么已相互订婚。

(4) 凡单独前来的女士都是单身。

(5) 凡单独前来的男士都不处于订婚阶段。

(6) 参加舞会的男士中，处于订婚阶段的人数等于已经结婚的人数。

(7) 单独前来的已婚男士的人数，等于单独来的独身男士的人数。

(8) 在参加舞会的已经结婚、处于订婚阶段和独身这三种类型的女士中，B 女士属于人数最多的那种类型。

请问，你知道 B 女士属于哪一种类型吗？

187. 分别是哪国人

6 个不同国籍的人是好朋友，他们的名字分别为 A、B、C、D、E 和 F；他们的国籍分别是美国、德国、英国、法国、俄罗斯和意大利(名字顺序与国籍顺序不一定一致)。

现在已知：

(1) A 和美国人是医生；

(2) E 和俄罗斯人是教师；

(3) C 和德国人是技师；

(4) B 和 F 曾经当过兵，而德国人从没当过兵；

(5) 法国人比 A 年龄大，意大利人比 C 年龄大；

(6) B 同美国人下周要到英国去旅行，C 同法国人下周要到瑞士去度假。

请判断 A、B、C、D、E、F 分别是哪国人？

188. 杀手的外号

国籍刑警历经千辛万苦，总算掌握了世界排名前五的杀手 A、B、C、D、E

的部分情报。其资料如下。

(1) 杀手飞鹰的体型比杀手 E 壮硕。

(2) 杀手 D 是杀手白猴、杀手黑狗的前辈。

(3) 杀手 B 总是和杀手白猴一起犯案。

(4) 杀手丁香和杀手飞鹰是杀手 A 的徒弟。

(5) 杀手白猴的枪法远比杀手 A、杀手 E 的准。

(6) 杀手雪豹和杀手丁香都曾与杀手 E 有过节。

请问，杀手 B 的外号是什么?

189. 兄弟姐妹

一个大家庭中有 7 个孩子，分别为老大、老二、老三、老四、老五、老六、老七。现在知道这 7 个人的情况如下。

(1) 老大有 3 个妹妹。

(2) 老二有 1 个哥哥。

(3) 老三是女的，她有 2 个妹妹。

(4) 老四有 2 个弟弟。

(5) 老五有 2 个姐姐。

(6) 老六也是女的，但她和老七没有妹妹。

请问，这 7 个人中谁是男性谁是女性?

190. 春游

一个寝室有六个人，分别是小赵、小钱、小孙、小李、小周、小吴。他们打算去春游，但是对于谁去谁不去，他们有一些奇怪的要求。

已知:

(1) 小赵、小钱两人至少有一个人会去;

(2) 小赵、小周、小吴三人中有两个人会去;

(3) 小钱和小孙两人是好朋友，总是形影不离，要么两人都去，要么两人都不去;

(4) 小赵、小李两人最近在闹矛盾，他们不想一起去;

(5) 小孙、小李两人中也只有一人去;

(6) 如果小李不去，那么小周也决定不去。

根据以上要求，你能判断出最后究竟有哪几个人去春游了呢?

191. 谁拿了我的雨伞

一天，甲、乙、丙、丁、戊5个人参加一个聚会。由于下雨，5个人各带了一把伞。聚会结束时，由于走得匆忙，大家到了家以后才发现，自己拿的并不是自己的伞。

现在已知：

(1) 甲拿走的伞不是乙的，也不是丁的；

(2) 乙拿走的伞不是丙的，也不是丁的；

(3) 丙拿走的伞不是乙的，也不是戊的；

(4) 丁拿走的伞不是丙的，也不是戊的；

(5) 戊拿走的伞不是甲的，也不是丁的。

另外，还发现没有两个人相互拿错了雨伞。

请问：这5个人拿走的雨伞分别是谁的？

答案：

119. 圈出的款额

运用2和3，经过反复试验，可以发现，只有四对硬币组能满足这样的要求：一对中的两组硬币各为四枚，总价值相等，但彼此间没有一枚硬币面值相同。各对中每组硬币的总价值分别为：40美分、80美分、125美分和130美分。具体情况如下(S代表1美元，H代表50美分，Q代表25美分，D代表10美分，N代表5美分的硬币)：

DDDD　　DDDH　　QQQH　　DDDS

QNNN　　QNQQ　　NDDS　　QNHH

运用1和4，可以看出，只有30美分和100美分能够分别从两对硬币组中付出而不用找零。但是，在标价单中没有100。因此，圈出的款额必定是30。

120. 手心的名字

是B的名字。

很明显，因为A说：是C的名字；C说：不是我的名字。这两个判断是矛盾的。所以A与C两人之中必定有一个人是正确的，一个是错误的。

因为如果A正确的话，那么B也是正确的，与老师说的“只有一人猜对了”矛盾。

所以 A 必是错误的。

这样，只有 C 是正确的。不是 C 的名字。

因为老师说“只有一人猜对了”，那么说明其他三个判断都是错误的。

我们来看 B 的判断，B 说：不是我的名字。而 B 的判断又是错的，那么他的相反判断就是正确的，即是 B 的名字。

所以老师手上写的是 B 的名字。

121. 合租的三家人

老王、李平和美美是一家；老张、杜丽和丹丹是一家；老李、丁香和壮壮是一家。

因为老王的女儿不叫丹丹，那他的女儿一定是美美。又因为老张和李平家的孩子都参加了女子篮球队，说明老张和李平不是一家，而且两家都有女儿。所以老王和李平、美美一家；因为老李和杜丽不是一家的，那么老张和杜丽、丹丹一家，剩下的老李、丁香和壮壮就是一家了。

122. 每个人的课程

	音　乐	体　育	美　术
甲	2	4	3
乙	1	5	2
丙	5	3	4
丁	4	1	5
戊	3	2	1

123. 首饰的价值

这 5 件首饰的价值由大到小的排列为：A、B、E、D、C。

设其中一个首饰的价值为 x，其余的都以 x 表示，即可比较出价值的大小关系。

124. 谁的工资最高

小王最多。我们根据经理的话可以得到下面三个不等式：

① 小王+小李＞小赵+小刘；

② 小王+小赵＞小李+小刘；

③ 小王+小刘＞小赵+小李。

由①+②可推知，小王＞小刘；由①+③可推知，小三＞小赵；由②+③可推知，小王＞小李。

所以，小王的工资最高。

125. 消失的扑克牌

原来，第二次出现的牌，虽然看上去和第一次的很相似——都是从 J 到 K，但花色却都不一样。也就是说，第一次出现的六张牌，第二次都不会再出现。不论你选哪一张牌，结果都是一样的。

但是我们为什么会上当呢？因为我们死死地注意其中的一张牌，你的注意力只集中在这一张上面，当然就只看到“它”“没有了”。什么“默想”，什么“看着我的眼睛”，都是烟雾和花招。实质就是这么简单。

126. 篮球比赛

A、B、C、D 四个班

列个表，假设 A 的最差情况，Win1　Lose2

	A	B	C	D
Win	1	X	X	X
Lose	2	X	X	X

填写这些 X 位置的数字，需遵守以下规则，每横行之和为 6，每竖列之和为 3。有以下两种情况：

(1)

	A	B	C	D
Win	1	3	2	0
Lose	2	0	1	3

(2)

	A	B	C	D
Win	1	2	1	2
Lose	2	1	2	1

所以能保证附加赛前不被淘汰，但不能保证出线。

127. 怀疑丈夫

设 a 为 8 点时参加聚会的人分成的组数，则根据 1，这时参加聚会的共有 5a 位。设 b 为 9 点时参加聚会的人分成的组数，则根据 2，这时参加聚会的共有 4b 位，而且 5a+2=4b。设 c 为 10 点时参加聚会的人分成的组数，则根据 3，这时参加聚会的共有 3c 位，而且 4b+2=3c。设 d 为 11 点时参加聚会的人分成的组数，则根据 4，这时参加聚会的共有 2d 位，而且 3c+2=2d。经过反复试验，得出在第一个和第二个方程中 a、b 和 c 的可能值如下(根据 1，a 不能大于 20)。5a+2=4b，4b+2=3c。由于 b 在两个方程中必须有相同的值，所以 b=13。于是 a=10，c=18。由于 c=18，所以从第三个方程得：d=28。因此，参加聚会的人数，8 点时是 50 人，9 点时是 52 人，10 点时是 54 人，11 点时是 56 人。根据 1、5 和 6，如果是赵丽丽按原来打算在她丈夫之后一小时到达，则 8 点时参加聚会的人数就会是 49 人。根据 2、5 和 6，如果是李师师按原来打算在她丈夫之后一小时到达，则 9 点时参加聚会的人数将会是 51 人。根据 3、5 和 6，如果是王美美按原来打算在她丈夫之后一小时到达，则 10 点时参加聚会的人数将会是 53 人。根据 4、5 和 6，如果是孙香香原来打算在她丈夫之后一小时到达，则 11 点时参加聚会的人数将会是 55 人。在 49 人、51 人、53 人和 55 人这四个人数中，只有 53 人不能分成人数相等的若干个小组(为了能进行交谈，每组至少要有两人)。因此，根据 3 和 6，对自己丈夫的忠诚有所怀疑的是王美美。

128. 三项全能

	跳　远	跳　高	铅　球
一婧	及格	良好	及格
宇华	及格	优秀	良好
长江	优秀	优秀	优秀
雷雷	优秀	优秀	良好

129. 聪明的俘虏

因为在周围的 10 个人都看到了 9 个丝巾，他们猜不出来的原因，就是都看到了 5 个红丝巾，4 个蓝丝巾，所以猜不出自己的是红还是蓝。这样唯一的情况，就是中央的人戴的是红丝巾，而被中间的人挡住的那个人戴的丝巾和自己的颜色正好相反。所以，在周围的人就猜不出自己头上丝巾的颜色了。

130. 玻璃球游戏

4 个男孩。

因为每人拿的球中，红>蓝>绿，而每人一共拿了 12 个球，所以红球最少要拿 5 个，最多只能拿 9 个。

红球一共是 26 个，每人至少拿 5 个，所以最多能有 5 个人。

小强拿了 4 个蓝球，那么他最多只能拿 7 个红球了；就算小刚和小明都拿了 9 个红球，他们三个也只拿了 25 个红球，少于 26 个，所以至少是 4 个人。

假设是 5 个人，那就有 4 个人拿了 5 个红球，1 个人拿了 6 个红球。

对于拿了 5 个红球的人来说，蓝球和绿球只有一种选择：4 蓝 3 绿，和只有小强拿了 4 个蓝球这个条件矛盾。所以是 4 个人。

拿球的组合情况如下表：

名 字	红 球 数	蓝 球 数	绿 球 数
小强	5	4	3
小刚	6	5	1
小华	7	3	2
小明	8	3	1

131. 拆炸弹

可以确定的顺序是 D，C，x，x，B。

因为 D 挨着 E，而 E 和 A 又隔一个按钮，所以只能 E 在 D 的右面，而第一个不确定的 x 处为 A，第二个不确定的 x 处，只能是 F 了。

所以，六个按钮上面的标号是：D、E、C、A、F、B。

132. 逻辑顺序

前 3 个条件排除了 120 种可能的排列中的 118 种。最后一个条件在剩下的两种可能中确定了一种。

133. 都是做什么的

程菲是体操运动员；张宁是羽毛球运动员；刘国梁为乒乓球运动员；孙鹏为网球运动员。

因为刘国梁在张宁对面，所以在孙鹏对面的只能是程菲，这样，程菲就是体操运动员。因为刘国梁在张宁对面，同时刘国梁右边是女的，所以程菲就在刘国梁右边。程菲就在刘国梁右边，张宁在刘国梁对面，所以张宁在程菲右边，题目中“羽毛球运动员在程菲右边”，张宁就是羽毛球运动员。程菲就在刘国梁右边，张宁在程菲右边，那肯定孙鹏在张宁右面，刘国梁就在孙鹏右边。而“乒乓球运动员在网球运动员右边”，所以刘国梁为乒乓球运动员，孙鹏为网球运动员。

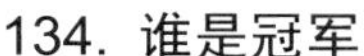

134. 谁是冠军

本题可假设小李的说法是真，那小张、小王的说法都正确，与题干“只有一个看法正确”矛盾，所以小李的说法错误，同时小王也不对，再由小王的说法可知冠军就是C。故正确答案为C。

135. 扑克牌

选C。首先看(3)，由于有三种牌共20张，如果其中有两种总数超过了19，也就是达到了20张，那么另外一种牌就不存在了，这是与题干相矛盾的，由此可见(3)的说法正确，这样可以排除选项A；(1)的论述也不正确，可以举例来说明，假设三种牌的张数分别是：6、6、8，就推翻了(1)的假设，所以(1)不正确，这样B、D都可以排除了。

136. 分别在哪个科室

骨科医生和内科医生住在一起，说明骨科医生和内科医生不是一个人。内科医生和丙医生经常一起下棋，说明丙不是内科医生。外科医生比皮肤科医生年长，比乙医生又年轻，说明皮肤科医生最年轻。甲医生是三位医生中最年轻的，所以甲医生是皮肤科医生，且不是外科医生。三人中最年长的医生住家比其他两位医生远，住得最远的医生是乙，且不是骨科医生和内科医生。从而，我们可以推出以下答案：

甲：皮肤科、内科。

乙：泌尿科、妇产科。

丙：外科、骨科。

137. 老朋友聚会

“乙和丙的车是同一牌子的；丙和丁中只有一个人有车”，说明甲、乙、丙三个人有车，丁没有车。

因为“有一个人三种条件都具备”，而“只有一个人有了自己的别墅”，所以有别墅只能是有车的甲、乙、丙三人中的一个。

这样丁就没有车也没有别墅了，因为“每个人至少具备一样条件”，所以丁有喜欢的工作。

因为“甲和乙对自己的工作条件感觉一样”，而“只有两个人有自己喜欢的工作”，所以丙和丁一样，有喜欢的工作。

既有车又有喜欢的工作的只有丙，那么他就是三个条件都具备的人了。

138. 留学生

首先看，德国人是医生，而D没有当医生，所以排除德国人是D。

C比德国人大，可以确定C不是德国人，那么德国人不是A就是B。而题目中表明，B是法官，德国人是医生，那么德国人就只能是A。

同时，根据第二个条件，也可以排除C是美国人，因为美国人年纪最小，怎么可能比别人大？B是法官，而美国人是警察，也可以排除美国人是B的可能性。这样，美国人就只能在A和D中选择。A已经确定为德国人，那么D就是美国人。

B是英国人的朋友，那么也可以排除B是英国人。

A是德国人，D是美国人，而且又肯定B不是英国人，那么，C就只能是英国人了。

139. 谁的狗

主人及狗的名字如下：

主人	黄黄	花花	黑黑	白白
狗	花花，黑黑，白白	黄黄，黑黑，白白	黄黄，花花，白白	黄黄，花花，黑黑

由(4)，白白的狗不叫花花，得：

主人	黄黄	花花	黑黑	白白
狗	花花，黑黑，白白	黄黄，黑黑，白白	黄黄，花花，白白	黄黄，黑黑

1. 若白白的狗叫黄黄，则：

主人	黄黄	花花	黑黑	白白
狗	花花，黑黑，白白	黑黑，白白	花花，白白	黄黄

如果黑黑的狗叫花花，由(3)可知白白的主人是黄黄，这样花花的狗是黑黑，和条件(1)矛盾。

如果黑黑的狗叫白白，则花花的狗叫黑黑，黄黄的狗叫花花，和条件(2)矛盾。

2. 若白白的狗叫黑黑，则：

主人	黄黄	花花	黑黑	白白
狗	花花，白白	黄黄，白白	黄黄，花花，白白	黑黑

由黄黄的狗并不和叫黑黑的狗的主人用一个名字，得：

主人	黄黄	花花	黑黑	白白
狗	花花	黄黄，白白	黄黄，白白	黑黑

由黑黑的狗并不和白白的主人叫同一个名字，得：

主人	黄黄	花花	黑黑	白白
狗	花花	白白	黄黄	黑黑

所以，黄黄的狗叫花花，花花的狗叫白白，黑黑的狗叫黄黄，白白的狗叫黑黑。

140. 三个家庭

答题 1：根据条件(2)，A、B 首先应予以排除；根据条件(3)，C、D 也应予以排除。因此，选 E。

答题 2：A 应予排除，因 S 和 T 是同性别的大人，违反已知条件(1)；B 和 E 也应予排除，因为 X 必须和 S 或 U 同一家庭。由条件(1)可知 S、T、V 肯定在第二家庭或第三家庭，但 C 中缺 V，故也应排除别的(当然用此法也可否定 E)。因此，选 D。

答题 3：A 违反已知条件(2)；E 违反已知条件(3)；U 和 V 是同性别的大人，不能是在一家，D 应予排除。B 也应该排除，因为 W、S、U 在一家，显然违反了已知条件(3)。因此，应该选 C。

答题 4：选 A。因为参加游戏有 2 男、3 女和 4 个孩子，根据规则(1)，2 男分别在两家里，3 女分别在三家里。还有 4 个孩子必须这样分配，在有男人又有女人的家里可搭上 1 个孩子，而没有男人只有 1 个女人的家里搭上 2 个孩子。因此 A 肯定是对的，其他答案 B、C、D 不一定对，E 则完全错误。

答题 5：应选 D。选 A 不行，因为 R 和 S 同一家庭，违反条件 1。选 B 不行，因为 R 和 W 同一家庭，违反条件 2。选 C 不行，因为 X 没有和 S 或 U 同一家庭，违反条件(3)。选 E 不行，因为 U 和 V 同一家庭，违反条件(1)。故选择 D。

141. 社团成员

答题 1：选 C。根据题意与已知条件(4)，很明显 C 是肯定对的。既然 C 不能与 D 在同一个社团工作，那么，如果 C 在围棋社，D 必定在曲艺社。

答题 2：选 B。不是 C 在围棋社，就是 D 在围棋社(已知条件 4)。除此之外，还有一位是 A(已知在条件 3)。而在选择中，这三个人的名字只有 C 一人出现，因此只能选他了。

答题 3：选 C。根据题意可推出 F 与 D 在同一个社团。既然 F 与 D 在一起，那么 C 就不能跟他在一起，否则违反已知条件(4)。

答题 4：选 D。类似这种题目，我们只能用排除法来做，看哪个选择完全符合条件才能断定。下面我们一个一个来分析：

先看 A。如果 A 是正确的，那么根据选项所给条件和已知条件(3)和(4)，我们可以得出，肯定在围棋社的人是 C、B 和 E。但是 F 没有得到限制，他既可以在围棋社，又可以在曲艺社，这就不可能是唯一可能的分配方案。

再看 B。由题意和已知条件(3)可推出：E 和 B 在围棋社，F、G 和 A 在曲艺社。尽管我们可以从已知条件(4)知道 C 与 D 不在同一个社团，但是我们还是不能确定究竟谁分在哪个社团，因此这也不是唯一的分配方案。

然后我们来看看 C。根据题意和已知条件(3)，我们可以知道，围棋社里有 B、G 和 E，曲艺社里有 A，而 C、D 和 F 的位置不能确定，这样就会有更多的选择，因此 C 肯定是错的。

现在我们来看看 D。根据题意我们可推出围棋社有 5 人，而曲艺社有 2 人。既然 C 在围棋社，那么 D 肯定在曲艺社(已知条件 4)。现在曲艺社只能再进一人，根据已知条件(3)，可推出这个人一定是 A，而其余人员只能到围棋社工作，这是唯一的分配方案，因此 D 肯定是正确的。

最后我们再看一看 E。根据题意和已知条件(4)，我们只能推出 D 和其他三人在曲艺社，C 和其他两人在围棋社，其余人员在哪个社团根本无法再推下去，故 E 也是错误的。

142. 销售果汁

答题 1：选 A 既违反已知条件(2)，又违反已知条件(5)。选 B 违反已知条件(5)。选 D，E 都违反已知条件(1)。因此，应选 C。

答题 2：你应该立即判定：选 B。因为 B 是违反已知条件(4)的。

答题 3：选 C。选 A 违反已知条件(2)和(5)。根据已知条件(5)，选 B 是不行的。如果该箱含有草莓果汁，必定含有苹果果汁，再加上葡萄果汁、橘子果汁，这一箱中便会有多于三种口味的三箱果汁。这就违反了题意和已知条件。选 D，E 都会产生类似于选 B 时出现的问题。像这样的类似题目，你可以根据已知条件(5)直接找苹果果汁，这样就可以提高做题速度。

答题 4：选 A，由橘子果汁、桃子果汁、葡萄果汁装成一箱符合所有的题设条件。选 B 和 D 违反已知条件(2)。选 C 违反已知条件(2)、(4)、(5)。选 E 违反已知条件(2)、(4)。

答题 5：选 D。根据已知条件(2)，只有 B 和 D 有可能对，而 B 违反已知条件

(5)、(1)和题设条件，故只能选 D。

答题 6：选 A。因为根据已知条件(5)，含有草莓果汁必然含有苹果果汁，又根据已知条件(4)，苹果果汁与桃子果汁不能同时装在同一箱内。再根据已知条件(5)，草莓果汁和桃子果汁也不能装在同一箱内。

答题 7：选 E。理由是：两瓶桃子果汁或再加一瓶橘子果汁，或加上一瓶苹果果汁，或加上一瓶葡萄果汁，或加上一瓶草莓果汁，都会违反题设条件。若加上一瓶橘子果汁，就需加上一瓶葡萄果汁。若加上一瓶葡萄果汁，就需加上一瓶橘子果汁。若加上一瓶苹果果汁，显然违反已知条件(4)。若加上一瓶草莓果汁，就该再加上一瓶苹果果汁。因此，一箱内肯定不能含有两瓶桃子果汁。

143. 成绩高低

答题 1：应选 B。根据已知条件(4)、(5)可排出其中四人的数学成绩好数学成绩差顺序：F、G、H、D。由此可见，如果 G 比 H 数学成绩好，那么 F 肯定比 D 数学成绩好。

答题 2：应选 C。由已知条件(2)、(3)和本题附加条件可知，C、D、F 和 E4 人中，C 的语文成绩最好，其次是 D 和 F，E 的语文成绩最差，而选择 C 中所示恰恰相反，即 E 的语文成绩好于 C 的语文成绩，所以错。

答题 3：应选 D。

答题 4：应选 C。根据已知条件(1)、(5)和本题附加条件可排出下列 5 人从数学成绩好到数学成绩差的顺序：B、A、X、H、D，这样我们就可以很明显地看出 B 数学成绩好于 D，因此 C 对。而选项 A，B，D 由于条件不充分，推出结果当然也是不可靠的。

144. 公司取名

答题 1：选 D。因为在 BOXER 这个单词中已含有字母 X 和 R，因此在第一个和第三个单词中就不能含有这两个字母，而且这两个单词中肯定只能有 1 个字母 T，否则便会违反已知条件(2)，由此看来，A、C、E 都是错的。而 B 则违反已知条件。所以选 D。

答题 2：选 B。这三个单词之所以不符合一个好的公司名，是因为它们违反了已知条件(3)和(4)，所以要选 B 才能改正过来，这个公司名字的正确形式为：RAMVEXMOTHS。

答题 3：选 D。根据已知条件(3)，最后一个单词一定要比第二个单词长，所以第二个单词只可能为 3 个或 5 个字母，不可能是 7 个字母。

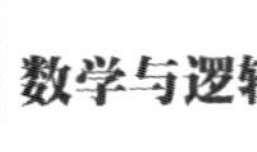

145. 选修课程

答题 1：选 B。根据已知条件(1)、(3)、(4)和本题的条件，N 只能选修博弈论课程和心理学课程，而不可能再选修经济学课程。

答题 2：选 A。此题须用排除法来完成。根据已知条件(4)和本题条件，N 不能再参加经济学课程，因此，选 B、C 和 E 都是错误的。另外根据已知条件(6)，可推出如果 O 选修了经济学课程，则 L 也会选修经济学，再加上 K，就会有 5 人选修该课程，不符合本题题意，因此 D 也错。故只有选 A 才是正确的。

答题 3：选 E。根据已知条件和本题题意，这 7 个人当中，除了 N，其他人均不可既选修心理学又选修经济学课程。他们要么选修心理学和博弈论课程，要么选修经济学和博弈论课程。根据已知条件(2)，我们可以判断，I 是后一种人。因此选 E 必定正确。根据已知条件(5)，我们还可以看出选 B 是错误的。当然最明显的错误是 D，它明显违反已知条件(1)。而 A 也错，根据已知条件(6)，O 也必须选修，加上 N、I、M 共有 5 人选修经济学课程，这样就违反了题设条件“经济学课程必须有 3～4 人一起选修”的规定，因此错。至于 C 有可能对，但不一定对。

146. 成绩排名

答题 1：选 A。根据本题题意和已知条件(1)、(2)，可推出 V、P、Q 分别是第五名、第六名和第七名，既然 Q 是最后一名，那么 S 就一定是第一名(已知条件 3)，所以选 A 一定对。

答题 2：选 C。根据本题题意和已知条件(3)，可知道 R 是第一名，则 T 是最后一名。我们在第一题已经知道 V 肯定在 P 和 Q 之前(已知条件 1 和 2)。因此，至少有三人(P、Q、T)在 V 之后，因而他的最差名次不会超出第四名。

答题 3：选 E。既然 S 是第二名而不是第一名，那么第一名肯定是 R，最后一名肯定是 T(已知条件 3)。由此可见 A、B、D 肯定是错的，而 C 违反已知条件(1)，因此只有 E 有可能是对的。

答题 4：选 D。根据题意和已知条件(3)，可推出 R、Q、S、T 分别为第一名、第五名、第六名和第七名，而 A、B、C、E 都与所推结论相违背，因此只有 D 是有可能对的。

答题 5：选 D。由题意和已知条件(3)，可推出 S、R、Q、U，分别是第一名、第二名、第五名和第七名；再由已知条件(1)和(2)可推出 V 和 P 必定分别是第三名和第四名。剩下的 T 只能在第六名。因此选 D 必定正确。

147. 星光大道

回答这一组题群，你只要掌握一个答题技巧：即根据题设条件，从总体上把握，便可以先确定：2 号和 3 号选手，已经有 3 个评委淘汰(H，O，N)；1 号选手已经有两个评委通过(O，N)，两个评委淘汰(H，J)。知道了这些后面就好回答了。

答题 1：选 E。根据条件(2)，每个评委至少通过一名选手。既然 O 淘汰 2 号和 3 号选手，因而他必然通过 1 号选手。

答题 2：选 C。因为 H、N、O 三位评委肯定淘汰。

答题 3：选 B。根据条件(3)、(4)，J 淘汰 1 号选手，O 淘汰 2 号和 3 号选手，同此他们两人不可能通过同一选手。

答题 4：选 B。若 1 号选手晋级，则 K、L、N 通过；若 2 号选手晋级，则 J、K、L、M 通过；若 3 号选手晋级，则 J、K、L、M 通过。综上所述，3 个选手中某一选手晋级，K 或 L 都通过，故选 B。

答题 5：选 D。因为如果 M 的态度跟 O 一样，那么 2 号和 3 号选手都必将被淘汰(条件 1、4、6)。同理选 C 和 E 都是明显错误的。选 A 和 B 也不一定对。因为肯定通过 1 号选手的只有 3 位评委，他们是 M、N、O。因此 1 号选手可能晋级，也可能被淘汰。

答题 6：选 B。因为 1 号选手已有 2 人淘汰(H 和 J)，再加上 K 和 L(根据条件 5)，共 4 人淘汰，因此必被否定。同理选 A 是明显错误的。而 C、D、E 的结论可能是对的，也可能是错的，这要看 J 和 M 的立场如何，本题未表明他们的态度，所以我们也就无法确定 2 号选手或 3 选手是晋级还是被淘汰。

148. 杂技演员

做此题时，先根据已知条件 1 和 2 画出站人位置，这样可以更直观地解答题目。

从图中我们可以看出 5 个成人杂技演员分别站在最底层的四个位置和第二层中间那个位置上，其余的位置都供儿童杂技演员站立。

答题 1：应选 A。因为这是第二层的位置排列，所以除了中间一人是成人杂技演员外，旁边的两人应是儿童杂技演员。由此可先排除 B。由本题题意“X 站在 V

的肩膀上”可知，如果 X 站在第二层，那么 V 势必站在第一层，这样就违反了已知条件(4)，因此 C 也错。又由本题题意“M 和 W 肩并肩地站在同一层上”可知：M 就是站在第二层中间的那一位成人杂技演员，因此 D 和 E 都错。只有 V、M、N 的排列符合所有条件，有可能组成第二层的排列，故选 A。

答题 2：应选 A。由本题题意可知，Q 是站在第二层中间的那位成人杂技演员；N 不是站在第一层的第二个位置上，就是站在第一层的第三个位置上。但是不管 N 站在哪个位置上，根据答案中没有跌倒的所剩人数，可推出 M 站在第一层靠边的 1 个位置上。从答案分析的所列图形中可看出，如果 M 跌倒了，那么他上面的 3 个儿童杂技演员也同时跌倒，这样所剩人员将是 3 个大人和 2 个小孩。B、C、D、E 均违反这一条，即所剩小孩人数在 3 个或 3 个以上，因此错。

答题 3：应选 D。从答案分析中，我们已经知道，五位儿童杂技演员分别站在第二层(2 人)，第三层(2 人)和第四层(1 人)，因此如果 X 和 Z 站在第二层，那么 V 和 W 将分别站在第三层和第四层，这样第三层还有一位置可供 Y 站立；如果 X 和 Z 站在第三层，那么 V 和 W 将分别站在第二层和第四层，这样第二层有一位置可供 Y 站立，故选 D。

答题 4：应选 E。由题设条件和本题题意可推出 O 是站在第二层中间的那位成人杂技演员，N、M、P 站在第一层，由 M 将 N 和 P 隔开，因此不管 Q 站在第一层哪一边上，M 始终站在中间的位置。即第二或第三个位置上，而 N 和 P 则有可能站在中间，也有可能站在边上。下面我们来逐个分析排除：由 M 所站位置可看出，如果他跌倒，那么他上面的 1 个成人杂技演员和 4 个儿童杂技演员将同时跌倒，这个结果与 A 的结果不符，故 A 错。从上面分析可知，我们不能确定 N 和 P 是站在第一层中间还是旁边，因此 B 和 D 推断的结果也就无法成立。我们已知 O 是站在第二层中间的那个成人杂技演员。如果他跌倒，他肩上的 3 个儿童杂技演员也将同时跌倒，因此 C 也错。而 Q 是站在第一层边上的成人杂技演员，如果他跌倒，那么他上面的 3 个儿童杂技演员也将同时跌倒，E 的推断结果与这一结果相符，因此肯定正确。

答题 5：应选 C。假设 X 和 Y 肩并肩地站在同一层上，由于 X、Y 都是儿童演员，由条件(1)、(4)得知，他们只能站在第三层。又因为，W 和 V 均是儿童，他们可以站的位置只能是第二层和第四层，这就与 W 站在 V 的肩上这一条件不符，所以，X、Y 不能站在第三层。综上所述，X、Y 肩并肩地站在同一层是不可能的。

答题 6：应选 A。由本题“W 站在 N 和 P 的肩上”可推出 W 站在第二层，N 和 P 站在第一层，因为二层以上不可能有 2 个成人杂技演员站在同一层上；再由“X 站在 M 和 V 的肩上”可推出：X 站在第三层，M 和 V 站在第二层，因为 V 是儿童杂技演员，不可能站在第一层，否则违反已知条件(4)。本题中 V 和 M 站在同一层，那么一定是第二层，因为第二层有一个成人杂技演员，他就是 M，而第三层和第四层是不可能出现成人杂技演员的。现在我们已知站在第二层上的三位杂技演员是 W、M 和 V，其中 W 和 V 不管站在哪一边，M 肯定站在他们中间，因此 A 肯定正确，其他选择由于条件不充分而不能推出。

答题 7：应选 C。由题中“N 和 Y 站在 M 的肩膀上”可推出：M 站在第一层，N 和 Y 站在第二层，N 是站在第二层中间的成人杂技演员；由“Z 站在 P 和 O 的肩膀上”可推出：P 和 O 站在第一层，Z 站在第二层(详细分析见上题)。现在我们已知：站在第二层中间的成人杂技演员是 N，Y 和 Z 分别站在 N 的两旁。因此，C 肯定对，其他选择则不一定。

149. 十张扑克牌

答题 1：应选 D。A、B 和 E 明显违反已知条件(1)和(3)。C 的排列也是错的。如果这样，根据已知条件(3)，K 只能统统放在第四排，这样就违反了已知条件(2)。只有 D 符合所有已知条件。

答题 2：应选 A。因为 A 不能放在第四排，且 A 数目又最多，共 4 张，因此这 4 张扑克牌必须放在前三排六个位置上。如果选 B、D、E，第三排就会出现 3 张 A，这样就违反了已知条件(2)，所以错；如果选 C，则明显违反了已知条件(3)，所以也错；只有 A 符合所有条件，而且也只有这种排法才可能避免排其他扑克牌(如 K)时违反已知条件，故选 A。

答题 3：应选 C。由上题我们已知，四张 A 应排在第二排(两张)和第三排(两张)，三张 K，分别排在第一排(一张)和第四排(两张)。因此我们可以直截了当地选出两张 A 与一张 J 或一张 Q 那个组合就行了。如果你想进一步分析其他选择的错误，你会看出：选 A 明显违反已知条件(3)；选 B、D、E 会违反已知条件(2)。

答题 4：应选 C。从前二题中我们已知：为了满足所有题设条件，四张 A 已经占去了第二排和第三排的四个位置，三张 K 占去了第一排和第四排的三个位置，余下可供 J 和 Q 放的位置只有第三排一个位置和第四排两个位置，本题要求两张 Q 放在一行内，那么只有第四排的两个空位可满足这一要求，因此选 C。

答题 5：应选 B。为了满足已知条件(2)和(3)，三张 K 必须分别放在第一排(一张)和第四排(两张)。其实，这一点我们在解答前几题时就已经讲得很清楚了，其他选项则不一定对。

答题 6：应选 C。如果第一排是一张 A，根据已知条件(3)，那么三张 K 就只好放在第四排，这样便违反了已知条件(2)，故一定错。其他选项中，A 和 D 肯定对，B 和 E 也有可能对，详细分析可参见前几题。

答题 7：应选 E。五个选择中，A 肯定错；B、C、D 陈述的情况不是每种排列中都会出现的，只有 E 陈述的这种情况在每种符合条件的排列中一定如此，故选 E，详细分析见答题 5。

150. 打扫卫生

答题 1：选 D。A 违反已知条件(5)和(6)；B 和 C 违反已知条件(1)和(3)；E 违反已知条件(3)和(6)；只有 D 符合所有条件，故选 D。

答题 2：选 A。由题设条件(1)和本题条件可知，B 在星期二打扫卫生；由已知条件(5)可知 E 在星期五打扫卫生；再由已知条件(3)可知 A 在星期三打扫卫生；最后由已知条件(2)可知，C 不在星期四打扫卫生，故选 A。

答题 3：选 C。由已知条件(2)和本题条件可知，C 在星期四打扫卫生，F 在星期五打扫卫生，故排除 B 和 E；由已知条件(3)可知 E 在星期三打扫卫生；余下还有星期二和星期六，根据已知条件(5)可推出 E 不在星期五打扫卫生，B 也不在星期二打扫卫生，因此 B 将分配在星期六打扫卫生；余下的星期二只能分配给 D，故选 C。

答题 4：选 E。由已知条件(5)与本题条件可知，E 在星期五打扫卫生；再由条件(3)可知，A 在星期三打扫卫生。除此之外，我们不知道其他人该在哪天打扫卫生，因此 F 有可能在星期一，也有可能在星期四或星期六打扫卫生。因此选 E。

151. 两卷胶卷

首先根据题设条件(4)可推出：X 卷照的是彩色照片，供这个候选人获胜时用；Y 卷是黑白照片，供这个候选人落选时用。

答题 1：应选 B。由以上答案分析，我们可以立即推出 B 的结果，当然这是根据已知条件(1)和(4)推出的。

答题 2：应选 A。因为尽管 Y 卷中的底片只有 X 卷的一半(已知条件 3)，然而 X 卷中大部分底片即超过二分之一以上的底片报废无用，因此 Y 卷中有用的底片肯定比 X 卷中有用的底片多。

答题 3：应选 D。

152. 出国考察

答题 1：应选 C。此题可用排除法解：A 和 B 违反已知条件(6)；D 违反已知条件(4)；E 违反已知条件(5)。只有 C 符合所有题设条件，故选 C。此题还可用排列组合的方法来解答。根据排列组合原理，组合的种数为 18 种，除去条件限制不能组合的 13 种，能够组合的只剩下 5 种：

J，M，O，R，S；

K，M，N，P，R；

K，M，N，R，S；

K，N，O，R，S；

K，M，O，R，S。

这里只有 C 与其中的一种组合相符合，故选 C。

答题 2：选 E。根据已知条件(4)，三个学生中 P 和 S 是相排斥的，而三人中必须选出两名学生代表，因此不管是 P 还是 S 入选，R 必定入选，因为 P 和 S 不可能同时入选。

答题 3：选 D。根据题设条件和本题条件可以推断，这个考察团的成员将由 P、R、M、N 和 K 五人组成。因为两名学生代表确定后，根据已知条件(5)，可推出两名老师代表是 M 和 N；再根据已知条件(6)，可推出一名校领导代表为 K。因此只有 X 和 Y 的判断对。故选 D。

答题 4：选 D。根据题设条件及本题题意，两个校领导中 J 入选后，K 便不能入选，由此可推出老师中 N 不能入选(已知条件 6)。N 不能入选，O 就一定入选，这样学生代表中 P 不能入选(已知条件 5)。”因此入选的五位考察团成员肯定是：J、M、O、R、S，而名单中含有 K、N、P 中任何一个人的那份名单均不可能正确。

答题 5：选 E。根据本题题意和已知条件(6)，可知校领导代表为 K。而老师的两名代表既可以是 M 和 N，也可以是 N 和 O，因为不管哪种情况都符合所有条件。因此 E 肯定正确。

答题 6：选 C。因为 J 被选入考察团，K 就不能选入，否则违反已知条件(3)；而 K 不选入，N 也不能选入，否则违反已知条件(6)；N 不选入，O 必被选入，因为老师 3 人中必有两人选上；既然 O 被选入，P 便不能被选入，否则违反已知条件(5)。

153. 操场上的彩旗

答题 1：应选 B。因这一组中，蓝旗子与白旗子毗邻，违反已知条件(3)，故错。

答题 2：应选 D。A 违反已知条件(4)；B 和 E 违反已知条件(1)；C 违反已知条件(3)；只有 D 符合所有条件，故选 D。

答题 3：应选 A。因为 B 违反已知条件(1)。C 违反已知条件(1)和(2)，而 D 和 E 都违反已知条件(1)。如果要符合所有的题设条件和本题题意，A 是唯一的选择。

154. 乘出租车

答题 1：你最好能一眼看穿：选 A 是正确的。选 A，将会得到其中的一种组合：儿子、母亲、母亲；儿子、父亲、女儿；儿子、女儿、父亲。这种组合可以满足所有的题设条件。

答题 2：选 B。作为验证，我们将指出选 A、C、D、E 都是不行的。选 C，显然违反已知条件(2)。选 E，显然违反已知条件(3)。选 D，根据题意和 D 的选择将会产生如下组合：吉姆、珍妮、玛丽；受已知条件(2)的限制，罗伯特不能和埃伦、苏珊同坐一辆车，那么这辆车上将是埃伦、苏珊、威廉(或托米、或丹)；而第三辆车上坐的将是罗伯特和他的两个儿子，这就违反了已知条件(3)。选 A 的情况类似于选 D。如果选 A，将会出现如下的情况：吉姆、珍妮同坐一辆出租车；埃伦、苏珊同坐一辆出租车；这样，第三辆出租车上肯定坐的是罗伯特一家人中的三个，这显然也违反了已知条件(3)。

答题 3：选 B。因为这样一来，四个父母辈的人分坐在两辆出租车上，第三辆出租车上坐的全是儿、女辈的人，这就违反了已知条件(2)。

答题 4：选 D。根据题意和条件(2)，P 和 R 的断定肯定是对的。因为，为了满足已知条件(2)和(3)，吉姆家的两个孩子不能坐在同一辆出租车上，罗伯特和玛丽也不能坐在同一辆出租车上。而 Q 的断定有可能对，也有可能错。可能性就不能保证每种组合的绝对正确。因此除 D 外，其他选择都是片面的或不一定正确。

答题 5：选 A。由题目我们已知罗伯特家的两个男孩已经跟着吉姆下车了，因此剩下的三个孩子只能是吉姆家的两个女儿和罗伯特家的一个儿子。只有 A 和这个结果相符，故选 A。

155. 生病的人

答题 1：应选 C。根据已知条件(2)，L 病不会有喉咙痛的症状，因此，这个病人患的肯定不是 L 病。

答题 2：应选 B。根据已知条件(3)和(4)，患了 T 病的人不一定发皮疹，而患了 Z 病的病人肯定不会发皮疹，但他至少表现出头痛这种症状，我们无法判断这个病人究竟患的是哪一种病。但是有一点我们已经知道：患这种病的病人都会有头痛的症状。因此，B 肯定对。

答题 3：应选 E。下面，我们逐项地来分析：根据已知条件(2)，可推出米勒得的不是 L 病，因此，选 A 肯定错。根据已知条件(4)，可推出 Z 病病人可能会表现出喉咙痛，也可能不会表现出喉咙痛这种症状，我们无法断定米勒得的是不是 Z 病。因此，选 B 和 D 都不行。根据已知条件(1)，我们也可推出同样的结果，即米勒可能患的是 G 病，也可能患的不是 G 病，所以，C 也不对。根据已知条件(3)，可知患 T 病的病人肯定会表现出喉咙痛的症状，而米勒没有喉咙痛的症状，因此，他患的肯定不是 T 病，由此，选 E 肯定正确。

答题 4：应选 D。根据已知条件和本题题意可推出罗莎患的肯定不是 G 病、L 病和 T 病，那么她患的只能是 Z 病。而患 Z 病的病人必定会头痛而又决不会发皮疹，因此判断(1)和(2)都是正确的，而判断(3)是错误的。

答题 5：应选 A。根据已知条件(1)和(2)，可推断哈里斯患的肯定不是 G 病和 L 病，那么他患的可能是 T 病或 Z 病。根据已知条件(3)和(4)，哈里斯不管患的是 T 病还是 Z 病，他都会有头痛的症状，所以，判断(1)肯定正确，而判断(2)和(3)则不一定，故选 A。

答题 6：应选 D，根据已知条件(1)，患 G 病的人除了发烧和头痛两种症状外，他还会发皮疹，因此，A 错。根据已知条件(2)，患 L 病的人不会头痛，因此 B 也错。根据已知条件(3)，可知患 T 病的人有喉咙痛的症状，因此，C 和 E 都错。根据已知条件(4)，患 Z 病的人除了头痛，还伴有其他一种症状，因此这个病人患的肯定是 Z 病。

156. 密码的学问

答题 1：选 B。我们只要记住已知条件(3)，就可以立即选出正确答案。

答题 2：选 A。自已知条件(2)、(4)、(5)可知，三个字母中 K 和 M 两个字母在这样的条件中是不可能有用场的。因此只有 L 一个字母可用；再根据已知条件(3)，可得知这样的密码文字只有 LL 一种，故选 A。

答题 3：选 C。选 A 违反条件(2)；选 B 违反条件(4)；选 D 违反条件(6)；选 E 违反条件(4)。故选 C。

答题 4：选 B。既然条件限制在三个字母内，那么根据已知条件(2)、(4)、(5)、(6)，可先排除 K、M、O 三个字母，因此剩下的只有 LLL 及 MN 两种。

答题 5：选 C。因为用 O 替代 N 后，原来的密码文字变为 MMLLOKO，这样就违反了已知条件(5)，故为错。

答题 6：选 D。遇到这种题目我们可先将这个错误的密码文字找出来，然后再看是否可根据题中所限制的条件将它改正。我们可以发现，D 组中的密码文字明显违反已知条件(4)，但只要将 M 与前三个字母 NKL 任一位置交换即可变成一个完全符合条件的密码文字，因此选 D。

答题 7：选 E。让我们逐个来排除：A 中的 X 一定要 L 替换才能符合已知条件(6)，但这组字母中没有 L，故不行。B 组中的密码文字本身就违反了已知条件(4)，因此也不行。C 与 A 同理。D 中的 X 必须由 N 代替才能符合已知条件(5)，而这个密码文字中没有 N 这个字母，因此同样不行。只有选 E，才能符合所有的已知条件，故选 E。

157. 两对三胞胎

从已知条件中，我们可先推出每对三胞胎都是由二男一女组成，N 和 Q 是兄弟关系，O 和 R 是同胞关系。明白这一点，我们在以推理中可省去不少时间。

答题 1：应选 E。从题意分析中我们已经知道，N 和 Q 是兄弟关系，O 和 R 是同胞关系。M 或 P，可能居于 N 和 Q 这一对，也可能居于 O 和 R 这一对，但是 N、Q 绝不可能是 O、R 的同胞兄弟姐妹，由此可知：R 和 Q 不可能是同胞兄弟姐妹关系。而其他几对都有可能是同胞兄弟姐妹关系。故选 E。

答题 2：应选 E。此题可用排除法一个一个地分析：如果 M 和 Q 是同胞兄弟姐妹，那么我们可以假设 M 是女的，P 是男的，但我们仍不知道究竟 O 或者 R 是女的，因此 A 错。选 B 也错，因为 Q 和 R 不可能是同胞兄弟姐妹(分析见答题 1)，因此更不能知道 R 是否一定是女性。如果 P 和 Q 是同胞兄弟姐妹，由此我们可以假设 P 是女的，M 是男的，但我们还是不知道究竟 O 或者 R 是女的，因此选 C 也错。如果 O 是 P 的小姑，那推断的结果必定是 R 是男性，故选 D 同样错。在 O 是 P 的小叔这一条件下，我们可以推断在 M、O、R 这对三胞胎中 M、O 都是男性，R 必定是女性。因此选 E 正确。

答题 3：应选 B。

答题 4：应选 A。根据题意，我们已经知道，N 和 Q 是男性。如果 Q 和 R 结为夫妇，我们可以推断 R 是女的；O 是男性，因此 B 和 D 肯定错，而 C 和 E 则不一定对，只有 A 肯定正确。

答题 5：应选 D。根据已知条件与本题附加条件，可推断出 P、R、O 三人是同胞兄弟姐妹，其中 O 是女的；N、Q、M 三人是同胞兄弟姐妹，其中 M 是女的。由此我们可以看出，除 D 之外的其他选择都错。

158. 展厅之间的通道

技巧：你最好能画出一幅平面图，只有依照平面图对题目的要求做出直观的理解，才能在 10 分钟之内完成这道题。

平面图如下：

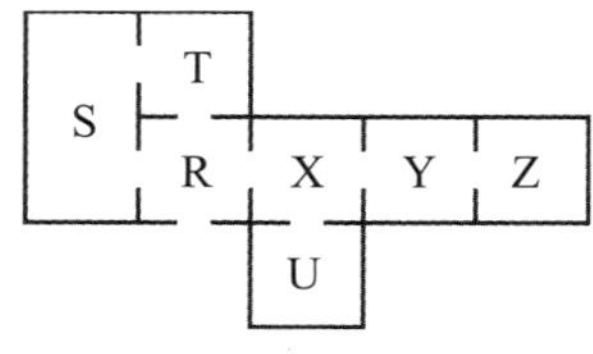

答题 1：从平面图上可以清楚地看出，Z 不可能是从 R 开始进入的第三个房间，要到达 Z，需经过 R、X、Y 三个房间，也就是说，Z 只能是从 R 直接进入的

第四个房间。所以，应该选 E。

答题 2：选 A。关掉的或是 R、S 之间的通道，或是 R、T 之间的通道，或是 S、T 之间的通道。

答题 3：选 E。Z 房间只有一条通道与 Y 相通，故进出都需经过 Y。也就是说，进出 Z 都要经过 Y。

答题 4：选 C。对照平面图，你将清楚地看到只要在 T、U 之间开条通道，就可满足题目的要求。参观者的路线将是 R-S-T-U-X-Y-Z。

159. 被偷的答案

阿莫斯、伯特和科布三人分别设为 A、B、C。

A、B、C 共上了 9 节课，其中 B 一节、C 二节不是在 D 教授那儿上的，因此必然有一个 C，BC 组合，还剩下 6 个组合 A，B，ABC，AB，AC,空(其中空不可能出现)，另外从中选出三个组合，并要总节数达到 6 节，ABC 显然是必选的余下 AB，AC 中挑一个，那么 A 组合不可能再出现，因此这 5 种组合是 C，BC，ABC，B，AC。所以偷答案的是 B。

160. 倒班制度

根据(4)和(5)，第一位和第二位实习员工在星期四休假；根据(4)和(6)，第一位和第三位实习员工在星期日休假。因此，根据(3)，第二位实习员工在星期日值班，第三位实习员工在星期四值班。

根据(4)，第一位实习员工在星期二休假。再根据(3)，第二位和第三位实习员工在星期二值班。

上述信息可以列表如下(“×”表示值班，“–”表示休假)：

星　期	日	一	二	三	四	五	六
第一位	–		–		–		
第二位	×		×		–		–
第三位	–		×		×		

根据(2)，第二位实习员工在星期一休假，第三位实习员工在星期三休假。根据(5)，第二位实习员工在星期六休假。因此，根据(1)，三位实习员工在星期五同时值班。

一星期中其余三天的安排，可以按下述推理来完成。根据(2)，第三位实习员工在星期六休假。根据(3)，第一位实习员工在星期一、星期三和星期六值班；第二位实习员工在星期三值班；第三位实习员工在星期一值班。

161. 三位授课老师

根据条件(1)，化学老师和数学老师住在一起，说明教化学的和教数学的老师不是一个人。

根据条件(3)，数学老师和丙老师是一对优秀的象棋国手，说明丙不是数学老师。

根据条件(4)，物理老师比生物老师年长，比乙老师又年轻，说明生物老师最年轻。

根据条件(2)，甲老师是三位老师中最年轻的，所以甲老师是生物老师，且不是物理老师。

根据条件(5)，三人中最年长的老师住家比其他两位老师远，住得最远的老师是乙，且不是化学老师和数学老师。

从而，我们可以得出以下答案：

老　师	所教课程
甲老师	生物、数学
乙老师	语文、历史
丙老师	物理、化学

162. 英语竞赛

根据(1)，小王、小李和小赵各比赛了两场；因此，从(4)得知，他们每人在每一次竞赛中至少胜了一场比赛。根据(3)和(4)，小王在第一次竞赛中胜了两场比赛；于是小李和小赵第一次竞赛中各胜了一场比赛。这样，在第一次竞赛中各场比赛的胜负情况如下：

小王胜小张　小王胜小赵(第四场)

小李胜小刘　小李负小赵(第三场)

根据(2)以及小王在第二次竞赛中至少胜一场的事实，小王必定又打败了小赵或者又打败了小张。如果小王又打败了小赵，则小赵必定又打败了小李，这与(2)矛盾。所以小王不是又打败了小赵，而是又打败了小张。这样，在第二次竞赛中各场比赛的胜负情况如下：

小王胜小张(第一场)　小王负小赵(第二场)

小李负小刘(第四场)　小李胜小赵(第三场)

在第二次竞赛中，只有小刘一场也没有输。因此，根据(4)，小刘是第二场比赛的冠军。

注：由于输一场即被淘汰，各场比赛的顺序如上面括号内所示。

163. 大有作为

答案为：菲利浦是歌手；罗伯特是大学生；鲁道夫是战士。

分析：因为根据条件 B，可以知道菲利普不是大学生，而根据 C 也可以知道鲁道夫不是大学生，所以罗伯特是大学生。而根据 A，罗伯特的年龄比战士的大，条件 B 中，罗伯特比菲利浦的年龄小，那么，鲁道夫就应该是战士。所以菲利浦是歌手。

164. 买工艺品

答题 1：选 D。

根据已知条件(2)，不能选 A。根据已知条件(4)，不能选 C。根据已知条件(3)和(5)，不能选 B。根据已知条件(6)，不能选 E。因此，选 D。

答题 2：选 C。

因为根据条件(5)，T 必须买 4 号工艺品；根据条件(6)，W 必须买 6 号工艺品；根据条件(3)、(4)和(6)，可以推断 V 将买 3 号工艺品，由此剩下的只能是 1、5、7 号三个工艺品。根据题意 T、V、W 三人每人两个工艺品。1、5、7 号三个工艺品与 3、4、6 号三个工艺品配对，不可能出现 1 号工艺品与 7 号工艺品搭配的情况，故选 C。

答题 3：选 E。

根据题意只能由 S、T、W 号三人来买七个工艺品，而其中有一人买 2 号工艺品后就不可再买其他工艺品，因此，不可能只有一人买三个工艺品。由此看来 A，B，C 都是错的。现在我们来看 D，E 两个选择：根据已知条件(6)，W 必须买 6 号工艺品，由此可以推断，他不可能买 2 号工艺品，他必须是买三个工艺品的两人中的其中之一；而且 T 也不可能买三个工艺品，因为如果 S 买了 2 号工艺品，则 4 号工艺品只能给 T，而 W 不能买 3 号工艺品，这个工艺品又得给 T，这就违反了已知条件(3)。因此只有 E 是对的。

165. 左邻右舍

根据(1)，每个人的嗜好组合必是下列组合之一：

① 咖啡、狗、网球

② 咖啡、猫、篮球

③ 茶、狗、篮球

④ 茶、猫、网球

⑤ 咖啡、狗、篮球

⑥ 咖啡、猫、网球

⑦ 茶、狗、网球

⑧ 茶、猫、篮球

根据(5)，可以排除③和⑧。于是，根据(6)，可知②是某个人的三嗜好组合。接下来，根据(8)，⑤和⑥可以排除。再根据(8)，④和⑦不可能分别是某两人的三嗜好组合；因此①必定是某个人的三嗜好组合。然后根据(8)，排除⑦；于是余下来的④必定是某个人的三嗜好组合。

根据(1)、(3)和(4)，住房居中的人符合下列情况之一：

(1) 打篮球而又养狗

(2) 打篮球而又喝茶

(3) 养狗而又喝茶

既然这三人的三嗜好组合分别是①、②和④，那么住房居中者的三嗜好组合必定是①或者④，如下表所示：

(2)	(1)	(4)	(2)	(4)	(1)
咖啡	咖啡	茶	咖啡	茶	咖啡
猫	狗	猫	猫	猫	狗
篮球	网球	网球	篮球	网球	网球

根据(7)，④不可能是住房居中者的三嗜好组合，因此，根据(4)，陈小姐的住房居中。

166. 避暑山庄

四人的滞留时间之和是 20 天。

根据(1)得知，时间最长的是丁，有 6 天，根据(2)和(3)来看，丁虽然入住时间最长，也是从 2 日到 7 日离开的。

假设乙和丙分别滞留了 4 天以下，因为丁是 6 天以下，甲若是 6 天以上，就不是最短的，所以乙和丙都是 5 天。

根据(3)可知，丙是从 1 日入住到 5 日。如果乙是从 3 日入住的话，7 日离开，那就与丁重合了，所以乙是从 4 日入住到 8 日。剩下的甲就是从 3 日到 6 日(滞留了 4 天)。

因此，甲是从 3 日入住 6 日离开的；乙是从 4 日入住 8 日离开的；丙是从 1 日入住 5 日离开的；丁是从 2 日入住 7 日离开的。

167. 名字与职业

首先列出所有情况：

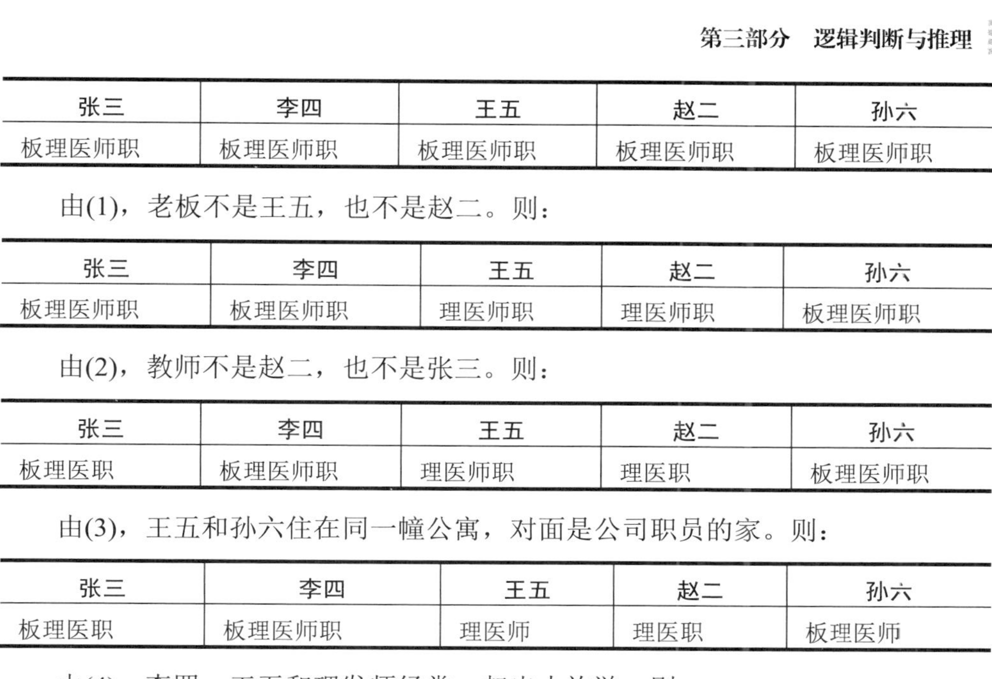

张三	李四	王五	赵二	孙六
板理医师职	板理医师职	板理医师职	板理医师职	板理医师职

由(1)，老板不是王五，也不是赵二。则：

张三	李四	王五	赵二	孙六
板理医师职	板理医师职	理医师职	理医师职	板理医师职

由(2)，教师不是赵二，也不是张三。则：

张三	李四	王五	赵二	孙六
板理医职	板理医师职	理医师职	理医职	板理医师职

由(3)，王五和孙六住在同一幢公寓，对面是公司职员的家。则：

张三	李四	王五	赵二	孙六
板理医职	板理医师职	理医师	理医职	板理医师

由(4)，李四、王五和理发师经常一起出去旅游。则：

张三	李四	王五	赵二	孙六
板理医职	板医师职	医师	理医职	板理医师

由(5)，张三和王五有空时，就和医生、老板打牌。则：王五→师。

张三	李四	王五	赵二	孙六
理职	板医职	师	理医职	板理医

由(6)，而且，每隔 10 天，赵二和孙六一定要到理发店修个脸。则：

张三	李四	王五	赵二	孙六
理职	板医职	师	医职	板医

由(7)，公司职员则一向自己刮胡子，从来不到理发店去；而赵二孙六去理发店。则：

张三	李四	王五	赵二	孙六
理职	板医职	师	医	板医

所以赵二是医，则：孙六是板。

张三	李四	王五	赵二	孙六
理职	职	师	医	板

所以李四是职，则：张三是理。

从而得出：

张三	李四	王五	赵二	孙六
理	职	师	医	板

168. 谁养鱼

首先确定：

房子颜色：红、黄、绿、白、蓝→Color 1、2、3、4、5

国籍：英、瑞、丹、挪、德→Nationality 1、2、3、4、5

饮料：茶、咖啡、牛奶、啤酒、开水→Drink 1、2、3、4、5

烟：PM、DH、BM、PR、混合烟→Tobacco 1、2、3、4、5

宠物：狗、鸟、马、猫、鱼→Pet 1、2、3、4、5

然后有：

由(9)→N1=挪威

由(14)→C2=蓝

由(4)→如 C3=绿，C4=白，则(8)和(5)矛盾，所以 C4=绿，C5=白

剩下红黄只能为 C1，C3

由(1)→C3=红，N3=英国，C1=黄

由(8)→D3=牛奶

由(5)→D4=咖啡

由(7)→T1=DH

由(11)→P2=马

那么：

挪威	?	英国	?	?
黄	蓝	红	绿	白
?	?	牛奶	咖啡	?
DH	?	?	?	?
?	马	?	?	?

由(12)→啤酒只能为 D2 或 D5，BM 只能为 T2 或 T5→D1=开水

由(3)→茶只能为 D2 或 D5，丹麦只能为 N2 或 N5

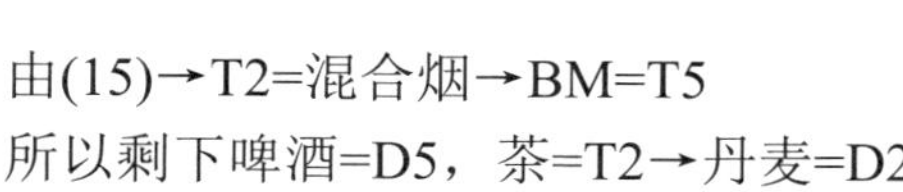
由(15)→T2=混合烟→BM=T5

所以剩下啤酒=D5，茶=T2→丹麦=D2

然后：

挪威	丹麦	英国	?	?
黄	蓝	红	绿	白
开水	茶	牛奶	咖啡	啤酒
DH	混合烟	?	?	BM
?	马	?	?	?

由(13)→德国=N4，PR=T4

所以，瑞典=N5，PM=T3

由(2)→狗=P5

由(6)→鸟=P3

由(10)→猫=P1

得到：

挪威	丹麦	英国	德国	瑞典
黄	蓝	红	绿	白
开水	茶	牛奶	咖啡	啤酒
DH	混合烟	PM	PR	BM
猫	马	鸟	?	狗

所以，最后剩下的鱼只能由德国人养了。

169. 谁偷了考卷

由(2)、(3)、(5)知道 A、C 都不可能会偷考卷。

由(1)知道 A、B、C 至少有 1 个人偷了考卷，那么一定是 B。

由(4)知道只有 B 一人，没人与他同案。

170. 写信

不能。由(1)知：标有日期的信——用粉色纸写的；由(2)知：小王写的信——以“亲爱的”开头；由(3)知：不是小赵写的信——不用黑墨水；由(3)知：收藏的信——不能看到；由(5)知：只有一页信纸的信——标明了日期；由(6)知：不是用黑墨水写的信——做标记；由(7)知：用粉色纸写的信——收藏；由(8)知：做标记的信——只有一页信纸；由(9)知：小赵的信——不以“亲爱的”开头。

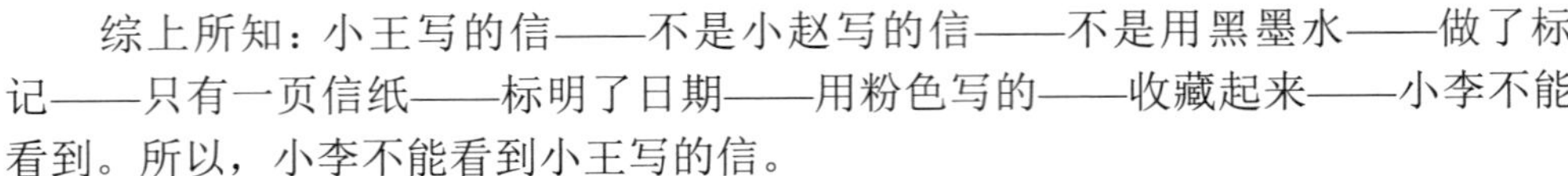
综上所知：小王写的信——不是小赵写的信——不是用黑墨水——做了标记——只有一页信纸——标明了日期——用粉色写的——收藏起来——小李不能看到。所以，小李不能看到小王写的信。

171. 副经理姓什么

副经理姓张。

过程：

由条件(1)“老陈住在天津”，和条件(6)“与副经理同姓的人住在北京”，可知副经理不姓陈。

由条件(5)“副经理的邻居的工龄是副经理的 3 倍”，和条件(2)“老张有 20 年工龄”，因为 20 不是 3 的倍数，所以副经理的邻居不是老张，而是老孙。

回到条件(6)：与副经理同姓的人住在北京，而老孙是副经理的邻居，再由条件(3)可知，老孙住在北京和天津之间。

因此，由条件(1)和以上结论可知，老张住在北京。

再结合条件(6)可得出结论，副经理姓张。

172. 小王的老乡

赵和孙属于相同年龄档，李和周不属于相同年龄档，3 位是 80 后，两位是 90 后。所以赵和孙是 80 后。

钱和周的职业相同，孙和李的职业不同，两位在学校工作，其他 3 位在工厂工作。所以钱和周在工厂工作。因此，在学校工作的 90 后只有小李一人了。所以小王的同乡是小李。

173. 排队

首先根据小孙没有排在最后，而且他和最后一个人之间还有两个人，可以确定小孙在倒数第四位；根据在小王的前面至少还有四个人，但他没有排在最后，可以确定小王在倒数第二；根据小李没有排在第一位，但他前后至少都有两个人，可以确定小李在第四位；根据小赵没有排在最前面，也没有排在最后，可以确定小赵在第二位；根据小吴不是最后一个人，可以确定，小吴在第一位；剩下一个小张在最后。所以他们的顺序依次是：小吴、小赵、小孙、小李、小王、小张。

174. 四兄弟

由(1)、(4)可以推出教师不是老大老二；由(5)、(6)可以推出律师也不是老大老二。所以，老三、老四是律师和教师，老大、老二是编辑和记者。再由(2)、(7)可推出律师是老四，所以教师是老三；由(3)、(6)可知，老大是编辑，老二是记者。

所以得出答案：老大、老二、老三、老四四人分别是编辑、记者、教师、律师。

175. 满分成绩

根据(3)和(5)，如果小明数学满分，那他英语也满分。根据(5)，如果小明物理满分，那他英语也满分。根据(1)和(2)，如果小明既不物理满分也不数学满分，那他也是英语满分。因此，无论哪一种情况，小明总是英语满分。

根据(4)，如果小刚语文满分，那他也英语满分。根据(5)，如果小刚物理满分，那他也英语满分。根据(1)和(2)，如果小刚既不物理满分也不数学满分，那他也是英语满分。因此，无论哪一种情况，小刚总是英语满分。

于是，根据(1)，小华英语没有满分。再根据(4)，小华语文也没有满分。从而根据(1)和(2)，小华既数学满分又物理满分。

再根据(1)，小明和小刚语文都满分。于是根据(2)和(3)，小明数学没有满分。从而根据(1)，小刚数学满分。最后，根据(1)和(2)，小明应该物理满分，而小刚物理没有得到满分。

176. 夏日的午后

解法一：可用排除法求解。

由(1)、(2)、(4)、(5)可知，爸爸、妈妈没有在乘凉，姐姐也没有在乘凉，因此乘凉的只能是弟弟；但这与(3)的结论相矛盾，所以(3)的前提肯定不成立，即爸爸应该是打电话；在(4)中姐姐既没有在看书又没有在乘凉，由前面分析，姐姐不可能在打电话，所以姐姐在洗澡，而妈妈则是在看书。

解法二：我们可以画出 4×4 的矩阵，然后消元。

	爸爸	妈妈	姐姐	弟弟
乘凉	—	—	—	+
洗澡	—	—	+	—
打电话	+	—	—	—
看书	—	+	—	—

注意：每行每列只能取一个，一旦取定，同行同列都要涂掉。我们用“—”表示某人对应的此项被涂掉，“+”表示某人在做这件事。

1. 根据题目中的(1)、(2)、(4)、(5)我们可以在上述矩阵中涂掉相应项，用“—”表示(可知弟弟在乘凉，妈妈是在看书)。

2. 题目中的解为爸爸≠“打电话”，则弟弟≠“乘凉”；那么其逆否命题为：若弟弟=“乘凉”，则爸爸=“打电话”。由(1)可知，爸爸应该是“打电话”，所以在“打电话”的对应项处画上“+”。

3. 现在观察 1、2 所得矩阵情况，考察爸爸、妈妈、姐姐、弟弟各列的纵向情况，可是在“洗澡”一项所对应的行中，只能在相应的姐姐处画“+”，即姐姐在洗澡。

至此，此矩阵完成。我们可由此得出判断。

177. 谁偷了珠宝

是甲和丁。

因为如果乙去了，那么甲肯定没去，而丁也没去。又说是两个人合伙作案，那么丙一定去了，但是根据(3)，丁一定会去，矛盾。所以乙没有去展厅。那么甲去了，丁也去了。所以作案的是甲和丁两人。

178. 政府要员

是 D 先生。

四个人的座次如下图所示：

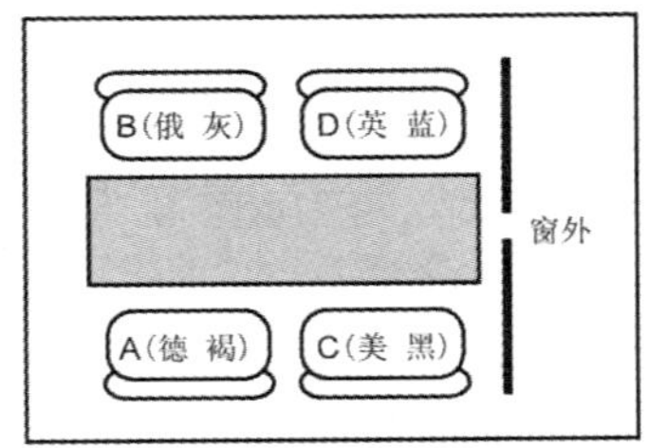

179. 考试成绩

首先可以确定 G 在第四位。

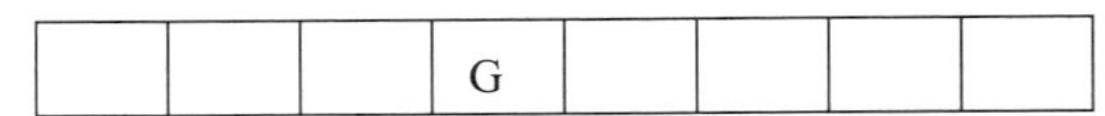

			G				

因为 B、C、D 三人中 B 最高，D 最低，但不是第八名，C 应该小于第七名。F 的名次为 A、C 名次的平均数，且 B、C、D 中，C 在中间，所以 C 前面至少有 A、B、F 三个，也就是说 C 的位置只可能在第五或者第六。假设 C 在第六，D 只能在第七；F 比 E 高四个名次，只能 F 在第一，E 在第五，这与 F 为 A、C 平均数矛盾，所以 C 只能在第五位。F 是 A、C 的平均数，则 F 在第三位，A 在第一位；F 比 E 高四个名次，E 在第七位；D 不在最后，D 在第六位；B 在第二位，最后剩下 H 在最后。

所以名次顺序为：A、B、F、G、C、D、E、H。

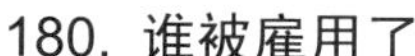

180. 谁被雇用了

在以下各表中，A 代表甲，B 代表乙，C 代表丙，D 代表丁，G 代表研究生学历，W 代表至少两年的工作经验，V 代表会用 Office 办公软件，R 代表有符合要求的证书，X 代表满足要求，O 代表不满足要求。

根据(4)和(5)可以得到下面的结果。

	A	B	C	D
G				
W				
V		X	X	
R				X

接着，根据(2)和(3)，得到下列填好了一部分的四张表。

Ⅰ

	A	B	C	D
G	X	X		
W			X	X
V		X	X	
R				X

Ⅱ

	A	B	C	D
G	X	X		
W			O	O
V		X	X	
R				X

Ⅲ

	A	B	C	D
G	O	O		
W			X	X
V		X	X	
R				X

Ⅳ

	A	B	C	D
G	O	O		
W			O	O
V		X	X	
R				X

在Ⅳ中，没人能同时满足 G 和 W 这两项要求；所以根据(1)，把表Ⅳ排除。

根据(1)，可在表Ⅰ、Ⅱ和Ⅲ中填上一些 O，从而得到：

Ⅰ

	A	B	C	D
G	X	X	O	
W		O	X	X
V	O	X	X	O
R			O	X

Ⅱ

	A	B	C	D
G	X	X	O	
W			O	O
V	O	X	X	
R				X

Ⅲ

	A	B	C	D
G	O	O		
W		O	X	X
V		X	X	O
R			O	X

还是根据(1)，在表Ⅰ、Ⅱ和Ⅲ中，都可以各填上一个 X，其余的位置填 O，从而得到：

Ⅰ

	A	B	C	D
G	X	X	O	O
W	X	O	X	X
V	O	X	X	O
R	O	X	O	X

Ⅱ

	A	B	C	D
G	X	X	O	O
W	O	X	O	O
V	O	X	X	O
R	O	X	O	X

Ⅲ

	A	B	C	D
G	O	O	X	
W		O	X	X
V		X	X	O
R			O	X

根据(1)，由于在表Ⅲ中没人能同时满足G和V这两项要求，所以把表Ⅲ排除。

Ⅰ

	A	B	C	D
G	X	X	O	O
W	X	O	X	X
V	O	X	X	O
R	O	X	O	X

Ⅱ

	A	B	C	D
G	X	X	O	O
W	O	X	O	O
V	O	X	X	O
R	O	X	O	X

至此，已可看出，只有乙能比其他三人满足更多的要求，所以被雇用的是乙。

181. 电话线路

首先可以确定的是：E 镇与 A 镇之间有电话线路，因为 A 镇同其他 5 个小镇都有电话线路，那当然包括 E 镇在内了。

其余的是哪两个小镇呢？我们从 B、C 两个小镇开始推理。

设：B、C 两个小镇之间没有电话线路。那么，B、C 两镇必然分别可以同 A、D、E、F 四个小镇通电话。如果 B、C 两镇分别同 A、D、E、F 四个小镇通电话，那么，只有三条电话线路的 D、E、F 三个镇就只能分别同 A、B、C 三个镇通电话。如果是这样，那么，在 D、E、F 之间是不能通电话的。但是，已知 D 镇与 F 镇之间有电话线路，因此，B、C 之间没有电话线路的假设是不能成立的。换句话说，B、C 两小镇之间有电话线路。

那么，有 4 条线路的 B 镇和 C 镇又可以同哪些小镇通电话呢？

从以上的推理中得知：B 镇、C 镇分别同 A 镇有电话线路，而它们相互之间又有电话线路。另外的两条线路是通向哪里的呢？假设：B 镇的另外两条线路 1 条通 D 镇，1 条通 F 镇；C 镇的电话线路也是 1 条通 D 镇，1 条通 F 镇。如果这个假设成立，那么 D 镇、F 镇就将各有 4 条线路通往其他小镇。但是，我们知道，D、F 两镇都只同 3 个小镇有电话联系，所以，上述假设不能成立。

假设：B、C 两镇同 D、F 镇之间都没有电话线路。如果这个假设成立，那么，B、C 两镇就只有 3 条线路同其他小镇联系，这又不符合 B、C 各有 4 条电话线路的已知条件。所以，以上的假设也不成立。从以上的分析只能推出 B、C 两镇各有 1 条电话线路通向 E 镇。B 镇的另一条线路或者通向 D 镇，或者通向 F 镇，C 镇的另外一条线路或者通向 D 镇，或者通向 F 镇。而对于 E 镇来说，它肯定可以同 A、B、C 三个小镇通电话。

182. 教职员工

由于教授和讲师的总数是 16 名，从(1)和(4)得知：讲师至少有 9 名，男教授最多是 6 名。于是，按照(2)，男讲师必定不到 6 名。

根据(3)，女讲师少于男讲师，所以男讲师必定超过 4 名。

根据上述推断，男讲师多于 4 名少于 6 名，故男讲师必定正好是 5 名。

于是，讲师必定不超过 9 名，从而正好是 9 名，包括 5 名男性和 4 名女性，于是男教授则不能少于 6 名。这样，必定只有 1 名女教授，使得总数为 16 名。

如果把一名男教授排除在外，则与(2)矛盾；把一名男讲师排除在外，则与(3)矛盾；把一名女教授排除在外，则与(4)矛盾；把一名女讲师排除，则与任何一条

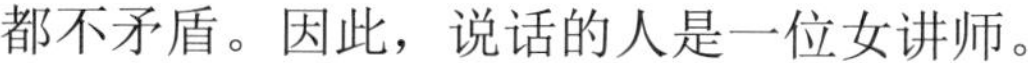

都不矛盾。因此，说话的人是一位女讲师。

183. 六名运动员

从A、B中至少去一人，那么可能有的情况：A去B不去，A不去B去或者A、B都去。

如果A去B不去，那么“A、D不能一起去”，则D不能去，同时“B、C都去或都不去”，则C不去，“C、D中去一人”就不成立，与题目矛盾。

如果A不去B去，那么C也会去，D就不会去，E也就不去，如果A、E都不去，那么A、E、F中最多只能有一个人F去。与题目矛盾。

所以A、B都去，那么C也会去，D不去，E也不去，所以A、E、F中就是A和F两个人去。所以去的人是：A、B、C、F。

184. 相识纪念日

根据(1)和(2)，杰瑞第一次去健身俱乐部的日子必定是以下二者之一：

A. 汤姆第一次去健身俱乐部那天的第二天。

B. 汤姆第一次去健身俱乐部那天的前六天。

如果A是实际情况，那么根据(1)和(2)，汤姆和杰瑞第二次去健身俱乐部便是在同一天，而且在20天后又是同一天去健身俱乐部。根据(3)，他们再次都去健身俱乐部的那天必须是在2月份。可是，汤姆和杰瑞第一次去健身俱乐部的日子最晚也只能分别是1月份的第六天和第七天，在这种情况下，他们在1月份必定有两次是同一天去健身俱乐部：1月11日和1月31日。因此A不是实际情况，而B是实际情况。

在情况B下，1月份的第一个星期二不能迟于1月1日，否则随后的那个星期一将是1月份的第二个星期一。因此，杰瑞是1月1日开始去健身俱乐部的，而汤姆是1月7日开始去的。于是根据(1)和(2)，他们两人在1月份去健身俱乐部的日期分别为：

杰瑞：1日，5日，9日，13日，17日，21日，25日，29日；

汤姆：7日，12日，17日，22日，27日。

因此，汤姆和杰瑞相遇于1月17日。

185. 点餐

只要画个简易的图就可以知道他们的位置关系，桌子一边三人为赵、钱、孙，另一边为李、周、吴。再看六个人分别点了什么东西，就能够知道答案：吴点了红烧牛肉。

186. 参加舞会

4 对订婚的，2 对结婚的。
单独男士 2 个独身、2 个结婚。
单独女士 3 人。
女士中人数最多的是订婚的。
所以 B 属于订婚的。

187. 分别是哪国人

A 是意大利人，B 是俄罗斯人，C 是英国人，D 是德国人，E 是法国人，F 是美国人。

分析：由(3)知道 C 不是德国人，由(5)知道 C 不是意大利人，由(6)知道 C 不是美国人也不是法国人。又因为 C 是技师，而根据(2)知道 C 不是俄罗斯人，所以 C 是英国人。根据(1)知道 A 不是美国人，根据(2)和(3)知道 A 不是俄罗斯人也不是德国人。根据(5)知道 A 不是法国人，所以 A 就应该是意大利人。根据(6)知道 B 不是美国人也不是法国人，根据(4)知道 B 不是德国人，所以 B 应该是俄罗斯人。根据(1)、(2)、(3)知道 E 不是美国人也不是德国人，那 E 就应该是法国人。根据(4)知道 F 不是德国人，所以 F 应该是美国人。最后，D 就是德国人。

188. 杀手的外号

飞鹰。

分析：从(1)、(5)和(6)情报得知，杀手 E 就是在这些情报中均未提及外号的某人，换言之，从杀手 A 到杀手 D 都不是此人。根据上述这个关键和(4)、(5)项情报作推敲，我们可以知道：杀手 A 就是“雪豹”。再从这个关键和(2)项情报作推敲，我们便可以知道：杀手 D 就是“丁香”。

然后，再根据这个关键和(3)项情报作推敲，我们又可以知道：杀手 C 其实就是“白猴”。知道 A、C、D 三名杀手的绰号之后，剩下的杀手 B 无疑就是“飞鹰”了。

189. 兄弟姐妹

首先可以确定的是老三是女的，老六也是女的。因为老二有一个哥哥，所以老大是男的，也就是说女的应该有 3 个。由(3)可知，老二也是男的。因为老四有两个弟弟，所以老五、老六、老七中只有老六是女的，所以老四只能是女的。

因此，老大、老二、老五、老七为男性，老三、老四、老六为女性。

190. 春游

小赵、小钱、小孙、小吴去了，小李、小周没去。

分析：首先，小钱去的话，小孙也一定去，因此小李就不去，所以小赵也去。又因为小李不去，所以小周也不去，而小赵、小周、小吴中有两人去，所以只能是小赵、小吴了，小赵、小钱至少有一人去，而小赵、小钱都去了，所以最后答案应该是小赵、小钱、小孙、小吴。

191. 谁拿了我的雨伞

由已知条件可知：

甲拿走的雨伞只可能是丙或戊的。

乙拿走的雨伞只可能是甲或戊的。

丙拿走的雨伞只可能是甲或丁的。

丁拿走的雨伞只可能是甲或乙的。

戊拿走的雨伞只可能是乙或丙的。

假设甲拿走的是丙的，那么戊拿走的只能是乙的，丁拿走的只能是甲的，丙拿走丁的，乙拿走戊的。这样，乙和戊就相互拿了雨伞，与条件不符。

所以甲只有拿走了戊的，乙拿走了甲的，丙拿走了丁的，丁拿走了乙的，戊拿走了丙的。这样才符合条件。

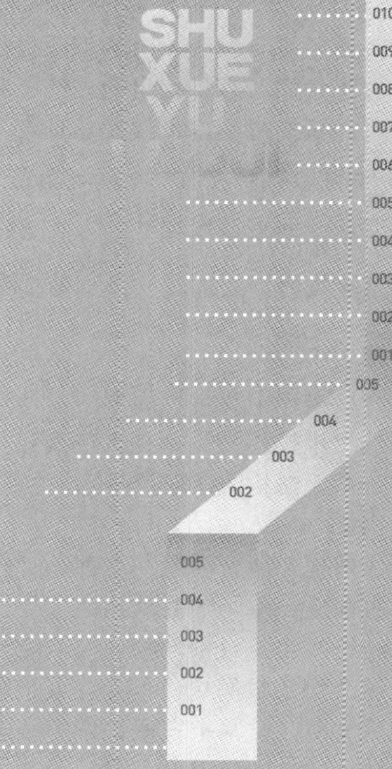

第四部分 言语理解与表达

言语理解与表达，内容涉及自然和社会各个领域，强调对所述内容的正确把握，训练我们对各种信息的理解、分析、综合、判断、推理等思维能力。我们要在尽可能短的时间内，摆脱烦琐细节和冗余文字的干扰，理清问题的思路，迅速找到正确的答案。

方法一：直接推理

直接推理，是通过一系列前提和推论得出结论的过程。

1. 三段论

直接推理中最常见的方法就是三段论。

从思维过程来看，任何三段论都必须具有大前提、小前提和结论，缺少任何一部分都无法构成三段论推理。

例 1：

大前提：所有哺乳动物都是脊椎动物；

小前提：牛是哺乳动物；

结论：牛是脊椎动物。

这个例子很简单，但是在我们的生活中，在具体的语言表述中，无论是说话还是写文章，常常把三段论中的某些部分省去不说。

(1) 省略大前提

例：你是经济学院的学生，你应当学好经济理论。

这个例子里就省略了大前提：“凡是经济学院的学生都应该学好经济理论”。

(2) 省略小前提

例：这部电视连续剧不是优秀作品，因为优秀作品是思想性与艺术性相结合的作品。

这个例子省略了小前提，并改变了前后顺序。省略的内容是：“这部连续剧不是思想性与艺术性相结合的作品”。这个三段论推理的完整式是：“优秀作品都是思想性与艺术性相结合的作品，这部连续剧不是思想性与艺术性相结合的作品，所以这部连续剧不是优秀作品”。

(3) 省略了结论

例：所有的人都免不了犯错误，你也是人嘛。

这个例子比较简单，省略了结论：“你也免不了犯错误”。

2. 顺序推理

顺序推理就是一系列由前提得出推论，进而得出结论的过程。

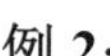

例 2：

家里没有任何可以吃的东西，况且商店也关门了。我们不得不去餐馆吃饭了。我们就去小区门口的九头鸟吃吧。

推理图解如下。

前提 1：家里没有任何可以吃的东西；

前提 2：商店也关门了

推论：我们不得不去餐馆吃饭了。

结论：我们就去小区门口的九头鸟吃吧。

顺序推理需要我们弄清楚哪些是前提，哪些是结论。

(1) 位置寻找法：结论一般出现在一段话的结尾或开头。

(2) 标志词寻找法："因此"、"所以"、"由此可见"等，这样的标志词的后面一般跟的就是结论。

(3) 成分排除法：排除论据、定义、标准、背景知识等成分之后，剩下的很可能就是结论。

(4) 问题寻找法：结论就是对问题的回答。

(5) 内容总结法：结论是对所有主要内容的总结。

方法二：间接推理

间接推理有很多方法，下面介绍几种我们生活中比较常见的方法。

1. 关系推理

前提至少有一个是关系判断，并按其关系的逻辑性质而进行推演的演绎推理。

前提都是关系判断的，称为纯粹关系推理，如："A 大于 B，B 大于 C，所以 A 大于 C。"

前提既有关系判断又有性质判断的，称为混合关系推理，如："所有 A 与所有 B 有 R 关系，所有 C 都是 B，因此所有 A 与所有 C 有 R 关系。"

例 3：

甘蓝比菠菜更有营养。但是，因为绿芥兰比莴苣更有营养，所以甘蓝比莴苣更有营养。

以下各项中，作为新的前提分别加入到题干的前提中，都能使题干的推理成立，除了(　　)。

A. 甘蓝与绿芥兰同样有营养

B. 菠菜比莴苣更有营养

C. 绿芥兰比甘蓝更有营养

D. 菠菜与绿芥兰同样有营养

解答：

这个题目是个关系推理，可以利用类似数学中的“大于号”来解决这个问题。甘蓝比菠菜更有营养，就标记成“甘蓝>菠菜”，以此类推。所以，C 选项不能推出“甘蓝比莴苣更有营养”。故答案选择 C。

2. 假言推理

假言推理是根据假言命题的逻辑性质进行的推理。分为充分条件假言推理，必要条件假言推理和充分必要条件假言推理三种。

(1) 充分条件假言推理

(a) 肯定前件式

如果 p，那么 q

p

————————

所以，q

(b)否定后件式

如果 p，那么 q

非 q

————————

所以，非 p

例：

如果谁骄傲自满，那么他就要落后；小张骄傲自满，所以，小张必定要落后。

(2) 必要条件假言推理

(a) 否定前件式

只有 p，才 q

非 p

————————

所以，非 q

(b) 肯定后件式

只有 p，才 q

q

————————

所以，p

例：

只有年满十八岁，才有选举权；小周不到十八岁，所以，小周没有选举权。

(3) 充要条件假言推理

(a) 肯定前件式

p 当且仅当 q

p

———————

所以，q

(b) 肯定后件式

p 当且仅当 q

q

———————

所以，p

(c) 否定前件式

p 当且仅当 q

非 p

———————

所以，非 q

(d) 否定后件式

p 当且仅当 q

非 q

———————

所以，非 p

例：

一个数是偶数当且仅当它能被 2 整除；这个数是偶数，所以，这个数能被 2 整除。

例 4：

如果某人是杀人犯，那么案发时他肯定在现场。据此，我们可以推出(　　)。

A. 张三案发时在现场，所以张三是杀人犯

B. 李四不是杀人犯，所以李四案发时不在现场

C. 乙案发时不在现场，所以乙不是杀人犯

D. 丙不在案发现场，但丙是杀人犯

解答：

此题考察假言判断推理，假如是杀人犯，一定在现场，那么不在现场的就肯定不是杀人犯，故答案选择C。

3. 联言推理

联言推理是根据联言命题的逻辑性质而进行的推理，分为合成式和分解式。

(1) 合成式

p

q

____

所以，p并且q

例：

科技工作者要学习现代科学；

政治工作者要学习现代科学；

所以，无论是科技工作者还是政治工作者都要学习现代科学。

(2) 分解式

p并且q

____

所以，p

或者

p并且q

____

所以，q

例：

兵不在多而在于精，

所以，兵在于精。

例5：

如果“鱼和熊掌不可兼得”是不可改变的事实，那么以下哪项也一定是事实？

A. 鱼可得但熊掌不可得

B. 熊掌可得但鱼不可得

C. 如果鱼可得，那么熊掌不可得

D. 如果鱼不可得，那么熊掌可得

解答：

本题考察不相容联言判断。鱼和熊掌是选择关系，选择其一，则必然舍弃另

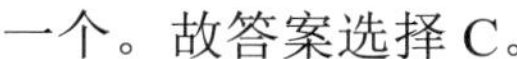

一个。故答案选择 C。

4. 选言推理

选言推理是根据选言命题的逻辑性质而进行的推理。选言命题有相容与不相容之分，相应地，选言推理分为相容选言推理和不相容选言推理两种。

(1) 相容选言推理，只有一个正确的形式，即否定肯定式：

p 或者 q
非 p

所以，q
或者
p 或者 q
非 q

所以，p

例：小明的职业是教师或者是作家。她不是教师，所以，她是作家。

(2) 不相容选言推理，有两个正确的形式：

(a) 否定肯定式

要么 p，要么 q
非 p

所以，q

(b) 肯定否定式

要么 p，要么 q
p

所以，非 q

例：要么小李得冠军，要么小王得冠军；小李没有得冠军，所以，小王得了冠军。

方法三：有效论证

1. 削弱质疑

削弱质疑是针对给出的一个完整的论证来说明某个论题或者表达某种观点，

要求寻找到最能反驳或削弱、质疑论证的内容和角度。

例 6：

“东胡林人”遗址是新石器时代早期的人类文化遗址，经鉴定，在遗址中发现的人骨化石属两个成年男性个体和一个少年女性个体。在少女遗骸的颈部位置有用小螺壳串制的项链，腕部佩戴有牛肋骨制成的骨镯。这说明在新石器时代早期，人类的审美意识已开始萌动。

以下哪项如果为真，最能削弱上述判断？(　　)

A. 新石器时代的饰品通常是石器

B. 出土的项链和骨镯都十分粗糙

C. 项链和骨镯的作用主要是表示社会地位

D. 两个成年男性遗骸的颈部有更大的项链

解答：本题为国家公务员考试题。项链、腕部佩戴有牛肋骨制成的骨镯是用来说明人类的审美意识已开始萌动。要削弱这个论断，只要说明项链、腕部佩戴有牛肋骨制成的骨镯有其他的用途，自然就削弱了审美的结论。故选 C。

2. 加强支持

所谓加强支持就是加强论点的正确性，方法主要有加强论点、加强论据、证明论证方式的有效性。加强的效果从程度上看，也是加强论点＞加强论据＞证明论证方式的有效性。也就是说，从论点角度加强是最为有效的。

例 7：

有的人即便长时间处于高强度的压力下，也不会感到疲劳，而有的人哪怕干一点活也会觉得累。这除了体质或者习惯不同之外，还可能与基因不同有关，英国格拉斯哥大学的研究小组通过对 50 名慢性疲劳综合征患者基因组的观察，发现这些患者的某些基因与同年龄、同性别健康人的基因是有差别的。

以下哪项如果为真，最能支持该研究成果应用于慢性疲劳综合征的诊断和治疗？(　　)

A. 基因鉴别已在一些疾病的诊断中得到应用

B. 科学家们鉴别出了导致慢性疲劳综合征的基因

C. 目前尚无诊断和治疗慢性疲劳综合征的方法

D. 在慢性疲劳综合征患者身上有一种独特的基因

解答：本题为国家公务员考试题。疲劳可能与基因不同有关，通过对疲劳综合征观察确认了基因的差别。如果能辨别出这些有差别的基因，自然就能够更好地治疗了。故选 B。

3. 解释说明

解释说明通常是根据某些事实或现象的客观描述，给出一个似乎矛盾但实际上并不矛盾的现象，寻找出能够解释的原因。

例 8：

二氧化硫是造成酸雨的重要原因。某地区饱受酸雨困扰，为改善这一状况，该地区 1～6 月累计减排 11.8 万吨二氧化硫，同比下降 9.1%。根据监测，虽然本地区空气中的二氧化硫含量降低，但是酸雨的频率却上升了 7.1%。

以下最能解释这一现象的是(　　)。

A. 该地区空气中的部分二氧化硫是从周围地区飘移过来的

B. 虽然二氧化硫的排放得到控制，但其效果要经过一段时间才能显现

C. 机动车的大量增加加剧了氮氧化物的排放，而氮氧化物也是造成酸雨的重要原因

D. 尽管二氧化硫的排放总量减少了，但二氧化硫在污染物中所占的比重没有变

解答：

本题为国家公务员考试题。酸雨增加显然不是二氧化硫引起的，因此要找其他的原因。而 C 选项中机动车的大量增加加剧了氮氧化物的排放，而氮氧化物也是造成酸雨的重要原因。故选 C。

在有效论证中，我们经常会犯一些错误。下面列出几种常见的错误表达。

(1) 概念混淆类错误

相同概念在不同环境下内涵不同，或不同概念包含同一内涵。

例：我们准许濒死的病人注射海洛因，基于人人平等，也应让其他人注射海洛因。

(2) 类比不当错误

类比涉及两种事物的对比或两个时段(事物的动态发展)的比较，但下面这种对比或类推存在逻辑问题。

例：新加坡的自由汇率改革是成功的，我国的自由汇率改革一定可行。

(3) 因果类错误

因果关系使用不当，经常会存在“因不至果”和“存在他因”等情况。

例：记者报道背井离乡的战争难民中的一家人：“他们因为房子被炮火所毁而逃到这里。”这就是“因不至果”。

例：你一天到晚都只是玩游戏机而不温习功课，难怪你考试成绩那么差。这就是“存在他因”。

(4) 条件关系类错误

条件关系使用不当，是指论证没有按照充分、必要、充要等条件关系的准则而错误地使用了条件关系从而导致论证的错误。

(5) 以偏概全、轻率概括

简单列举法的结论是或然的，它的可靠程度完全建立在列举事物的数量及其分布的范围上。要提高结论的可靠性，被考察的数量要足够多，范围要足够广，对象之间的差距要充分大。如果样本过少、结论明显过假，那就是“以偏概全”。

例：我问了十个美国人，有九个说反对民主党。结论：九成美国人反对民主党。

(6) 自相矛盾

我们同时说的几句话不能有自相矛盾的地方，否则会大大降低语言的表达力。

英国数学家朱迪安在 1913 年提出了一个“双重式撒谎者悖论”，就是一个很好的自相矛盾的例子。

例：有这样一张纸，正面上写着：这张纸另一面上的句子是真的。

你翻过来看纸的另一面，上面写着：这张纸另一面上的句子是假的。

仔细考虑这两句话，我们就得出一个矛盾：如果第一句是真的，那么第二句就是真的，第一句也就理应是假的。如果第一句是假的，那么第二句就是假的，第一句也就理应不是假的。

192. 牌子

亚里士多德学院的门口竖着一块牌子。上面写着“不懂逻辑者不得入内”。这天，来了一群人，他们都是懂逻辑的人。如果牌子上的话得到准确的理解和严格的执行，那么以下断定中，只有一项是真的。这一真的断定是(　　)。

A. 他们可能不会被允许进入　　B. 他们一定不会被允许进入

C. 他们一定会被允许进入　　D. 他们不可能被允许进入

193. 安全问题

对建筑和制造业的安全研究表明，企业工作负荷量加大时，工伤率也随之提高。工作负荷增大时，企业总是雇用大量不熟练的工人，毫无疑问，工伤率上升是由非熟练工的低效率造成的。下面能够对上述观点做出最强的反驳的一项是(　　)。

A. 负荷量增加时，企业雇佣非熟练工只是从事临时性的工作

B. 建筑业的工伤率比制造业高

C. 只要企业工作负荷增加，熟练工人的事故率总是随之增高

D. 需要雇用新人的企业应加强职业训练

194. 鼠害

为了解决某地区长期严重的鼠害，一家公司生产了一种售价为2500元的激光捕鼠器，该产品的捕鼠效果及使用性能堪称一流，厂家为推出此产品又做了广泛的广告宣传，但结果是产品仍没有销路。由此可知这家公司开发该新产品失败的最主要原因可能是(　　)。

A. 未能令广大消费者了解该产品的优点

B. 忽略了消费者的价格承受力

C. 人们不需要捕鼠

D. 人们没听说过这种产品

195. 什么时候去欢乐谷

晚上十点，家住北京的明明，看着外面的滂沱大雨，对爸爸说："如果明天天晴了，你带我去欢乐谷玩吧。"爸爸说："明后两天我都要加班。这样吧，如果再过72个小时，天上出太阳了，我就带你去好不好？"

他们会去欢乐谷玩吗？

196. 通缉犯的公告

某地区的警察张贴了一张一年前发生的抢劫案通缉犯的公告，上面有通缉犯的照片，以及身高、年龄等资料。有一个人看了看公告，却说："这里面有一个信息是错误的。"这个人完全不认识这个通缉犯，那他怎么知道有一个信息是错误的呢？这个错误信息又是什么呢？

197. 正前方游戏

(1) 两个人在一起玩，A说："我在B的正前方"；B说："我在A的正前方"。这两个人是什么位置关系？

(2) 三个人在一起玩，A说：B在我的正前方；B说：C在我的正前方；C说：A在我的正前方。这三个人是什么位置关系？

(3) 四个人在一起玩，A 说：B 在我的正前方；B 说：C 在我的正前方；C 说：D 在我的正前方；D 说：A 在我的正前方。这四个人是什么位置关系。

198. 看报纸

阅览室新订了一份报纸，四个人分着看，小王已经看完了 3 张，现在拿在手中的这 1 张上，左面标的是第 7 页，右面标的是第 22 页，那么，他还有多少张没有看？

199. 种菜

小刘家住郊区，有一块自己的菜园，他可以自己种菜，也可以去城里买菜。他发现：去城里买菜的成本比自己种菜的成本要低 20%，即使加上路费、运输费，也还是去城里买菜便宜。由此可知(　　)。

A. 小刘种菜效率比别人低

B. 买菜花费的路费、运输费低于自己种菜成本的 20%

C. 去城里买菜的路费、运输费高于自己种菜成本的 20%

D. 买菜的花费是自己种菜花费的 20%

200. 谁的收音机

李明的父亲爱用收音机，李明爱用 MP3；另外我们知道李明既没有兄弟也没有姐妹。有一天他手里拿着一个收音机。有人问他：“你手上的收音机是谁的？”他说：“收音机的主人的父亲是我父亲的儿子。”你知道收音机是谁的吗？

201. 点餐

小张、小王和小李三人是好朋友，经常一起去餐馆吃饭，一次他们都去同一家餐馆，而且每个人要的不是鱼香肉丝就是宫保鸡丁。

(1) 如果小张要的是鱼香肉丝，那么小王要的就是宫保鸡丁。

(2) 小张或小李要的是鱼香肉丝，但是不会两人都要鱼香肉丝。

(3) 小王和小李不会两人都要宫保鸡丁。

小张和小李分别点了什么菜？

202. 谁去了南非

小李、小王和小张 3 人都非常喜欢四处旅游，在某一年中，他们每个人都恰好去了 3 个不同的国家，且满足以下条件。

(1) 两个人去了美国，两个人去了日本，两个人去了荷兰，两个人去了泰国，一个人去了南非。

(2) 对于小李来说，下面的说法正确的是：

A. 如果他去了泰国，那么他也去了日本

B. 如果他去了日本，那么他不是去了美国

(3) 对于小王来说，下面的说法正确的是：

A. 如果他去了泰国，那么他也去了美国

B. 如果他去了美国，那么他也去了日本

(4) 对于小张来说，下面的说法正确的是：

A. 如果他去了日本，那么他也去了荷兰

B. 如果他去了荷兰，那么他不是去了泰国

谁去了南非？

提示：判定每个人去的国家组合。然后分别假定小李、小王或小张去了南非。只有在一种情况下，不会出现矛盾。

203. 杰克逊之死

杰克逊死了，是中毒死的。警察抓到了两名嫌疑人甲和乙，他们受到了警察的传讯。

甲：如果这是谋杀，那肯定是乙干的。

乙：如果这不是自杀，那就是谋杀。

警察作了以下假定：

(1) 如果甲和乙都没有撒谎，那么这就是一次意外事故；

(2) 如果甲和乙两人中有一人撒谎，那么这就不是一次意外事故。

最后的事实表明，这些假定都是正确的。

杰克逊的死究竟是意外事故，还是自杀，或者是谋杀？

提示：根据甲的供词是真是假，判定杰克逊之死的性质；然后判定警察的哪个假定能够适用。

204. 比身高

三个小朋友王刚、张亮、李明在一起比身高。比较以后得知他们的身高情况如下：

(1) 甲的身高比张亮的身高高；

(2) 李明的身高比乙的身高矮；

(3) 丙承认李明比自己高。

根据以上情况，可知以下(　　)项肯定为真。

A. 甲、乙、丙依次为李明、张亮和王刚

B. 李明个子最高，王刚个子第二高，张亮个子最矮

C. 甲、乙、丙依次为李明、王刚和张亮

D. 王刚个子最高，张亮个子第二高，李明个子最矮

205. 野餐

三个好朋友——小丽、小新、小楠去野炊，到了地点之后，三人写下几句话：

(1) 小丽拿了食物；

(2) 有人没有拿吃的；

(3) 有人拿了吃的。

如果上面 3 句话中有一个是真的，由此可知(　　)。

A. 小新拿了食物

B. 小新没拿食物

C. 小丽拿了食物

D. 小丽没拿食物但是小楠拿了食物

206. 谁考上了研究生

甲、乙、丙、丁和戊是大四同班同学，都参加了研究生考试。甲说：“我们五个人都考上了研究生。”乙说：“丁没有考上。”丙说：“戊考上了研究生。”丁说：“我们五个人有人没有考上研究生。”戊说：“乙也没有考上。”

已知只有一个人说假话，则可推出以下判定肯定是真的一项为(　　)。

A. 说假话的是甲，乙没有考上研究生

B. 说假话的是丁，乙没有考上研究生

C. 说假话的是乙，丙没有考上研究生

D. 说假话的是甲，丙没有考上研究生

207. 到底谁结婚了

大学毕业三年后，某班级第一次举行聚会，有四个老师也被邀请了，四个人讨论到：

张老师：咱们班的同学刚毕业三年，应该没有人结婚；

李老师：不一定吧，以前上学时，我们班就有几对，他们应该已经结婚了；

刘老师：班长应该已经结婚了；

丁老师：如果班长结婚的话，那一定是和学习委员结婚的。

结果发现三个老师只有一个人谁对了。由此可以推出以下(　　)项肯定为真。

A. 全班所有人都还没有结婚

B. 班里已经有人结婚了

C. 班长结婚了

D. 学习委员结婚了

208. 是否去游泳

小明说："如果天晴，我明天就去游泳；如果气温低，就不去；如果小红找我玩，就不去。"

假如以上说法正确，小明去游泳了，那以下说法正确的是(　　)。

(1) 天气晴朗；

(2) 气温高；

(3) 小红来找他玩儿了。

A.(1)　　B.(2)　　C.(3)　　D.(1)和(2)

209. 谁说的对

有个狱警说："我们监狱里的犯人都是男人，有些犯人不是杀人犯。"他的朋友听到他说的话。

甲说："有些男人是杀人犯。"

乙说："有些男人不是杀人犯。"

丙说："有些杀人犯是男人。"

丁说："有些杀人犯不是男人。"

谁说的对？

210. 招聘要求

一家公司的招聘要求是：3 年工作经验、性格外向开朗、本科以上学历。一天，王威、吴刚、李强、刘大伟四位男士前来面试，其中有一位符合公司所要求的全部条件被录取了。

现在已知：

(1) 四位男士中，有三人有 3 年工作经验，两名本科以上学历，一人性格外向开朗；

(2) 王威和吴刚都是本科以上学历；

(3) 刘大伟和李强性格大体相同；

(4) 李强和王威并非都是 3 年工作经验。

请问谁被这家公司录取了？(　　)

A. 刘大伟　　B. 李强　　C. 吴刚　　D. 王威

211. 成绩预测

学校期末考试过后，有三位老师对考试结果进行预测：

赵老师说："考第一名的不是王明，也不是李刚。"

钱老师说："考第一名的不是王明，而是周志。"

孙老师说："考第一名的不是周志，而是王明。"

结果成绩出来以后发现，他们中只有一人的两个判断都对，一人的判断一对一错，另外一人的判断全错了。根据以上情况可以知道，可以推断出考第一名的是(　　)。

A. 王明　　B.周志　　C. 李刚

212. 电路开关

某电路中有 S、T、W、X、Y、Z 六个开关，使用这些开关必须满足下面的条件：

(1) 如果 W 接通，则 X 也要接通；

(2) 只有断开 S，才能断开 T；

(3) T 和 X 不能同时接通，也不能同时断开。

(4) 如果 Y 和 Z 同时接通，则 W 也必须接通。

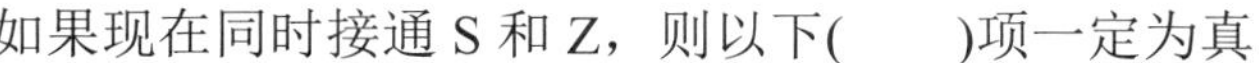

如果现在同时接通 S 和 Z，则以下(　　)项一定为真。

A. T 是接通状态并且 Y 是断开状态

B. W 和 T 都是接通状态

C. T 和 Y 都是断开状态

D. X 是接通状态并且 Y 是断开状态

213. 数学成绩

小华的英语成绩得了 90 分，几个人在预测她的数学成绩。甲说：“她的数学最少能考 70 分。”乙说：“她的数学一直以来并不比英语差，所以最少也有 80 分。”丙说：“这次数学题挺难的，她最多只能考 90 分。”丁说：“我说个保险的吧，她至少能考 10 分吧。”实际上他们只有一个人说的对。据此，可以得知(　　)。

A. 甲说的对

B. 乙说的对

C. 她连 10 分都没考到

D. 她的数学分数在 80～90 分之间

E. 她的数学分数在 70～80 分之间

214. 苏格拉底悖论

有“西方孔子”之称的雅典人苏格拉底是古希腊的大哲学家，他有一句名言：“我只知道一件事，那就是我什么都不知道。”

你知道这句话有什么问题吗？

215. 谁是肇事者

一辆汽车发生交通事故后被警察拦了下来，车上下来三个人，警察没有看清谁是司机。甲说：“我不是司机。”乙说：“甲开的车。”丙说：“反正我没开车。”一个过路的人看到了这一幕，他知道是谁开的车，就说了句：“你们仨只有一个人说了真话。”那么谁是肇事司机呢？

A. 甲　　B. 乙　　C. 丙　　D. 不知道

216. 疑问的前提

张翔：王辉是苹果电脑公司的高级副总裁之一。

刘丽：怎么可能？他的所有电子产品都是 IBM 生产的。

对话中，刘丽的陈述隐含的一个前提是(　　)。

A. IBM 是苹果公司的子公司

B. 王辉在 IBM 公司做兼职

C. 一般情况下，高级副总裁只用本公司的数码产品

D. 王辉在苹果电脑公司表现不佳

217. 决赛

如果某人得到了冠军，那么他一定参加了决赛。由此，我们可以推出(　　)。

A. 张三参加了决赛，所以他是冠军

B. 李四没有参加决赛，所以他不是冠军

C. 王五不是冠军，所以他没有参加比赛

D. 赵六没有参加决赛，但他是冠军

218. 前提条件

所有得了 A 的同学都可以得到一根钢笔，结论是高三 2 班有的同学没有得到钢笔，中间缺少了什么条件？

219. 全能者悖论

如果说上帝是万能的，他能否创造一块他举不起来的大石头？

220. 分发报纸

有一户人家负责帮周围邻居到城里拿报纸，然后这些邻居再来他家里拿。今天张大妈家的双胞胎哥哥和李阿姨家双胞胎姐姐刚来他们家把报纸拿了。这家人的小儿子缠着他爸爸说：“爸爸，你带我去迪士尼吧。”爸爸说：“张大妈家哥哥和弟弟轮流来拿报纸，3 天拿一次；李阿姨家姐姐、妹妹轮流来拿，每两天来一次。今天是周一，等到张大妈的弟弟和李阿姨家的妹妹同一天来拿报纸的话，我就带你去好不好？”

你知道最早他们什么时候能去迪士尼吗？

221. 零用钱

悦悦每周会从妈妈那里拿到10元钱的零花钱，但是这周不到三天她就把自己的零花钱用完了，只好腆着脸跟妈妈要。妈妈说："那你去隔壁屋里待五分钟再回来。"五分钟后，悦悦看到妈妈面前摆了三只碗，第一只碗上写着："这个碗里没有钱。"第二个碗上写着："钱在第一个碗里。"第三个碗上写着："反正我这里没钱。"妈妈说："我把钱放到其中一个碗里了，你只有一次掀开碗的机会，如果你正好掀开的是有钱的碗，那这些钱就是你的零花钱。提示你一下，我写的三句话中只有一句话是真的。"

如果你是悦悦，会掀开哪只碗呢？

222. 比赛的成绩

在一次体育比赛中，甲、乙、丙、丁四名运动员进行了4场比赛，他们每次比赛的成绩各不相同。其中，甲比乙成绩高的有三次；乙比丙成绩高的有三次；丙比丁成绩高的有三次。那么，丁会不会也有三次成绩比甲高？

223. 有几个孩子

甲说："我有一个妹妹和一个哥哥，我们家有几个孩子？我既是姐姐，又是妹妹，我们家有几个男孩，几个女孩？"

乙说："我有两个弟弟和一个姐姐，我是哥哥又是弟弟，我们家有几个男孩？几个女孩？"

丙说："我比甲少一个哥哥，多一个姐姐，我既是姐姐，又是妹妹，我们家有几个男孩？几个女孩？"

224. 新手表

婧婧买了一块新手表。她与家中的挂钟的时间作了一个对照，发现新手表每天比挂钟慢3分钟。她又将挂钟与电视上的标准时间作了一个对照，刚好挂钟每天比电视快3分钟。于是，他认为新手表的时间是标准的。下面几个对婧婧推断的评价中，哪一个是正确的。

A. 由于新手表比挂钟慢3分钟，而挂钟又比标准时间快3分钟，所以，婧婧的推断是正确的，她的手表上的时间是标准的

B. 新手表当然是标准的，因此，婧婧的推断也是正确的

C. 婧婧不应该拿她的手表与挂钟对照，而应该直接与电视上的标准时间对照。所以，婧婧的推断是错误的

D. 婧婧的新手表比挂钟慢 3 分钟，是不标准的 3 分钟；而挂钟比标准时间快 3 分钟，是标准的 3 分钟。这两种“三分钟”不是一样的，因此，婧婧的推断是错误的

E. 无法判断婧婧的推断正确与否

225. 是人还是妖怪

在一个奇怪的岛上，住着两种居民：人和妖怪。妖怪会变化，总是以人的状态生活。有一年，这里发生了一场大瘟疫，有一半的人和一半的妖怪都生了病而变得精神错乱了。这样一来，这里的居民就分成了四类：神志清醒的人、精神错乱的人、神志清醒的妖怪、精神错乱的妖怪。从外表上是无法将他们区分开的。他们的不同在于：凡是神志清醒的人总是说真话的，但是，一旦精神错乱了，他就只会说假话了。

妖怪同人恰好相反，凡是神志清醒的妖怪都是说假话的，但是，他们一旦精神错乱，反倒说起真话来了。

这四类居民，讲话都很干脆，他们对任何问题的回答，只用两个词：“是”或“不是”。

有一天，有位“逻辑博士”来到这个岛上，他遇见了一个居民 P，“逻辑博士”很想知道 P 是属于四类居民中的哪一类。于是，他就向 P 提出一个问题。他根据 P 的回答，立即就推定 P 是人还是妖怪。后来，他又提出了一个问题，又推定出 P 是神志清醒的，还是精神错乱的。

“逻辑博士”先后提的是哪两个问题呢？

226. 问路

一个打柴的人在山里迷了路，无法下山，把他吓坏了。他走了很久，这时，他来到一个三岔路口旁，遇到了三个人，他们每人站在一个路口上。打柴的人赶紧向他们问路，希望可以尽快下山。

第一个路口的人回答说：“这条路通向山下。”

第二个路口的人回答说：“这条路不通向山下。”

第三个路口的人回答说：“他们两个说的话，一句是真的，一句是假的。”

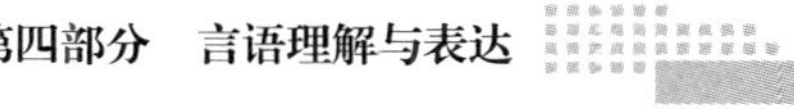

如果第三个路口的人说的话是真的，那么，这个打柴的人要选择哪一条路才能下山呢？

227. 回答的话

在一个奇怪的岛上有两个部落，一个部落叫诚实部落，一个部落叫说谎部落。诚实部落的人只说实话，而说谎部落的人只说假话。一个路人要找一个诚实部落的人问路，他遇到两个人，就问其中的一个："你们两个人中有诚实部落的人吗？"被问者回答了他的话，路人根据这句话，很快就判断出哪一个是诚实部落的人了。你知道，被问者回答的是什么吗？

228. 爱撒谎的孩子

一个孩子很爱撒谎，一周有 6 天在说谎，只有一天说实话。下面是他在连续 3 天里说的话：

第一天：我星期一、星期二撒谎。

第二天：今天是星期四、星期六或是星期日。

第三天：我星期三、星期五撒谎。

请问：一周中他哪天说实话呢？

229. 今天星期几

在非洲某地有两个奇怪的部落，一个部落的人在每周的一、三、五说谎，另一个部落的人在每周的二、四、六说谎，在其他日子他们都说实话。一天，一位探险家来到这里，见到两个人，向他们请教今天是星期几。两个人都没有明确告诉他，只是都说："前天是我说谎的日子。"如果这两个人分别来自两个部落，那么今天应该是星期几？

230. 真话和谎话

老师找 5 名学生谈话，他们分别说了下面这些话，你来判断他们中有几个人撒了谎。

小江说："我上课从来不打瞌睡。"

小华说："小江撒谎了。"

小婧说："我考试时从来不舞弊。"

小洁说："小婧在撒谎。"

小雷说："小婧和小洁都在撒谎。"

231. 该释放了谁

有一个侦探逮捕了 5 个嫌疑犯 A、B、C、D、E。这 5 个人供出的作案地点有出入。进一步审讯了他们之后，他们分别提出了如下的申明：

A：5 个人当中有 1 个人说谎

B：5 个人当中有 2 个人说谎

C：5 个人当中的 3 个人说谎

D：5 个人当中有 4 个人说谎

E：5 个人全说谎

只能释放说真话的人，该释放哪几个人呢？

232. 寻找八路军

抗日战争时期，华北平原上某县，日本鬼子把全县 2000 人赶到一个广场上让这些人交代八路军的下落，被逼之下，老百姓每人说了个八路军的藏身之处，2000 人说辞各不相同。再进一步拷打日本鬼子得到了以下信息：

第一个人：2000 人中有 1 个人在说谎；

第二个人：2000 人中有 2 个人在说谎；

第三个人：2000 人中有 3 个人在说谎；

……

第 n 个人：2000 人中有 n 个人在说谎；

……

第 1999 个人：2000 人中有 1999 个人在说谎；

第 2000 人：2000 人都在说谎。

你知道谁是汉奸，对日本鬼子说了实话吗？

233. 假话与真话

问题一：下面三个人谁说的对？

A．小明：有一个人说了假话。

B．小丽：有两个人说了假话。

C．小花：有三个人说了假话。

问题二：下面三个人谁说的对？
A. 小明：有一个人说了真话。
B. 小丽：有两个人说了真话。
C. 小花：有三个人说了真话。

234. 天堂和地狱

一个岔路口分别通向天堂和地狱。路口站着两个人，已知一个来自天堂，另一个来自地狱，但是不知道谁来自天堂，谁来自地狱。只知道来自天堂的人永远说实话，来自地狱的人永远说谎话。现在你要去天堂，但不知道应该走哪条路，需要问这两个人。只许问一句，应该怎么问？

235. 现在是几月

一天，7个小朋友在一起讨论现在是几月。
小红：我知道下下个月是3月。
小华：不对，这个月是3月。
小刘：你们错了，下个月是3月。
小童：你们错了，上个月是3月。
小明：我确信上上个月是3月。
小芳：不对，今天既不是1月、2月，也不是3月。
小美：不管怎么样，上个月不是10月。
他们之中只有一个人讲对了，是哪一个呢？今天到底是几月？

236. 出门踏青

有四个同事商量着周末出去踏青。甲说："乙不会去颐和园的。"乙说："丙会去圆明园。"丙说："丁是不会去玉渊潭的。"丁说："我周六早上8点就出门。"可是结果表明，他们中只有一个人说的是对的，不过他们中确实有人去了颐和园，有人去了圆明园，有人去了玉渊潭，而且我们知道去玉渊潭的人说的是错的。那么，谁去了玉渊潭？

237. 鞋店

兄弟两人每人开了个鞋店，正好对门开着。哥哥的招牌上写着："与对面鞋店老板手艺相比，我是他手艺的 1000 倍。”弟弟的招牌上写着：“我的手艺是对面鞋店老板手艺的 10000 倍。”有个人看了两家的招牌，就选择了弟弟的店做鞋，谁知道做出来的一塌糊涂，这人一怒之下，将弟弟告到县衙，县长听了之后直摇头说：“既然人家已经明明白白写了，给你做成这样，你也只能接受了。”到底是怎么回事呢？

238. 坐座位

A～F 六个人围着一个六边形的桌子而坐(如下图)。图中已经填好了 A 和 B 的位置，请根据下面的提示依次把其他的空位填满。

(1) A 坐在 B 右手边隔一个空位的位子；

(2) C 坐在 D 的正对面；

(3) E 坐在 F 左手边隔一个空位的位子。

那么，如果 F 不是坐在 D 的隔壁，A 的右边会是谁呢？

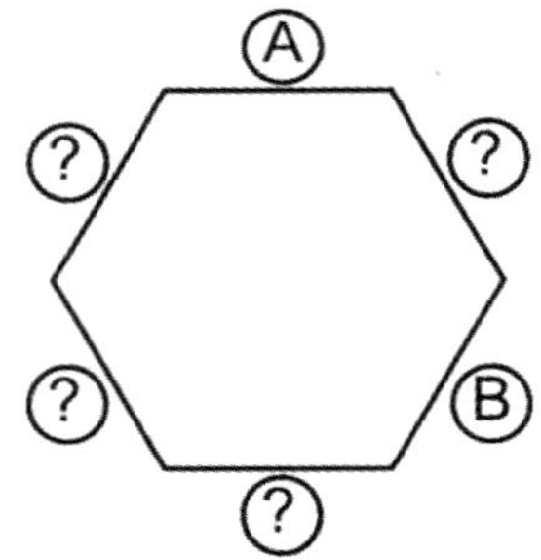

239. 学生籍贯

有一个学校有 2000 名学生和 180 名教职工。

如果以下关于学生的判断只有 1 个是真的

(1) 有学生是广东人；

(2) 有学生不是广东人；

(3) 会计系大一班长不是广东人。

(4) 有教职工不是广东人；

(5) 校长不是广东人。

问以下哪项为真？(　　)

A. 2000 名学生都是广东人

B. 2000 名学生都不是广东人

C. 只有 1 个学生不是广东人

D. 只有 1 个学生是广东人

240. 时晴时雨

冬天放寒假的时候，红红来到住在海南的外婆家度假，这几天假期的天气时晴时雨，具体来说：

(1) 上午或下午下雨的情况有 7 次；

(2) 凡是下午下雨的那天上午总是晴天；

(3) 有 5 个下午是晴天；

(4) 有 6 个上午是晴天。

想一想，红红在外婆家一共住了几天？

241. 猜数字

老师在一张纸上写了四个数字，对甲、乙、丙、丁四位同学说：“你们四位是班上最聪明，最会推理、演算的学生。今天，我出一道题考考你们。我手中的纸条上写了四个数字，这四个数字是 1、2、3、4、5、6、7、8 中的任意四个。你们先猜猜各是哪四个数字。”

甲说：2、3、4、5。

乙说：1、3、4、8。

丙说：1、2、7、8。

丁说：1、4、6、7。

听了四人猜的结果后，老师说：“甲和丙两同学猜对了 2 个数字，乙和丁同学只猜对了 1 个数字。”你能推导出纸条上写了哪几个数吗？

242. 谁做对了

王英、李红、张燕三个人在讨论一道数学题，当她们都把自己的解法说出来以后，王英说：“我做错了。”李红说：“王英做对了。”张燕说：“我做错了。”老师看过她们的答案并听了她们的上述意见后说：“你们三个人有一个做对了，有一个说对了”。那么，谁做对了呢？(　　)

A. 李红　　B. 王英　　C. 张燕　　D. 不能确定

243. 猜明星的年龄

甲、乙、丙、丁四个人在议论一位明星的年龄。

甲说：她不会超过25岁；

乙说：她不超过30岁；

丙说：她绝对在35岁以上；

丁说：她的岁数在40岁以下。

实际上只有一个人说对了。

那么下列选项正确的是(　　)。

A. 甲说的对

B. 她的年龄在40岁以上

C. 她的岁数在35～40岁之间

D. 丁说得对

244. 猜颜色

有五个外表一样的药瓶，里边分别装有红、黄、蓝、绿、黑五色的药丸，现在由甲、乙、丙、丁、戊五个人来猜药丸的颜色。

甲说：第二瓶是蓝色，第三瓶是黑色；

乙说：第二瓶是绿色，第四瓶是红色；

丙说：第一瓶是红色，第五瓶是黄色；

丁说：第三瓶是绿色，第四瓶是黄色；

戊说：第二瓶是黑色，第五瓶是蓝色。

事实上，五个人都只猜对了一瓶，并且每人猜对的颜色都不同。请问，每瓶分别装了什么颜色的药丸？

245. 谁被录用了

A、B、C、D、E、F 六个人去一家公司参加面试，但公司只招一个人。究竟谁被录用了呢？

公司的四位领导作了如下预测：

甲：我看A或者B有希望。

乙：不对，应该是A、C中的一个。

丙：是 E 或者 F 有希望。

丁：不可能是 A。

而结果证明，四个人只有一个人的预测是正确的。

请问：谁被录用了？

246. 北美五大湖

中国有五大湖，北美也有五大湖，它们分别是：苏必利尔湖、休伦湖、密歇根湖、伊利湖和安大略湖。吉姆拿出五大湖的图片，标上数字 1～5，让甲、乙、丙、丁、戊五人来辨认。

甲说：2 号是苏必利尔湖，3 号是休伦湖；

乙说：4 号是密歇根湖，2 号是伊利湖；

丙说：1 号是密歇根湖，5 号是安大略湖；

丁说：4 号是安大略湖，3 号是伊利湖；

戊说：2 号是休伦湖，5 号是苏必利尔湖。

核对答案后，发现每个人都只说对了一个，那么正确的结果是怎样的呢？

247. 汽车的颜色

听说娜娜买了一辆新的跑车，她的三个好朋友在一起猜测新车的颜色。

甲说："一定不会是红色的。"

乙说："不是银色的就是黑色的。"

丙说："那一定是黑色的。"

以上三句话，至少有一句是对的，至少有一句是错的。

根据以上提示，你能猜出娜娜买的车是什么颜色的吗？

248. 谁是间谍

国际警察在某飞机场的候机厅发现了三个可疑的人。这三个人中有一个是国际间谍，讲的全是假话；一个是从犯，说起话来真真假假；还有一个是好人，每句话都是真的。在问及他们来自哪里时，得到如下回答。

甲：我来自阿拉伯，乙来自刚果，丙来自墨西哥；

乙：我来自南非，丙来自荷兰，甲呀，你要问他，他肯定说他来自阿拉伯；

丙：我来自荷兰，甲来自墨西哥，乙来自刚果。

请问，谁是永远说假话的国际间谍？

249. 谁是罪犯

某仓库被窃。经过侦破，查明作案的人是甲、乙、丙、丁四个人中的一个。审讯中，四个人的口供如下。

甲：“仓库被窃的那一天，我在别的城市，因此我是不可能作案的。”

乙：“丁就是罪犯。”

丙：“乙是盗窃仓库的罪犯，因为我亲眼看见他那一天进过仓库。”

丁：“乙是有意陷害我。”

问题一：现假定这四个人的口供中，只有一个人讲的是真话。那么(　　)。

A. 甲是盗窃仓库的罪犯

B. 乙是盗窃仓库的罪犯

C. 丙是盗窃仓库的罪犯

D. 丁是盗窃仓库的罪犯

E. 甲、乙、丙、丁都不是盗窃仓库的罪犯

问题二：现假定这四个人的口供中，只有一个人讲的是假话。那么(　　)。

A. 甲是盗窃仓库的罪犯

B. 乙是盗窃仓库的罪犯

C. 丙是盗窃仓库的罪犯

D. 丁是盗窃仓库的罪犯

E. 甲、乙、丙、丁都不是盗窃仓库的罪犯

250. 谁是盗窃犯

有个法院开庭审理一起盗窃案件，某地的 A、B、C 三人被押上法庭。负责审理这个案件的法官是这样想的：肯提供真实情况的不可能是盗窃犯；与此相反，真正的盗窃犯为了掩盖罪行，是一定会编造口供的。因此，他得出了这样的结论：说真话的肯定不是盗窃犯，说假话的肯定就是盗窃犯。审判的结果也证明了法官的这个想法是正确的。

审问开始了。

法官先问 A：“你是怎样进行盗窃的？从实招来！”A 回答了法官的问题：“叽哩咕噜，叽哩咕噜……”A 讲的是某地的方言，法官根本听不懂他讲的是什么意思。

法官又问 B 和 C：“刚才 A 是怎样回答我的提问的？叽哩咕噜，叽哩咕噜，

是什么意思？”

B 说：“禀告法官老爷，A 的意思是说，他不是盗窃犯。”

C 说：“禀告法官老爷，A 刚才已经招供了，他承认自己就是盗窃犯。”

B 和 C 说的话法官是能听懂的。听了 B 和 C 的话之后，这位法官马上断定：B 无罪，C 是盗窃犯。

请问：这位聪明的法官为什么能根据 B 和 C 的回答，做出这样的判断？A 是不是盗窃犯？

251. 女朋友

3 个男生、3 个女生一起出去玩儿，回来之后三个男生——汤姆、托尼、罗斯对他们的好朋友李雷说：“这次收获真大，我们凑成了三对。”李雷也认识那三个女生——蕾切尔、莉莉和莫妮卡，他就说：“那我猜猜。汤姆的女朋友是蕾切尔，托尼肯定找的不是莉莉，罗斯自然不是蕾切尔的男朋友了。”很可惜，李雷只说对了一个。由此可以知道(　　)。

A. 汤姆的女朋友是蕾切尔，罗斯的女朋友是莉莉，托尼的女朋友是莫妮卡

B. 汤姆的女朋友是蕾切尔，罗斯的女朋友是莫妮卡，托尼的女朋友是莉莉

C. 汤姆的女朋友是莫妮卡，罗斯的女朋友是蕾切尔，托尼的女朋友是莉莉

D. 汤姆的女朋友是莉莉，罗斯的女朋友是蕾切尔，托尼的女朋友是莫妮卡

252. 自杀还是谋杀

麦当娜死了，因为溺水死亡，警察抓到了三名嫌疑人甲、乙和丙，警探对他们进行了讯问。

(1) 甲说：如果这是谋杀，那肯定是乙干的；

(2) 乙说：如果这是谋杀，那可不是我干的；

(3) 丙说：如果这不是谋杀，那就是自杀；

警探如实地说：如果这些人中只有 1 个人说谎，那么麦当娜是自杀。

麦当娜是死于意外事故、自杀还是谋杀？

提示：在分别假定陈述(1)、陈述(2)和陈述(3)为谎言的情况下，推断麦当娜的死亡原因；然后判定这些陈述中有几条能同时为谎言。

253. 女子比赛结果

全国运动会举行女子 5000 米比赛，辽宁、山东、河北各派了 3 名运动员参加。

比赛前，4 名体育爱好者在一起预测比赛结果。甲说：“辽宁队训练就是有一套，这次的前三名非她们莫属。”乙说：“今年与去年可不同了，金银铜牌辽宁队顶多拿 1 块。”丙说：“据我估计，山东队或者河北队会拿牌的。”丁说：“第一名如果不是辽宁队，就该是山东队了。”比赛结束后，发现 4 个人只有一人言中。

以下哪项最可能是该项比赛的结果？(　　)

A. 第一名辽宁队，第二名辽宁队，第三名辽宁队

B. 第一名辽宁队，第二名河北队，第三名山东队

C. 第一名山东队，第二名辽宁队，第三名河北队

D. 第一名河北队，第二名辽宁队，第三名辽宁队

254. 找出死者和凶手

甲的妹妹是丙和戊；他的女友是己。己的哥哥是乙和丁。

他们的职业分别是：

甲：医生

乙：医生

丙：医生

丁：律师

戊：律师

己：律师

这 6 人本来是一家人，但却突然发生了冲突，其中的一人杀了其余 5 人中的一人。警察经过问讯得到以下六条口供。

(1) 如果凶手与受害者有亲缘关系，则凶手是男性。

(2) 如果凶手与受害者没有亲缘关系，则凶手是个医生。

(3) 如果凶手与受害者职业相同，则受害者是男性。

(4) 如果凶手与受害者职业不同，则受害者是女性。

(5) 如果凶手与受害者性别相同，则凶手是个律师。

(6) 如果凶手与受害者性别不同，则受害者是个医生。

经过核实，这六条口供中，只有三条是真实的。

你能推断出谁是凶手，谁是死者吗？

提示：根据陈述中的假设与结论，判定哪 3 个陈述组合在一起不会产生矛盾。

255. 错在哪里

一个年轻人参加一次聚会，遇到了一位漂亮的年轻女士，开始攀谈起来。

年轻人：你结婚了没有？

女士：还没有。

年轻人：有几个孩子了？

女士大怒瞪了他一眼离开了。

年轻人碰了一鼻子灰，又和另一位漂亮的年轻女士交谈。

年轻人：你有几个孩子了？

女士：两个孩子。

年轻人：你结婚了没有？

这位女士也瞪了她一眼，愤然离去。

年轻人的话到底错在了哪里呢？

256. 语言的力量

在一次讲演中，一位著名演说家向一群青年学生提出忠告：要注意自己说话时的一言一词，因为语言具有无穷的力量。

这时，一位听众举手表达他的不同意见："当我说幸福、幸福、幸福时，我并不觉得有什么快乐；当我说不幸、不幸、不幸时，我也不会因此而倒霉。所以，我认为语言只是我们使用的一种很普通的工具，并没有所谓的无穷的力量……"

如果你是这位演说家，你会如何做才能说服这名学生呢？

257. 组织踢球

每到临近过年的时候，在外地上学的同学们从全国各地纷纷回到共同的老家。这时候便有好踢足球之人希望将很久没有见面的同学们叫到一起踢一场足球。一场正规的足球比赛需要双方各 11 人，不过在同学之间组织的不正规比赛，双方各有 4～5 人就可以进行了，也就是说，组织者只需要叫齐 8～10 个人就行。然而还有一个难题，这些同学对是否能够组织起这么多人不抱信心，所以很可能会推脱。

请问：作为一个高明的组织者，有什么技巧可以快速又有把握地组织好一个球队呢？

258. 如何暂时减薪

年底，某公司陷入财政危机，几番周转不灵之下，决定暂时对员工实行减薪措施，待摆脱危机后再恢复。然而，公司领导层又担心这一举动会引起员工的抵制，造成人心离散的不良后果，最终将得不偿失。

如何才能让员工心甘情愿地接受暂时减薪呢？

259. 聪明的小男孩

佛瑞迪只有 16 岁。在暑假即将来临的时候，他对父亲说：“爸爸，我不要整个夏天都向你伸手要钱，我要找个工作。”

父亲从震惊中恢复过来之后，对佛瑞迪说：“好啊，佛瑞迪，我会想办法给你找工作，但是恐怕不容易，现在正是人浮于事的时候。”

“你没有弄清我的意思，我并不是要您给我找个工作。我要自己来找。还有，请不要那么消极。虽然现在人浮于事，我还是可以找到工作，毕竟有些人总是可以找到工作的。”

“哪些人？”父亲带着怀疑问。

“那些会动脑筋的人。”儿子回答说。

佛瑞迪在“事求人”广告栏上仔细寻找，找到了一个很适合他专长的工作。广告上说找工作的人要在第二天早上 8 点钟到达 42 街的一个地方。佛瑞迪并没有等到 8 点钟，而在 7 点 45 分钟就到了那儿。可他看到已有 20 个男孩排在那里，他只是队伍中的第 21 名。

怎样才能引起特别注意而竞争成功呢？这是他很着急的问题。

佛瑞迪告诫自己，只有一件事可做——动脑筋思考，在真正思考的时候，总是会想出办法的。因此他进入了那最令人痛苦也是令人快乐的程序——思考。很快佛瑞迪想出了一个办法：他拿出一张纸，在上面写了一些东西，然后折得整整齐齐，走向秘书小姐，恭敬地对她说：“小姐，请您马上把这张纸条转交给您的老板，这非常重要。”

她是一名老手，如果他是个普通的男孩，她就可能会说：“算了吧，小伙子。你回到队伍的第 21 个位子上等吧。”但是他不是普通的男孩，她直觉感到，他散发出一种自信的气质。她把纸条收下了。

“好啊！”她说，“让我来看看这张纸条。”她看了不禁微笑了起来。她立刻站起来，走进老板的办公室，把纸条放在老板的桌上。老板看了也大声笑了起来，并真的让他最后得到了这份工作。

你知道他在纸条上写了什么吗？

260. 考试及格

小磊放学回家，刚进门就喊道：“妈妈，今天考试了。”

妈妈闻言从厨房出来，问道："哦？那你考了多少分？"

"六十分。"

"啪"一个巴掌。

小磊顿时哭了出来，委屈地说道："全班只有一个人及格。"

"这点分数你还觉得很光荣？"妈妈杏眉倒竖。忍不住"啪"又是一巴掌过去……

如果你是小磊，遇到这种情况，你会怎么做，才能不让妈妈打你呢？

261. 钢琴辅导

张老师开有一个钢琴辅导班，专门教小孩学钢琴。

最近，受大局势的影响，各种物品什么的都开始纷纷涨价，张老师也打算涨学费了。于是，他对头一个来接孩子的家长说道："下次开始，学费要涨了。"

这位家长听到要涨学费，一皱眉，心中有些不高兴。

张老师又接着说："因为小孩越弹越好，要教比较高级的。"

家长一撇嘴："得了吧，我在家听孩子弹，弹来弹去还是那么烂。"

结果自然是不欢而散，这位家长甚至直接给孩子办了退班手续。

张老师该怎么做才能既可以涨学费，又不会让家长退班呢？

262. 父母和孩子

父母有时候会做出一些孩子无法接受的决定，在这种时候，父母常常这样给自己辩解："我们生活经验更丰富，对事物的判断也更加成熟，所以我们知道什么是对孩子好。"于是他们也这样告诉孩子："你还小，所以不懂。等你长大懂事后自然就会明白我们这是为你好。"

然后孩子服从了父母的决定，但是随着年纪逐渐增长，孩子并没有看出当年父母决定的道理，反而更加坚信那个决定是错的。于是孩子满十八岁以后质问父母："当年你们说等我长大后就会明白你们是为我好，现在我长大了，我怎么没看出你们的决定有什么好的地方？"

想必父母这时候一定很尴尬，你该如何为这样的父母解围呢？

263. 买烟

甲去买烟，烟 29 元，但他没火柴，就跟店员说："顺便送一盒火柴吧。"店员没给。

乙去买烟，烟 29 元，他也没火柴，最终却从店员那里得到了火柴。

同样的情况，为什么一个得到了火柴而另一个却没有得到呢？

264. 谁对谁错

小王的女朋友约小王第二天一起去看电影；但是小王想和同事去看球赛，就对她说："如果明天天气晴朗，我就去看球赛。"第二天，下起了毛毛细雨，小王的女朋友很高兴，想着可以和小王去看电影了，谁知小王还是去看球赛了。等两人见面时，小王的女朋友责怪小王食言，既然天都下雨了，为什么还去看球赛；小王却说他没有食言，是他女朋友的推理不合逻辑。

对于两人的争论，下面哪项论断是合适的？(　　)

A. 两人对天气晴朗的理解不同

B. 小王的女朋友的推论不合逻辑

C. 由于小王的表达不够明确，引起了这场争论

D. 这次争论是没有意义的

E. 小王的女朋友会和小王分手

答案：

192. 牌子

因为"不懂逻辑者不得入内"，对懂逻辑的没作规定。所以懂逻辑的，可能会被允许进入，也可能不会被允许进入。由不懂逻辑者不得入内可以得出进入者是懂逻辑的，所以说懂逻辑是进入的必要条件，但不一定是充分条件，所以可能可以进入，也可能不被允许进入。故答案选择 A。

193. 安全问题

本题正确答案为 C。可以从选项入手，只要我们找到一个特例来反驳就可以削弱题干了，题干的结论是说工伤率上升是由于非熟练工低效率造成，那么 C 项所说的只要企业工作负荷增加，那么熟练工人的事故率就随之上升，显然，最有力地反驳了题干的观点。因此选 C。

194. 鼠害

本题正确答案为 B。这类题问的是可能原因，这样，我们可以从题干中的关键词来捕捉信息，这里有个关键数字就是仪器的售价为 2500 元，很有可能太贵了，人们完全可以找到更优惠的替代措施来达到捕鼠的目的，所以有可能是因为忽略了消费者的价格承受力，而其他选项，与题干内容有矛盾，可以排除掉。

195. 什么时候去欢乐谷

也许你会认为是不一定，因为 72 小时以后的事是说不定的。其实不然，因为现在是夜里 10 点，再过 72 个小时还是夜里 10 点，这个时候是肯定不会出太阳的。所以他们不会去欢乐谷玩。

196. 通缉犯的公告

因为抢劫案是一年前发生的，所以罪犯的年龄当然是作案时候的年龄，而现在贴出来的公告上的年龄就比罪犯现在的年龄少了一岁。所以这个年龄信息是错误的，应该加一。

197. 正前方游戏

(1) 2 个人面对面站着。
(2) 3 个人分别站在三角形的 3 个角的位置。
(3) 4 个人分别站在长方形的 4 个角的位置。按顺序分别是 A、B、C、D。

198. 看报纸

在第 7 页前有 6 页，在第 22 页后也有 6 页，所以这份报纸有 28 页，按照正常的报纸版式，每 4 页 1 张，所以一共有 7 张，即小王还有 4 张没有看。

199. 种菜

选择 B。

200. 谁的收音机

如果你的答案是："收音机是他自己的"，那么你就错了。因为你错误的接受了心理暗示，没有仔细看条件。正确答案："收音机是李明的孩子的。"

201. 点餐

根据 1 和 2，如果小张要的是鱼香肉丝，那么小王要的就是宫保鸡丁，小李要的也是宫保鸡丁。这种情况与 3 矛盾。因此，小张要的只能是宫保鸡丁。于是，根据 2，小李要的只能是鱼香肉丝。

202. 谁去了南非

每个人都恰好去了 3 个国家。因此，根据 1 和 2，小李去的国家必定是以下组合中的一组。

去泰国，去日本，去荷兰

去泰国，去日本，去南非

去日本，去荷兰，去南非

去荷兰，去美国，去南非

根据 1 和 3，小王去的国家必定是以下组合中的一组。

去泰国，去美国，去日本

去美国，去日本，去荷兰

去美国，去日本，去南非

去日本，去荷兰，去南非

根据 1 和 4，小张去的国家必定是以下组合中的一组。

去日本，去荷兰，去美国

去日本，去荷兰，去南非

去荷兰，去美国，去南非

去美国，去泰国，去南非

根据上面的组合并且根据 1，如果小李去了南非，那么小王和小张都去美国而又去日本，小李就不能去美国或去日本了。这种情况不可能，因此小李没有去南非。

根据上面的组合并且根据 1，如果小王去了南非，那么小李和小张都去日本，小王不能去日本了。这种情况不可能，因此小王没有去南非。

于是，小张必定是去了南非的人。

203. 杰克逊之死

根据甲和乙的供词的真伪，可以把杰克逊的死因列表如下。

如果甲的供词是真的，那么：被乙所杀害或自杀或意外事故。

如果乙的供词是真的，那么：被谋杀或自杀。

如果甲的供词是假的，那么：被谋杀但非乙所为。

如果乙的供词是假的，那么：意外事故。

由于无论这两个人的供词是真是假，警察的两个假定覆盖了一切可能的情况，又由于两个假定不能同时适用，所以只有一个假定是适用的。

假定 1 不能适用，因为如果这个假定能适用，则乙的供词就不是实话。所以只有假定 2 是适用的。

既然假定 2 是适用的，那乙的供词就不能是虚假的，所以只有甲的供词是虚假的。于是，杰克逊必定是死于被谋杀。

204.比身高

选 C。

205. 野餐

选 B。(2)和(3)这两个命题中要么一个真，要么两个真，但必有一真，所以，题干所说“三个判断中只有一个是真的”必在(2)和(3)之中，从而可推出(1)必为假，根据“小丽拿了食物”为假，可推出“小丽没有拿食物”是客观事实，由此可推(2)必为真。如果(2)为真，根据题干，那么(3)就为假，如果“有人拿了吃的”为假，可推出命题的矛盾命题“所有人都没拿食物”为真，从而推出“小新没拿食物”。

206. 谁考上了研究生

由于甲和丁说的内容矛盾，所以其中必有一假，如果丁说的是假的，那么乙和戊与甲所说均有矛盾，所以只能甲是假的，由此进一步推测出乙和丁都没有考上研究生。答案为 A。

207. 到底谁结婚了

选 A。

208. 是否去游泳

选 B。命题的逆否命题是真命题。

209. 谁说的对

乙说的对。

210. 招聘要求

选 C。

211. 成绩预测

选 A。

212. 电路开关

选 A。

213. 数学成绩

选 C。

214. 苏格拉底悖论

这是一个悖论，我们无法从这句话中推论出苏格拉底是否对这件事本身也不知道。

古代中国也有一个类似的例子：“言尽悖”。

这是《庄子·齐物论》里庄子说的。后期墨家反驳道：如果“言尽悖”，庄子的这个言难道就不悖吗？我们常说：“世界上没有绝对的真理。”我们不知道这句话本身算不算是“绝对的真理”。

215. 谁是肇事者

利用排除法可以知道，选 C。

216. 疑问的前提

刘丽认为王辉不是苹果公司的高级副总裁，原因在于王辉只用 IBM 公司的产品，这里就缺少一个前提：所有高级副总裁只用本公司的数码产品，所以王辉如果是 IBM 的高级副总裁，就应该只用 IBM 的电子产品。答案为 C。

217. 决赛

题干的逆命题是：参加决赛的一定是冠军；否命题是：如果没有得到冠军，那就一定没有参加决赛。这两个都不是和原命题等价的真命题。原命题的逆否命题才是和原命题一致的真命题，即：如果某人没有参加决赛，那就得不了冠军。所以答案为 B。

218. 前提条件

高三 2 班有的同学没有得到 A。

219. 全能者悖论

这是一个流传很广的悖论。如果说能，上帝遇到一块“他举不起来的大石头”，说明他不是万能；如果说不能，同样说明他不是万能。这是用结论来责难前提。

这个“全能者悖论”的另一种表达方法是：“全能的创造者可以创造出比他更了不起的事物吗？”

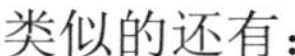

类似的还有：

永享幸福与有一块面包相比，哪个好？

你可能会选永享幸福，其实不然！毕竟，没有东西比永享幸福好吧，有一块面包总比没有东西好吧，所以说，有一块面包要比永享幸福好！

有两只钟，一只钟每天慢一分钟，另一只钟根本不走，哪只好？

可能你会选那只每天慢一分钟的钟，但它要两年才对一回，另外那只每天能对两回呢。你也许会问："如果讲不出什么时候是对的，每天对两回又好在哪儿呀？"这好办。假设那只钟指着 8 点，那么一到 8 点就对了。你接着问："我怎么知道什么时候到了 8 点呀？"回答很简单，只要小心翼翼盯着钟看就行了，在钟对的那一瞬间就到了 8 点。

220. 分发报纸

永远不会。不信你画个示意图看看。

221. 零用钱

可以用假设法。

如果第一个碗里有钱，那么第 2、3 个碗上的话就是真的，所以假设错误。

如果第二个碗里有钱，那么第 1、3 个碗上的话就是真的，也不对。

如果第三个碗里有钱，那么只有第一句话是对的。所以，钱在第 3 个碗里。

222. 比赛的成绩

是可以的。如果第一次比赛的成绩排名是：甲，乙，丙，丁；第二次是：乙，丙，丁，甲；第三次是：丙，丁，甲，乙；第四次是：丁，甲，乙，丙。那么，甲比乙成绩高的三次是第一、三、四次；乙比丙成绩高的三次是第一、二、四次；丙比丁成绩高的是第一、二、三次；丁比甲高的是第二、三、四次。

223. 有几个孩子

甲家有三个孩子，哥哥、甲、妹妹，两个男孩，一个女孩；乙家有三个男孩，一个女孩；丙家有三个女孩，没有男孩。

224. 新手表

D 的评价是正确的。婧婧犯的正是"混淆概念"的错误，两个"3 分钟"是不相同的，一个标准，一个不标准，因此，婧婧的推断是错误的。

225. 是人还是妖怪

第一个问题：你神志清醒吗？回答“是”就是人，回答“不是”就是妖怪。

或者问：你神经错乱吗？回答“不是”就是人，回答“是”就是妖怪。

第二个问题：你是妖怪吗？回答“是”就是神经错乱的，回答“不是”就是神志清醒的。

或者问：你是人吗？回答“是”就是神志清醒的，回答“不是”就是神经错乱的。

226. 问路

走第三条路。

如果第一个路口的人说的是真话，那么，它就是出口，那么第二个路口的人说的话也是正确的，这和只有一句话是真话相矛盾。

如果第一个路口的人说的是假话，第二个路口的人说的话是真的，那么它们都不是下山的路，所以正确的路就是第三条。

227. 回答的话

被问者只能有两种回答，“有”或者“没有”。如果被问者回答的是“有”，那么路人不能根据这句话判断他们中是否有诚实部落的人。如果答案是“没有”，则说明被问者是说谎部落的人，而另一个就是诚实部落的人，因为被问者不会在自己是诚实部落的人的情况下回答“没有”的。因此路人得出了判断，所以被问者回答的就是“没有”。

228. 爱撒谎的孩子

如果第二天说的是真话，那么第一天和第三天的也都是真话了，矛盾，所以第二天肯定是谎话。

如果第一天说的是谎话，那么星期一和星期二两天里必然有一天是说真话的；同理，如果第三天说的是谎话，星期三和星期五两天里也必然有一天说真话。这样，第一天和第三天的两句话不可能都是谎话，说真话的那一天是第一天或第三天。

假设第一天是真话，因为第三天说的是谎话，所以第一天是星期三或星期五，第二天是星期四或星期六，这样就使得第二天说的也是真话了，矛盾。所以第一天和第二天是谎话，第三天是真话。因为第一天说的是谎话，所以说真话的第三天是星期一或星期二，又因为第二天不能是星期日，所以第三天只能是星期二，也就是第一天是星期日，第二天是星期一，第三天是星期二。他在星期二说真话。

229. 今天星期几

设这两个人分别为 A、B，分为以下四种情况讨论。

(1) A、B 说的都是真话。A、B 在同一天说真话只能在星期日，但是星期日 B 成立，A 不成立，所以这种情况不可能。

(2) A、B 说的都是谎话。但是在一周内 A、B 不可能同一天说谎话。所以这种情况不可能。

(3) A 说的是真话，B 说的是谎话。A 在每周二、四、六、日说真话，B 在每周二、四、六说谎话。A 只有在周日说真话时，前天(周五)才是他说谎话的日子，但是这天 B 应该说真话。所以这种情况不可能。

(4) A 说的是谎话，B 说的是真话。A 在每周一、三、五说谎话，B 在每周一、三、五、日说真话。在周三、五、日都不符合，因为在周三时 B 在说真话，而周三的前天(周一)在说真话，但是 B 对外地人用真话说自己周一说谎话，相互矛盾。同理，周五也矛盾。所以只有周一符合。周一时，B 用真话对外地人说自己前天(周六)说谎话，周六时 B 的确说的谎话。A 用谎话对外地人说自己前天(周六)说谎话，其实周六时 A 在说真话，这时正是 A 在用谎话骗外地人说自己前天说谎话。

综上所述，这一天只能是周一。

230. 真话和谎话

假如小江的话是真的，那么小华的话就是假的，相反，如果小江的话是假的，那么小华的话就是真话，据此推测，小江和小华之间必定有 1 人在撒谎。以此类推，5 人中应该有 3 人在撒谎。

231. 该释放了谁

一人，仅释放了 D，其余全说了谎。

232. 寻找八路军

第 1999 人。

233. 假话与真话

第一个题目选 B，第二个选 A。用假设法即可得出答案。

234. 天堂和地狱

随便问一个人：“如果我问另一个人这样的问题：‘去天堂应该走哪条路？’他会指给我哪条路？”然后根据他的答案走相反的那条路就可以到达了。或者指着其中的一条路问其中的一个："你认为另外一个人会说这是通往天堂的路吗？"由于他们的回答必须糅合自己的和另外一个人的观点，所以，他们的答案是一样的，并且都是错误的。如果你指的正好是去天堂的路，那么他们都会回答"不是"；如果是去地狱的路，他们都回答"是"。

当然，还有类似的其他问法。

235. 现在是几月

7 个人的观点如下：小红：1 月；小华：3 月；小刘：2 月；小童：4 月；小明：5 月；小芳：4 月到 12 月；小美：除了 11 月外的其他月。

综上所述，除了 11 月外，都不止被一个人说到，所以，今天是 11 月，小芳说的对。

236. 出门踏青

丙去了玉渊潭。

237. 鞋店

哥哥的手艺用 a 表示，弟弟的手艺用 b 表示，就用 a=1000b，b=10000a，只能 a=b=0。就是说他根本不会做鞋，既然他根本不会做鞋，那你还让他做，只能吃哑巴亏了。

238. 坐座位

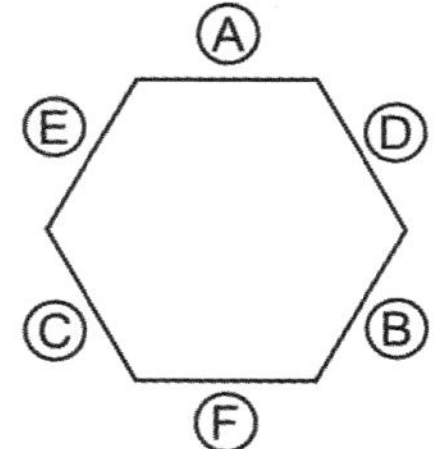

239. 学生籍贯

选 A。

240. 时晴时雨

根据(3)、(4)可知，下午下雨的日子比上午下雨的日子多一天，而且上午或下午下雨的情况有 7 次，所以上午下雨 3 次，下午下雨 4 次。

所以红红一共住了 4+5=9 天。

241. 猜数字

能。这四个数字是 2、5、6、8。

先列出四人猜的情况。甲猜对了两个数，可能是 2—3，2—4，2—5，3—4，3—5，4—5。

乙猜对了一个数，可能是(1、3、4、8)中的 1 个数，他未猜的四个数(2、5、6、7)中有 3 个数是纸条上的数。

丙猜对了两个数，可能的组合为 1—2，1—7，1—8，2—7，2—8，7—8。

丁猜对了一个数，可能是(1、4、6、7)中选取 1 个数，他未猜的四个数(2、3、5、8)有 3 个数是纸条中的数。

8 个数字中，甲与丙两人都猜了的数字是 2，两人都没有猜的数字是 6。

8 个数字中，乙与丁两人都猜了的数字是 1、4，两人都没有猜的数字是 2、5。

我们先假设 2 不是纸条上的数。那么从乙未猜的数字中可得出 5、6、7 是纸条上的数字；同时从丁未猜的数字中可得出 3、5、8 是纸条上的数字；这样纸条上的数字就会有 5 个，分别是 3、5、6、7、8。显然，推论与题干中纸条上只有 4 个数字相矛盾，因此假设是错的，也就是说 2 是纸条上的数字。用同样的方法可推出 5 也在纸条上。

再假设 1 在纸条上，那么从乙猜的数字中可得出 3、4、8 不在纸条上。同时，从丁猜的数字中可得出 4、6、7 不在纸条上。这样不在纸条上的数字有 5 个，分别是 3、4、6、7、8，纸条上只能有 3 个数字，显然也不正确。所以假设错误，1 不在纸条上。用同样的方法，可推出 4 不在纸条上。

我们知道了 2、5 在纸条上，从甲猜测对了两个数字可知 3、4 不在纸条上。这样，在纸条上的数字可能是 2、5、6、7、8 中的 4 个。

最后，我们来看丙猜的情况，从他猜测的 4 个数可知 7 与 8 只能有一个数在纸条上。如 7 在纸条上，纸条上的数为 2、5、6、7。我们发现丁猜对了 6、7，显然与题干矛盾。再来检验 8，发现刚好能符合条件。

所以，只有一种可能，纸条上的数字是 2、5、6、8。

242. 谁做对了

选 C。此题使用假设法。假设张燕做对了，那么王英、李红都做错了，这样，王英说的是正确的，李红、张燕说的都错了，符合条件，答案为 C。

243. 猜明星的年龄

选 B。此题可用排除法。四人中只有一个人说对，若甲对，则乙、丙、丁都应不对，推知丁的说法也对，与假设矛盾，故 A 项排除；同理乙也不可能对；若丁对，则不能排除甲、乙，因此 D 项可排除；若丙对，则丁有可能不对，如果 B 项成立，则丙的说法一定成立，符合题意。因此可判断 B 为正确答案。

244. 猜颜色

因为五个人都猜对了一瓶，并且每人猜对的颜色都不同。所以猜对第一瓶的只有丙，也就是说第一瓶是红色。再看戊所说的，第五瓶就不是黄色的，所以第五瓶只能是蓝色。戊说的第二瓶是黑色的也就不对了。既然第二瓶不是黑色的，那就应该如甲所说，第三瓶是黑色的，且第二瓶就不能是蓝色的。最后剩下的第二瓶只能是绿色的了。

所以说：第一瓶是红色，第二瓶是绿色，第三瓶是黑色，第四瓶是黄色，第五瓶是蓝色。

245. 谁被录用了

因为只有一个人的预测是正确的，而甲乙都说 A 有希望，所以 A 不可能，也就是说丁预测正确，甲、乙、丙三人预测的都是错误的，两个所以适用，只有没有提到的 D 被录取了。

246. 北美五大湖

因为每个人都说对了一个，所以假设 2 号是苏必利尔湖，那么 3 号就不是休伦湖，而戊所说的 2 号是休伦湖，5 号是苏必利尔湖就都不正确了，所以甲说的后半句是正确的，也就是 3 号是休伦湖。根据丁的话，确定 4 号是安大略湖。根据乙的话，确定 2 号是伊利湖。再根据戊的话，确定 5 号是苏必利尔湖。最后 1 号是密歇根湖。

所以，1、2、3、4、5 号分别是密歇根湖、伊利湖、休伦湖、安大略湖、苏必利尔湖。

247. 汽车的颜色

如果是黑色的，那么三句话都是正确的；如果是银色的，前两句是正确的，第三句是错误的；如果是红色的，三句都是错误的。所以只有银色符合条件。

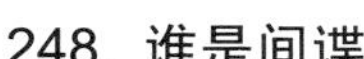

248. 谁是间谍

假设一：假设丙是间谍，即丙句句是假，则丙必定不来自荷兰，因为乙说丙来自荷兰，那么乙也说了假话，则甲句句为真。

当甲句句为真时：

甲说乙为刚果，丙也说乙为刚果，丙也说了真话，矛盾。

所以，丙不是间谍。

假设二：假设乙是间谍，即乙句句是假，因乙说丙来自荷兰，那么丙一定不来自荷兰；而丙自述自己来自荷兰，那么丙说了假话，则甲句句为真。

当甲句句为真时：

甲自述来自阿拉伯，乙说“他肯定说他来自阿拉伯”乙说了真话，矛盾。

所以，乙不是间谍。

假设三：假设甲是间谍，即甲句句为假。

当丙是好人时，即丙句句为真时，乙便来自刚果，甲也说乙来自刚果，甲说了真话，矛盾。

当乙是好人时，即乙句句为真时，则丙半真半假。

甲句句是假，甲自述来自阿拉伯，故甲不来自阿拉伯。

乙句句是真，乙说：“……他肯定说他来自阿拉伯。”甲的确说谎了，乙没说错，乙说了真话，而且句句是真。

结论是：甲是间谍，乙是好人，丙是从犯。

249. 谁是罪犯

问题一选 A，问题二选 B。分别假设每个人说话为真或为假即可推出答案。

250. 谁是盗窃犯

不管 A 是盗窃犯或不是盗窃犯，他都会说自己“不是盗窃犯”。

如果 A 是盗窃犯，那么 A 是说假话的，这样他必然说自己“不是盗窃犯”。

如果 A 不是盗窃犯，那么 A 是说真话的，这样他也必然说自己“不是盗窃犯”。

在这种情况下，B 如实地转述了 A 的话，所以 B 是说真话的，因而他不是盗窃犯。C 有意地错述了 A 的话，所以 C 是说假话的，因而 C 是盗窃犯。至于 A 是不是盗窃犯是不能确定的。

251. 女朋友

如果汤姆的女朋友是蕾切尔，那么第三句也肯定是对的。所以汤姆的女朋友一定不是蕾切尔，排除 A、B 选项。根据 C、D 选项，罗斯的女朋友是蕾切尔，这样第三句话是错的，第一句话也是错的，那么第二句就一定是正确的。所以托尼的女朋友是莫妮卡。选 D。

252. 自杀还是谋杀

分别假定陈述(1)、陈述(2)和陈述(3)为谎言，则麦当娜的死亡原因如下。

陈述(1)如果为谎言，则为谋杀，但不是乙干的。

陈述(2)如果为谎言，则为乙谋杀。

陈述(3)如果为谎言，则为意外事故。

以上显示，没有两个陈述能同时为谎言。因此，要么没有人说谎，要么只有一人说了谎。

根据警探所说，不能只是一个人说谎。因此，没有人说谎。

由于没有人说谎，所以既不是谋杀也不是意外事故。因此，麦当娜死于自杀。

注：虽然警探所说是真话，但(1)和(2)也都是真话，麦当娜居然是死于自杀，这似乎有点奇怪。存在这种情况的理由是：当一个陈述中的假设不成立的时候，不论其结论是正确还是错误，这个陈述作为一个整体还是正确的。

253. 女子比赛结果

答案 D。甲和丙的预测相矛盾，其中必有一真，这样，丁和乙都预测错误，也就是说辽宁队前三名不只拿了一个、辽宁队和山东队都没拿到第一名，这样可知前三名的顺序是：河北、辽宁、辽宁。

254. 找出死者和凶手

根据陈述中的假设，(1)和(2)中只有一个能适用于实际情况。同样，(3)和(4)，(5)和(6)，也是两个陈述中只有一个能适用于实际情况。

根据陈述中的结论，(2)和(5)不可能都适用于实际情况。因此，能适用于实际情况的陈述组合是下列组合中的一组或几组：

A. (1)、(4)和(5)

B. (1)、(3)和(5)

C. (1)、(4)和(6)

D. (1)、(3)和(6)

E. (2)、(4)和(6)

F. (2)、(3)和(6)

如果 A 能适用于实际情况，则根据(1)的结论，凶手是男性；根据(4)的结论，受害者是女性；可是根据(5)的假设，凶手与受害者性别相同。因此 A 不适用。

如果 B 能适用于实际情况，则根据有关的假设，凶手与受害者有亲缘关系而且职业相同、性别相同。这与各个家庭的组成情况有矛盾，因此 B 不适用。

如果 C 能适用于实际情况，则根据有关的结论，凶手是男性，受害者是个女性医生。接着根据(1)和(4)的假设，凶手是律师，凶手与受害者有亲缘关系。这与各个家庭的组成情况有矛盾，因此 C 不适用。

如果 D 能适用于实际情况，则根据(1)的结论，凶手是男性；根据(3)的结论，受害者也是男性；可是根据(6)的假设，凶手与受害者性别不同。因此 D 不适用。

如果 E 能适用于实际情况，则根据(2)的结论，凶手是医生；根据(6)的结论，受害者也是医生；可是根据(4)的假设，凶手与受害者职业不同。因此 E 不适用。

因此只有 F 能适用于实际情况。根据有关的结论，凶手是医生，受害者是男性医生。于是根据(6)的假设，凶手是女性。接着，根据各个家庭的组成情况，凶手只能是丙。(2)的假设则表明，受害者是乙；而且，(3)的假设和(2)、(6)的结论相符合。

255. 错在哪里

这是一个说话的顺序问题。第一次，先问“结婚了没有”，既然对方回答“还没有”，就不应该问“有几个孩子”；第二次，先问“有几个孩子”，既然对方回答“两个孩子”，就不应该问“结婚了没有”。两次他的预设都不合理，所以才会遭人白眼。

256. 语言的力量

这位演说家是这样做的：

“笨蛋一个！你根本就没有理解我话里的意思。”这位演说家没等他说完，就在台上对他大声呵斥。

这位听众顿时目瞪口呆，继而怒形于色，愤然起身反击：“你才是……”

但是演说家手一挥，没让他继续说下去：“对不起，我刚才并不是有意伤害你，希望你接受我最真诚的道歉。”

此刻，这位听众的怒气才渐渐平息。

出现这一插曲，在场的所有听众都纷纷议论开来。而演说家则微笑着继续他的演讲：“看到了吧，刚才我只不过说了几个词，这位听众就要跟我拼命；后来，我又说了几个词，他的怒气就消了。所以，千万要记着，你说出的话有时就像一块石头，砸到人家身上，会使人受伤；有时，它又像春日里的和风，轻拂而过，让你倍感舒心。这就是语言的力量啊。”

257. 组织踢球

这时候组织者就会耍一个花招：开始联系第一个人 A 的时候，组织者会告诉他，已经有很多人答应要来了，比如 XX、XXX 等，现在就差他一个了，这样他会毫不犹豫地答应下来；联系第二个人 B 的时候，组织者告诉他已经有很多人都要参加，比如 XX 和 A，就等他一人了；联系第三个人 C 时，组织者告诉他，有很多人答应会来，比如 A 和 B，就等他了……如此联系下去，基本能叫到的人都会来，一场足球赛也就成功地组织起来了。

在这里，组织者开始说已经有很多人答应参加比赛，只是作为预先的“假定”。这个假定带有“欺骗”，但这个欺骗是没有恶意的。这个假定对其他人心理的影响很大，最终一场球赛也得以组织起来。

258. 如何暂时减薪

某位经理出了个主意，让人事部的主任去向员工宣布这样一条消息：因为公司暂时陷入财政危机，因此要裁掉一大批人以节省开支，请员工们谅解。

这消息一出，立刻引起轩然大波。没有谁愿意在这个时候离开公司，毕竟这家公司待遇不错，而且也只是暂时的危机，熬过去的话相信能获得更大的收益。接下来的几天里，众员工皆战战兢兢、小心翼翼，生怕自己一不小心的举动凑巧成为被裁的理由。

就在这种压抑的气氛渐渐浓郁到让人透不过气来的时候，公司总经理出面了，他带着兴奋的表情对众人说：“虽然公司现在很困难，但是员工们才是公司最宝贵的财富，经过反复的讨论，公司决定不裁员了。”说到这里，总经理故意停顿了一下，随后，员工们沸腾了，整个公司成了一片欢乐的海洋。

乘着大家的高兴劲儿还没过，总经理又说道：“但是，公司的困难总是需要解决的，所以，公司会暂时削减所有人的薪水，大家一起努力渡过这个难关，待到公司摆脱困境便立刻恢复。”

这时的员工因为经历过裁员的恐慌，对于减薪这件事已经比较能接受了，再说，将来还有可能恢复，减就减吧。

就这样，公司顺利地将其减薪计划推行了下去。

259. 聪明的小男孩

纸条上写着：“先生，我排在队伍中第 21 位，在您没有看到我之前，请不要作决定。”

老板为什么把工作给了他，因为他很早就学会了动脑筋。

260. 考试及格

如果我是小磊，一进门就先跟妈妈说："今天考试好难，全班都不及格，只有一个人及格了。"

"谁啊？"

"我。"

"多少分啊？"

"六十分。"

说的话是一样的，但语言顺序不同，效果也许就完全不一样了，就算妈妈觉得六十分比较少，但也不会一巴掌就打过去，说不定想想孩子其实是第一名，还会给一番奖励呢。

261. 钢琴辅导

张老师吸取了教训，对后来的家长一开始先说："恭喜您啊，您孩子真有天赋，学东西特别快，进步十分明显，已经可以学习高级一些的东西了。"

家长通常都眉头一扬，心情非常舒畅，甚至有些小得意。

这个时候张老师才说："不过因为钢琴课的升级，学费可能要稍稍调整一下。"

此时家长即使不太愿意，最后也还是会接受。

这便是话语的先后顺序所带来的奇妙现象。

262. 父母和孩子

可以这样回答："当年我们是说等你长大懂事后自然会明白我们是为你好，虽然你现在长大了，可是你思考问题还是像个小孩一样不成熟。你没看出我们的决定有什么好的地方，这正说明了你还没有懂事！"

263. 买烟

因为他跟店员说："便宜一毛吧。"然后，他用这一毛钱买了一盒火柴。

这是最简单的心理边际效应。第一种：店主认为自己在一个商品上赚钱了，另外一个没赚钱。赚钱感觉指数为 1。第二种：店主认为两个商品都赚钱了，赚钱指数为 2。当然心理倾向第二种了。同样，这种心理还表现在买一送一的花招上，顾客认为有一样东西不用付钱，就赚了，其实都是心理边际效应在作怪。

264. 谁对谁错

选 B。小王只是说明天天气晴朗，就去看球赛，并没有说不晴朗就一定不去，更没有说天气不好就去看电影，所以 B 选项是对的。

第五部分 数字推理

数字推理，一般是给定一个有着某种规律的数列，但其中缺少一项，要求我们仔细观察这个数列各数字之间的关系，找出其中的规律，然后补全这个数列。

方法一：运算关系分析

1. 作和法

作和法就是依此做出连续两项或者三项的和，由此得到一个新的、有特殊规律的数列。通过新数列，推知原数列的规律。

例 1：

请根据给出数字之间的规律，填写空缺处的数字。

1，1，2，3，4，7，(　　)

A. 6　　　B.8　　　C. 9　　　D. 10

解答：

题目中的数字都很小，因此考虑作和法。

1+1=2

1+2=3

2+3=5

3+4=7

4+7=11

…

正好是质数列，下一个质数应该是 13，所以空缺处的数字为 6。答案为 A。

2. 作差法

作差法是对原数列相邻两项依次作差，由此得到一个新的、有特殊规律的数列。通过新数列，推知原数列的规律。

例 2：

请根据给出数字之间的规律，填写空缺处的数字。

52，57，66，79，96，(　　)

A. 111　　　B. 117　　　C. 121　　　D. 127

解答：

相邻两项依次作差，得到：

57−52=5

66−57=9

79−66=13

96-79=17

…

为公差为 4 的等差数列。所以答案为 B。

3. 作积法

作积法是计算出数列相邻两项的积，探寻出其与数列各数字之间的联系，从而确定整个数列的规律。

例 3：

请根据给出数字之间的规律，填写空缺处的数字。

1，7，7，9，3，(　　)

A. 1　　B. 7　　C. 2　　D. 3

解答：

此题的规律为前两项相乘后，取其个位数即为第三项。所以答案为 B。

4. 作商法

作商法是对原数列相邻两项依次作商，由此得到一个新的、有特殊规律的数列。通过新数列，推知原数列的规律。

例 4：

请根据给出数字之间的规律，填写空缺处的数字。

4，6，12，30，90，(　　)

A. 120　　B. 175　　C. 230　　D. 315

解答：

相邻两个数依次作商，得到：

$6 \div 4=1.5$

$12 \div 6=2$

$30 \div 12=2.5$

$90 \div 30=3$

…

为等差数列。下一项应为 $90 \times 3.5=315$，所以选 D。

5. 转化法

转化法是将数列前面的项按照某一特定的规律转化可以得到后面的项，整个数列每一项都有此规律。

例 5：

请根据给出数字之间的规律，填写空缺处的数字。

1，3，8，19，42，(　　)

A. 78　　B. 89　　C. 90　　D. 115

解答：

在其他思路行不通时可以考虑转化法。

1×2+1=3

3×2+2=8

8×2+3=19

19×2+4=42

所以结果为 42×2+5=89，答案为 B。

6. 拆分法

拆分法就是把数列的每一项都拆分成两部分，这两部分分别有一个特定的规律。

例 6：

请根据给出数字之间的规律，填写空缺处的数字。

2，9，25，49，99，(　　)

A. 133　　B. 143　　C. 153　　D. 163

解答：

将数列的每一项进行拆分：

2=1×2

9=3×3

25=5×5

49=7×7

99=9×11

…

第一部分为奇数数列，第二部分为质数数列，下一项应该为 11×13=143。

所以答案为 B。

方法二：数项特征分析

一个数列的数项特征一般有以下几种。

1. 整除性

整除性是指一个整数可以被哪些整数整除。每个正整数除了可以被 1 和它本

身整除以外，它的约数越多，整除性越好。

常用的整除规则如下。

(1) 所有偶数都可以被 2 整除。

(2) 各位数字之和能被 3 整除的数能被 3 整除。

(3) 个位数字为 0 或 5 的数字可以被 5 整除。

(4) 能同时被 2 和 3 整除的数也能被 6 整除。

(5) 各位数字之和能被 9 整除的数能被 9 整除。

例 7：

请根据给出数字之间的规律，填写空缺处的数字。

1，6，20，56，144，(　　)

A. 256　　　　B. 278　　　　C. 352　　　　D. 360

解答：

除了第一项 1 外，其他的各项都有很好的整除性，所以本题考虑将各项拆分。1 只能拆分成 1×1，6 拆分成 2×3，20 拆分成 4×5，56 拆分成 8×7，144 拆分成 16×9。我们可以看出拆分后第一个乘数分别是 1，2，4，8，16，…；第二个乘数为 1，3，5，7，9，…

前者是等比数列，后者是等差数列。所以空缺处应该为 32×11=352。

故答案为 C。

2. 质数与合数

质数除了 1 和它本身外没有其他约数，合数除了 1 和它本身还有其他约数。根据这个特点，即可把整数进行区分。注意：1 既不是质数也不是合数；除了 2 以外，所有的质数都是奇数。

对于常用的质数，我们最好能把它们记住，这样对类似题目的运算有很大帮助。

100 以内的质数：2，3，5，7，11，13，17，19，23，29，31，37，41，43，47，53，59，61，67，71，73，79，83，89，97。

例 8：

请根据给出数字之间的规律，填写空缺处的数字。

2，4，7，12，19，(　　)

A. 21　　　　B. 27　　　　C. 30　　　　D. 41

解答：

计算相邻两个数之差，我们会发现分别为 2，3，5，7，…为质数数列，所以下一个数字应该是 19+11=30。

答案是 C。

3. 多次方数

通常我们把可以写成一个整数的整数次幂的数称为多次方数。

对于一些常用的多次方数，我们最好能把它们记住，这样对类似题目的运算有很大帮助。

常用自然数的多次方数：

底数	2 次方	3 次方	4 次方	5 次方	6 次方	7 次方	8 次方	9 次方	10 次方
2	4	8	16	32	64	128	256	512	1024
3	9	27	81	243	729	2187	6561		
4	16	64	256	1024	4096				
5	25	125	625	3125					
6	36	216	1296	7776					
7	49	343	2401						
8	64	512	4096						
9	81	729	6561						

例 9：

请根据给出数字之间的规律，填写空缺处的数字。

1，0，9，16，(　　)，48

A. 25　　B. 30　　C. 33　　D. 36

解答：

把相邻的两个数字相加，我们会发现结果为：1，9，25，…即为 1，3，5 的平方数。所以下一个数字应该是 33，这样才可以构成 7 和 9 的平方。

所以答案为 C。

4. 数位特征法

数位特征是指一个较大的多位数，各个数位上的数字之间的关系。

简单地说，就是把一个多位数看成是几个数字的组合。这种方法适用于数字数位较多的数列。

例 10：

请根据给出数字之间的规律，填写空缺处的数字。

5847，4536，2720，2419，1209，(　　)

A. 1009　　B. 2178　　C. 1135　　D. 560

解答：

给出的数字数位较多，而且没有显著的规律，故考虑数位特征法。把每个四位数的前两位数和后两位数分别看成一个数字，相减。分别得到：11，9，7，5，3，…为等差数列，则下一个差为 1。只有 1009 符合要求。

所以答案是 A。

方法三：位置关系分析

位置分析法就是通过分析不同位置的数字之间的联系来得到数字之间规律的方法。

这种方法主要应用于图形形式的数字推理中。一般原则如下。

(1) 简单圆圈形式的数字推理优先考虑相邻位置间的运算关系，如果没有找到合适的规律，再寻找对角线之间的运算关系；

(2) 复杂圆圈形式的数字推理考虑四周数字与中心数字之间的关系；

(3) 表格形式的数字推理首先考虑行间或者列间的数字运算规律，如果不行则考虑表格整体是否存在有效的规律；

(4) 三角形式的数字推理与复杂圆圈形式的数字推理类似，考虑三个角上的数字与中心数字之间的规律。

例 11：

你能看出最后一个三角形的右下角问号处应该是什么数字吗？

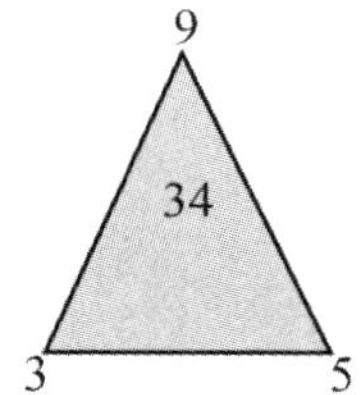

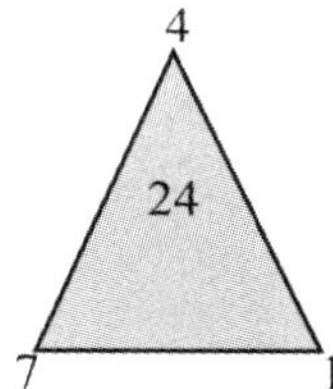

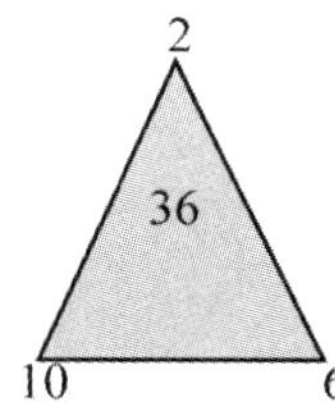

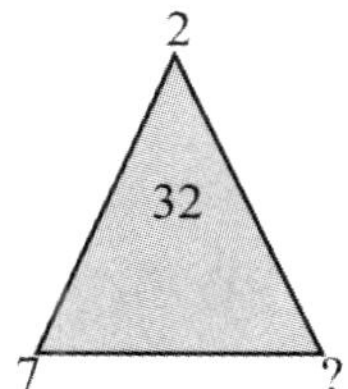

解答：

7。每个三角形的数字排列规律是：三角的三个数相加，再乘以 2，即为中间的数。问号处的数应该是：32÷2−(2+7)=7。

265. 数字找规律

请从逻辑的角度，在后面的空格中填入后续字母或数字。

1，3，6，10，______

266. 数字找规律

请从逻辑的角度，在后面的空格中填入后续字母或数字。
1，1，2，3，5，______

267. 数字找规律

请从逻辑的角度，在后面的空格中填入后续字母或数字。
21，20，18，15，11，______

268. 数字找规律

请从逻辑的角度，在后面的空格中填入后续字母或数字。
8，6，7，5，6，4，______

269. 数字找规律

请从逻辑的角度，在后面的空格中填入后续字母或数字。
65536，256，16，______

270. 数字找规律

请从逻辑的角度，在后面的空格中填入后续字母或数字。
1，0，-1，0，______

271. 数字找规律

请从逻辑的角度，在后面的空格中填入后续字母或数字。
3968，63，8，3，______

272. 智力测验

在我们的许多职场考试中有不少类似于下面的智力测验。每一项智力测试都与数学逻辑思维有关。

请在行末填上空缺的数字：2，5，8，11，______

273. 智力测验

请在行末填上空缺的数字。

7，10，9，12，11，______

274. 智力测验

请在行末填上空缺的数字。

2，7，24，77，______

275. 填数字

下列数字中，127 后面的数字应该是多少？

7，19，37，61，91，127，？

276. 填数字

按照给出的数字之间的规律，空格处应该填几？

0，7，26，63，______

277. 猜数字

请从逻辑的角度，在后面的空格中填入后续数字。

1，2，6，24，120，______

278. 猜数字

请从逻辑的角度，在后面的空格中填入后续数字。

30，32，35，36，40，______

279. 猜数字

请从逻辑的角度，在后面的空格中填入后续数字。

1，2，2，4，8，______，256

280. 猜数字

请从逻辑的角度，在后面的空格中填入后续数字。

1，10，3，5，______，0

281. 填数字

按照给出数字的规律，横线处应该填几？

1，2，2，4，8，______

282. 猜数字

按照给出数字的规律，横线处应该填几？

1，2，5，29，______

283. 猜数字

请从逻辑的角度，在后面的空格中填入后续数字。

0，1，3，______，10，11，13，18

284. 有名的数列

你知道问号处代表的数是什么吗？

1，1，2，3，5，8，13，21，？

285. 有名的数列

你能推出问号处代表什么数吗？

1，3，4，7，11，18，29，？

286. 天才测验

按照给出数字的规律，填出所缺数字：

3/5，7/20，13/51，21/104，？

287. 天才测验

按照给出数字的规律，填出所缺数字。

118，199，226，235，？

288. 天才测验

按照给出数字的规律，填出所缺数字。

7，10，？，94，463

289. 天才测验

按照给出数字的规律，填出所缺数字。

0，2，8，18，？

290. 天才测验

按照给出数字的规律，填出所缺数字。

260，216，128，108，62，54，？，27

291. 天才测验

按照给出数字的规律，填出所缺数字。

1，1，2，3，5，8，13，21，？

292. 天才测验

按照给出数字的规律，填出所缺数字。

2，20，42，68，？

293. 天才测验

按照给出数字的规律，填出所缺数字。

8，24，12，？，18，54

294. 天才测验

按照给出数字的规律，填出所缺数字。

7/2，4，7，14，49，？

295. 天才测验

按照给出数字的规律，填出所缺数字。

8，10，16，34，？

296. 下一个数字是什么

125，77，49，29，？

请问问号处应是什么数字？

297. 寻找数字规律

你知道问号处代表的数是什么吗？

0、2、4、8、12、18、24、32、40、？

298. 字母旁的数字

根据给出的各组字母与数字间的联系，请问：字母 W 旁的问号该是多少呢？

G7　M13　U21　J10　W？

299. 猜字母

按照图中字母排列的逻辑，问号处该填哪一个字母？

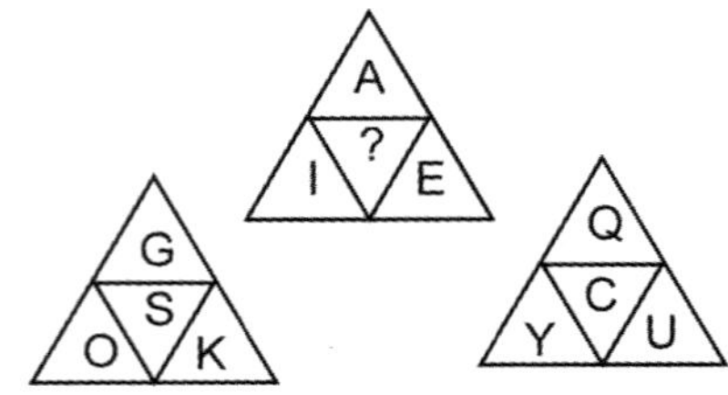

300. 猜字母

按照给出字母的规律，问号处应该填什么？

O，T，T，F，F，S，S，E，？

301. 猜字母

按照给出字母的规律，问号处应该填什么？

J，F，M，A，M，？

302. 猜字母

按照给出字母的规律，问号处应该填什么？

F，G，H，J，K，？

303. 猜字母

按照给出字母的规律，问号处应该填什么？

Q，W，E，R，T，？

304. 字母找规律

请从逻辑的角度，在后面的空格中填入后续字母或数字。

A，D，G，J，______

305. 智力测验

请在行末填上空缺的字母。

E，H，L，O，S，______

306. 填字

请在问号处填上空缺的字母。

M，T，W，T，F，？，？

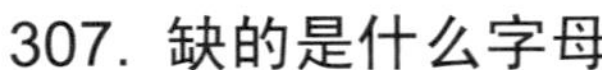

307. 缺的是什么字母

请在问号处填上空缺的字母。

J，F，M，A，？，？，J，A，S，？，？，D

308. 三角处的圆圈

如下图所示，每个三角形的三个角处都有一个圆圈。根据前三个图形的规律，请问，最后一个三角形右下角问号处应该填什么样的圆圈？

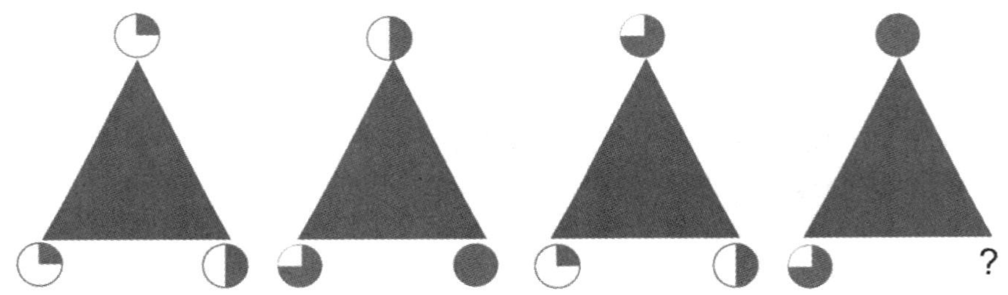

309. 复杂的表格

下图是一些数字组成的表格，问号处代表什么数？

2	9	6	24
4	4	3	19
5	4	4	24
3	7	1	?

310. 寻找规律

下面表格中问号代表什么数？

2	4	10
3	7	18
2	9	?

311. 缺少的数字

先分析一下表格中的数字排列有什么规律，然后依规律填出表格中问号处缺失的数字。

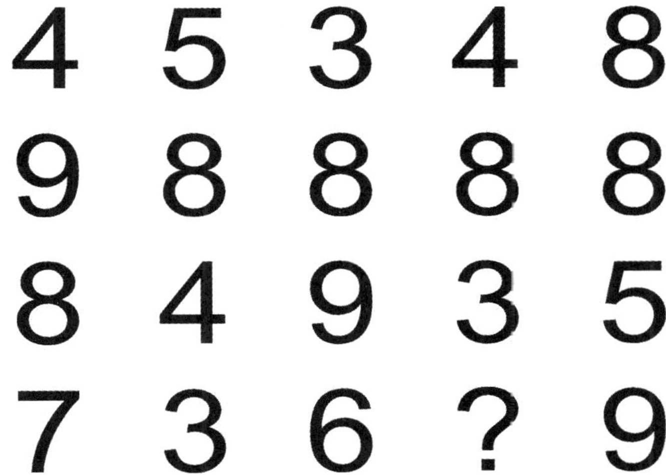

312. 按键密码

下面有三行数字，每行有八位，根据前两行数字之间的规律，请写出问号处所代表的数字分别是多少？

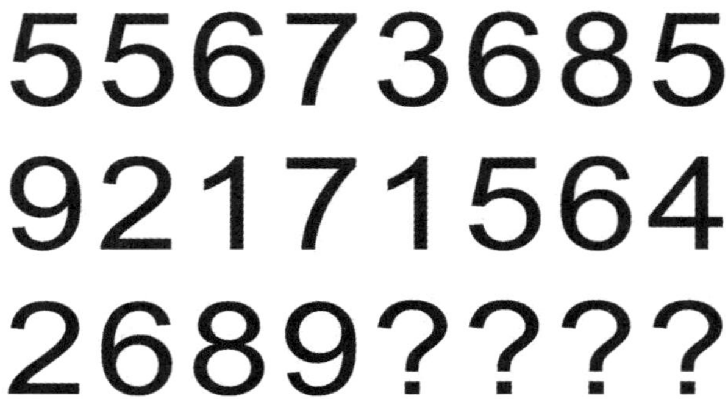

313. D代表什么

如下图所示，A代表0，B代表9，C代表6，那么你知道D代表什么吗？

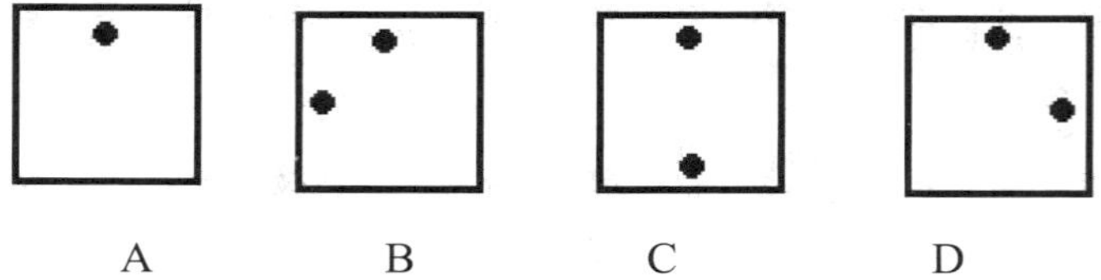

314. 五角星的数

找出下图中问号所代表的数。

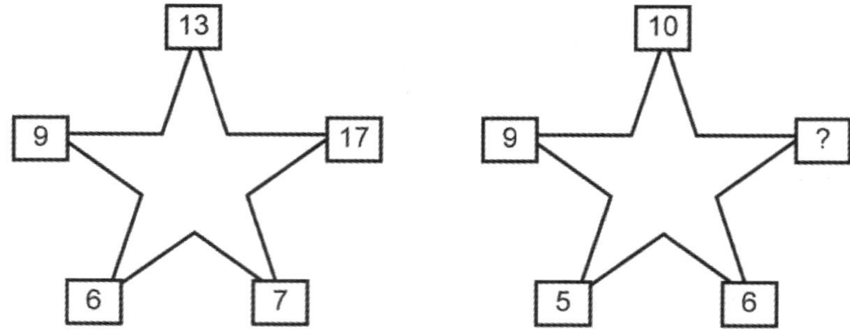

315. 分割圆环

如下图所示，最后一个被分割的圆环里问号处应该填什么数？

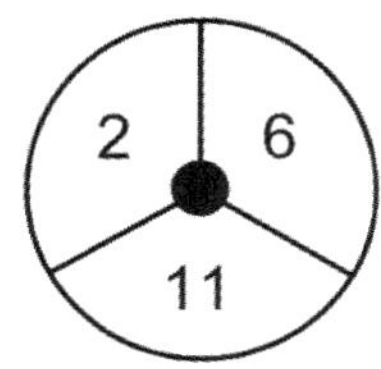

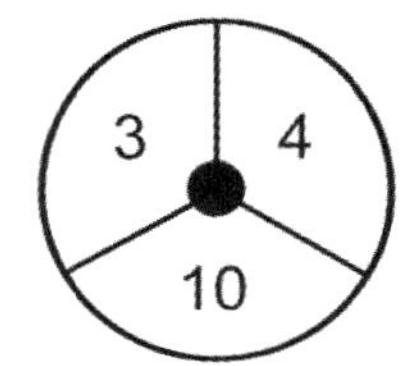

316. 罗盘推数

根据下图的规律，请算出“?”处代表什么数字？

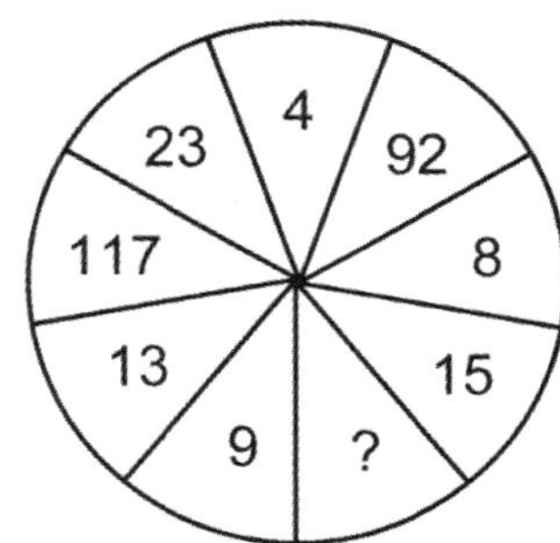

317. 补充数字

按图中的规律，问号处应该填什么数？

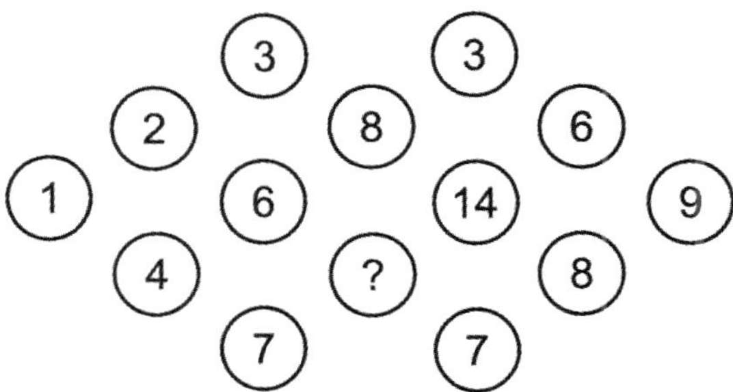

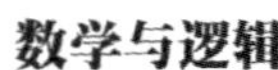

318. 数字箭靶

这箭靶上有一些数字，根据变化规律，写出空格中的数。

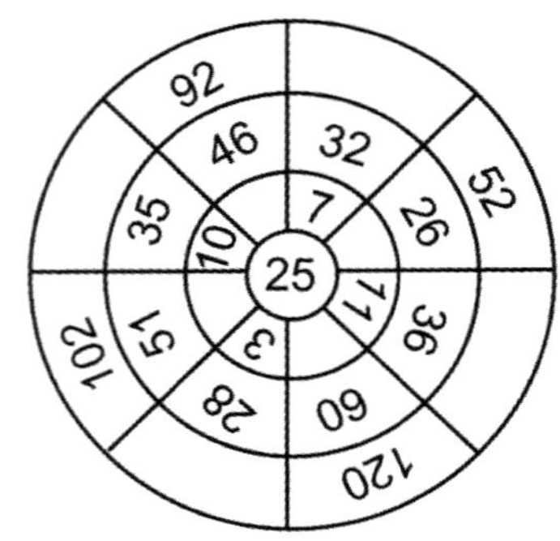

319. 圆环上的数字

根据下图已给出的各个数字之间的逻辑关系，选择一个正确答案填入问号处。

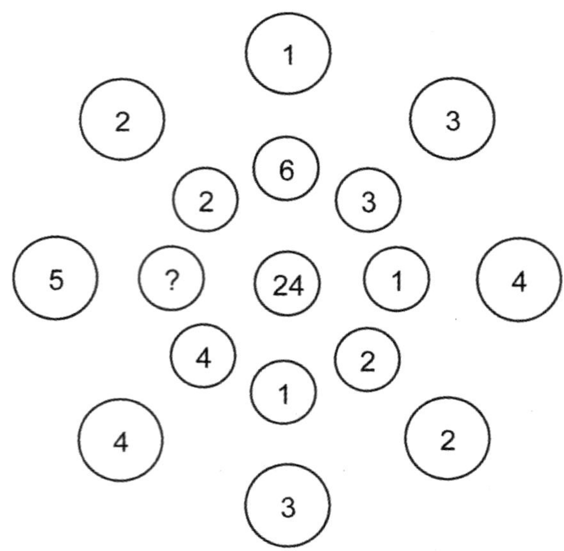

A. 8　　B. 3　　C. 6

D. 1　　E. 5　　F. 2

320. 对应数

根据下图中扇形内的数字排列规律，填出问号处对应的数。

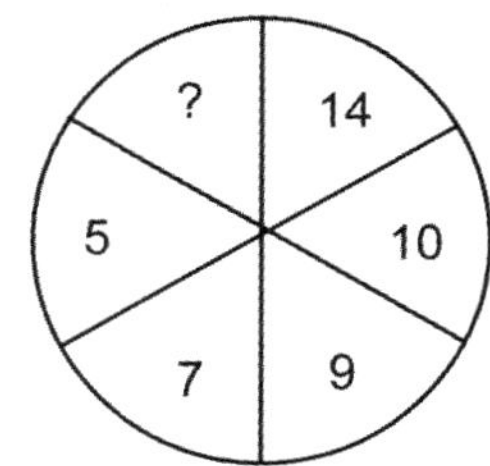

321. 数字填空

按照下图中数字的排列规则，问号处应该填什么数字?

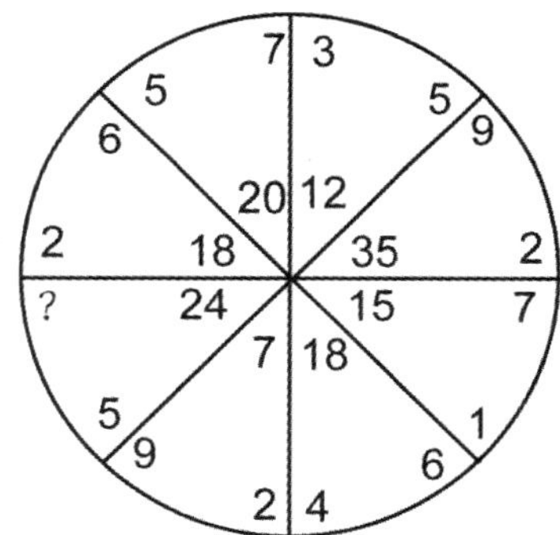

322. 数字之谜

最后一个五角星应该填什么数?

323. 填空格

请仔细观察下图，想想问号处该填什么？

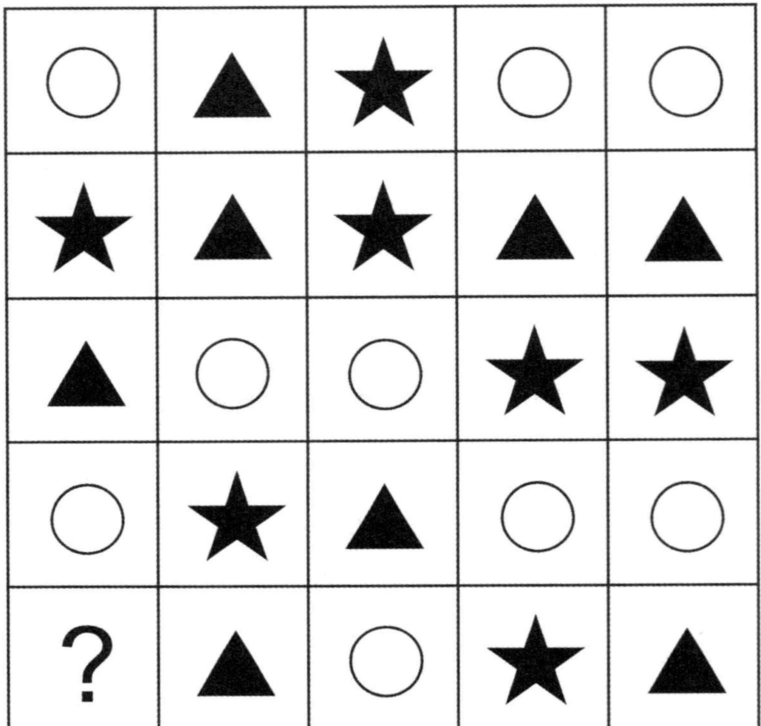

324. 倒金字塔

找出问号所代表的数。

1 9 4 8 3 7 2 6 5

5 6 2 7 3 8 4

4 3 7 6 5

5 6 4

?

325. 奇怪的规律

下面有一组数列，请找出它的规律来：

第一列：1

第二列：1，1

第三列：2，1

第四列：1，2，1，1

第五列：1，1，1，2，2，1

第六列：3，1，2，2，1，1

第七列：1，3，1，1，2，2，2，1

…

请写出第八列和第九列分别是哪些数字，另外请说明第几列会最先出现 4 这个数字？

答案：

265. 数字找规律

15。前一项与后一项之差构成一个等差数列。

266. 数字找规律

8。每两项之和为下一项。

267. 数字找规律

6。每两项之差构成一个等差数列。

268. 数字找规律

5。奇数项为 8，7，6，…偶数项为 6，5，4，…

269. 数字找规律

4。将每项开二次方后即为下一项。

270. 数字找规律

1。奇数项为 1，-1，1，-1，…偶数项为零。

271. 数字找规律

2。将后一项平方减 1 即为前一项。也就是说将前一项加 1 后开方即为后一项。

272. 智力测验

2+3=5，5+3=8，8+3=11，11+3=14。所以答案为 14(等差数列)。

273. 智力测验

14。隔项成等差数列。

274. 智力测验

2×3+1=7，7×3+3=24，24×3+5=77，77×3+7=238。所以答案是 238。

275. 填数字

169。规律是用一个三角形数乘以 6 再加上 1。(三角形数为能组成三角形的圆圈的个数，用 $n(n+1)/2$ 表示。)

276. 填数字

124. 观察可得出数列公式为 N^3-1，N 为项数。

277. 猜数字

720。相邻两个数的商分别为 2，3，4，5，6。

278. 猜数字

40。奇数项为公差为 5 的等差数列，偶数项为公差为 4 的等差数列。

279. 猜数字

32。每两项之积为后一项。

280. 猜数字

5。奇数项为 1，3，5，7，…偶数项为 10，5，0，−5，…

281. 填数字

每个数字是前面两个数字的乘积，所以 4×8=32。

282. 猜数字

每个数字都是前一个数字的平方加前面第二个数字的平方，所以

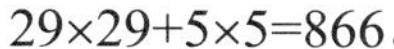

29×29+5×5=866。

283. 猜数字

8。奇数项之差为一个 3，7，3，7，3，7，…数列。偶数项之差为 7，3，7，3，7，3，…数列。

284. 有名的数列

34。这是一个著名的斐波纳契数列，它的规律是每一个数等于前面两个数之和。这个数列有很多有趣的数学性质，所以变得非常有名。

285. 有名的数列

47。这同样是一个有名的数列，叫鲁卡斯数列，是仿斐波纳契数列，从第三个数字开始，每个数都等于它前面两个数之和。最神奇的是任意取两个相邻的数，然后用大数去除以小数，得到的结果是一个接近“黄金比例”1.618…的数，而且越到后面越接近。

286. 天才测验

分子与分母有不同的规律。上面的规律是：前一项与后一项的差成等差数列，所以是 31。下面的规律：

5=1×5

20=2×10

51=3×17

104=4×26

后面的数的差又成等差，所以下一个是 5×37=185。

所以为 31/185。

287. 天才测验

后一项与前一项的差成等比，所以是 238。

288. 天才测验

25。规律是：

7×2−4=10

10×3−5=25

25×4−6=94

94×5−7=463

289. 天才测验

差成等差数列，32。

290. 天才测验

奇数项-4÷2，偶数项直接÷2，所以是 29。

291. 天才测验

前两个数和为第三个数，所以答案是 34。

292. 天才测验

差为等差数列，98。

293. 天才测验

规律为：×3，÷2，×3，÷2。所以答案为 36。

294. 天才测验

243，第 1 个数和第 2 个数相乘等于第 3 个数的 2 倍，所以是 14×49÷2=243。

295. 天才测验

差成等比，答案为 88。

296. 下一个数字是什么

21。前一项加 1 等于后两项之和。

297. 寻找数字规律

50。这是一个著名的大衍数列，它的规律是：如果是第奇数项(n)，那么这个数是$(n^2-1)\div2$，如果是第偶数项(n)，那么这个数是 $n^2\div2$。这个数列可以用来解释中国的太极衍生原理，所以变得非常有名。

298. 字母旁的数字

字母旁边的数字是代表这些字母在字母表中的序号，所以答案为 23。

299. 猜字母

M。按照字母表的顺序，从字母 A 开始，顺时针方向，每两个字母之间均间隔三个字母。

300. 猜字母

N。

1、2、3、4、5、6、7、8、9 的英文 one，two，three，four，five，six，seven，eight，nine 的第一个字母。

301. 猜字母

这是十二个月份的英文(January，February，March，April，May，June，July，August，September，October，November，December)的首字母，所以答案是 J。

302. 猜字母

键盘第二排 L。

303. 猜字母

键盘第一排 Y。

304. 字母找规律

M。在字母表中，每两个字母间都隔着两个其他字母，所以后面的空格处应该填 M。

305. 智力测验

这个考的是字母顺序，在字母表里或间隔两个字母，或间隔 3 个字母。所以答案是 V。

306. 填字

S、S。

这七个字母是星期的英文的第一个字母。

星期一 Monday

星期二 Tuesday

星期三 Wednesday

星期四 Thursday

星期五 Friday

星期六 Saturday

星期天 Sunday

307. 缺的是什么字母

M、J、O、N
这十二个字母是月份的英文第一个字母。
一月：January 简写 Jan.
二月：February 简写 Feb.
三月：March 简写 Mar.
四月：April 简写 Apr.
五月：May 简写 May.
六月：June 简写 Jun.
七月：July 简写 Jul.
八月：August 简写 Aug.
九月：September 简写 Sep. / Sept.
十月：October 简写 Oct.
十一月：November 简写 Nov.
十二月：December 简写 Dec.

308. 三角处的圆圈

全黑圆。

从各三角形上端圆圈看，以及从下边圆圈来看，变化的规律都是圆圈黑影依次多 1/4，直至全黑。(1/4，1/2，3/4，1)

309. 复杂的表格

22。每一行中，第一列数乘以第二列数后，加上第三列数，等于第四列数。如：2×9+6=24。

310. 寻找规律

25。两边的数加起来除以 3 等于中间的数。

311. 缺少的数字

2。第一列的数字乘以第二列的数字减去第三列的数字乘以第四列的数字的差等于第五列的数字。

312. 按键密码

2314。规律是同一行的前两位数乘以后两位数等于下一个数。

例如：55×67=3685，92×27=1564。

313. D代表什么

这个图表示的是钟表的两个指针的位置，第一个是0点，第二个是9点，第三个是6点，第四个是3点。所以D代表的是3。

314. 五角星的数

12。五角星上面一个数加下面两个数等于中间两个数之和。

315. 分割圆环

6。每个圆中左右两个数字之和再加3等于下面的数字。

316. 罗盘推数

120。9×13=117，23×4=92，8×15=120。

317. 补充数字

12。图形中左侧的1+2+3与4+6+8+3相差15，右侧的3+6+9与3+8+14+8相差15，所以1+4+7与2+6+？+7也应相差15，7+8+9与6+14+？+7也相差15。

318. 数字箭靶

外圈数是中圈数的2倍，中圈与内圈数的差是25。外圈数是70，64，72，56，内圈数是21，1，35，26。

319. 圆环上的数字

选择E。
外圈和里圈各个数之和都是24。

320. 对应数

相对的两个数是2倍关系，所以是18。

321. 数字填空

4。图中数字排列的规律是：外圈每格两个数字相乘，其积等于内圈顺时针方向的下格里的数字。

322. 数字之谜

11。每个图形上面三个数字之和减去下面两个数字之和，结果为中心的数字。

323. 填空格

这张图里的 3 种图案排列，是从右上角开始的由外到里形成一个逆时针旋涡状○－▲－★循环，所以问号处应该是★。

324. 倒金字塔

5。将上一行数列去掉最大和最小数，然后反向排列得下一列。其实无论第一行的数如何排列，因为要去掉最大和最小的数，最后肯定剩下中间数：5。

325. 奇怪的规律

规律就是：从第二列开始，表示上一列某个数字的个数。例如第三列的 2，1 表示第二列为 2 个 1。第四列的 1，2，1，1 表示第三列为 1 个 2，1 个 1。依次类推。

第八列为 1，1，1，3，2，1，3，2，1，1

第九列为 3，1，1，3，1，2，1，1，1，3，1，2，2，1

不会出现 4。因为如果出现 4 说明上一行有 4 个相同的数字，这是不可能出现的。

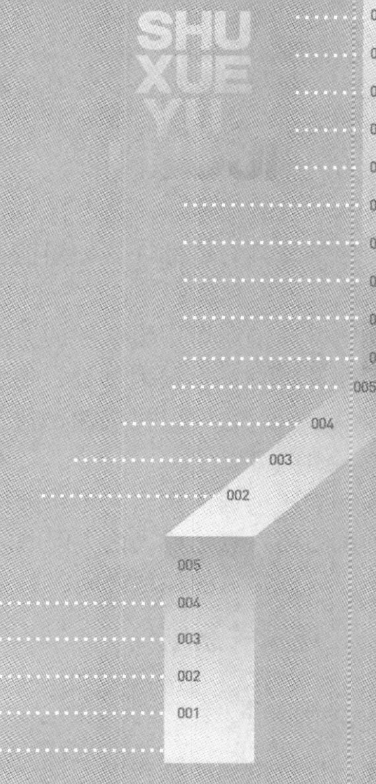

第六部分
类比推理

类比推理，简称类推、类比。它是科学研究中常用的方法之一，科学家常根据类比推理得出重要结论。它是根据两个或两类对象有部分属性相同，从而推出它们的其他属性也相同的推理。

如声和光有不少属性相同——直线传播，有反射、折射和干扰等现象，由此推出，既然声有波动性质，光也有波动性质。这就是类比推理。

类比推理具有或然性。如果前提中确认的共同属性很少，而且共同属性和推出来的属性没有什么关系，这样的类比推理就极不可靠，称为机械类比。

类比推理是运用逻辑学中的方法，根据给出的一组或多组相关的词，找出一组与之在逻辑关系上最为贴近、相似或匹配的词。总而言之，就是我们要先在两组词或者多组词之间“找规律、找关系”，然后在选项中找到符合这种规律或者关系的词组就可以了。

解答类比推理的题目，最重要的是找准词项之间的相似性，所以快速准确地找出关系的切入点是解决这类问题的关键。

一般我们常见的词项之间的关系有以下几个方面。

一、逻辑关系

1. 全同关系

就是说一组词所指代的是同一个概念，也就是同一事物的不同称谓。一般称谓包括全称、简称、别称、美称、谦称、敬称等，或者对应的音译名与中文名、现代文与文言文，口语与书面语等。

例 1：

从四个选项中，找出一个与题干关系最为类似的一组。

家父：父亲

A. 老婆：老伴　　B. 鄙人：自己

C. 鼻祖：祖宗　　D. 作家：作者

解答：

本题答案为 B，家父与父亲指的是同一个人，而且前者都是谦称。

2. 全异关系

指一组词的两个词语所代表的事物完全不一致，甚至一点关系都没有。

例 2：

从四个选项中，找出一个与题干关系最为类似的一组。

数字：白菜

A. 黄河：长江　　　　　　　　B. 华山：牛顿

C. 博士：教授　　　　　　　　D. 燕雀：鸿鹄

解答：

本题答案是 B，数字和白菜完全没有关系。选项中只有 B 项中的两个词完全没有关系。

3. 包含关系

指一种事物是另一种事物的一种或者一部分。如种与属，部分与整体，整体与个体等。

例 3：

从四个选项中，找出一个与题干关系最为类似的一组。

空气：氧气

A. 海水：氯化钠　　　　　　　B. 电脑：辐射

C. 微波炉：微博　　　　　　　D. 黄山：山脉

解答：

本题答案是 A，后面的事物是前面的成分。即空气中含有氧气，海水中含有氯化钠。

4. 交叉关系

指两个词语所代表的集合有一部分相同。

例 4：

从四个选项中，找出一个与题干关系最为类似的一组。

企业家：MBA

A. 党员：模范　　　　　　　　B. 华山：黄河

C. 矛盾：统一　　　　　　　　D. 文凭：文化

解答：

本题答案是 A，企业家和 MBA 有交叉的成分。

5. 因果关系

指一个动作或事件的发生可以导致或引起另一个动作或事件的发生。

例 5：

从四个选项中，找出一个与题干关系最为类似的一组。

地震：恐慌

A. 封闭：落后　　　　　　　　B. 差距：税收

C. 天灾：人祸　　D. 乌鸦：麻雀

解答：

本题答案是 A，地震引起恐慌，封闭导致落后。

6. 目的关系

指一个事件是另一个事件的目的或达成手段。

例 6：

从四个选项中，找出一个与题干关系最为类似的一组。

奖金：奖励：激励

A. 长江：黄河：松花江

B. 爱因斯坦：牛顿：爱迪生

C. 打折：促销：竞争

D. 燕雀：鸿鹄：蚂蚁

解答：

本题答案是 C，奖金是奖励的手段，奖励的目的是激励。

7. 顺承关系

指几个动作或事件相继发生，或者有一定的顺序。

例 7：

从四个选项中，找出一个与题干关系最为类似的一组。

车祸：赔偿

A. 生病：医生　　B. 作家：出书

C. 博士：学习　　D. 纠纷：诉讼

解答：

本题答案是 D，都是相继发生的事情。

二、言语关系

1. 近义关系

指几个词语的含义相近，如同义词、近义词等。

例 8：

从四个选项中，找出一个与题干关系最为类似的一组。

干净：一尘不染

A. 暖和：风和日丽

B. 寒冷：千里冰封

C. 清楚：视而不见

D. 认真：一丝不苟

解答：

本题答案是 D，一尘不染形容很干净，一丝不苟形容很认真。

2. 反义关系

指两个词语的含义相反。

例 9：

从四个选项中，找出一个与题干关系最为类似的一组。

灯光：黑暗

A. 钱财：贫穷　　B. 华山：土地

C. 花草：绿化　　D. 燕雀：飞鸟

解答：

本题答案是 A，灯光意味着光明，与黑暗含义相反；钱财意味着富裕，与贫穷相反。

3. 主谓关系

指两个词语可以构成主谓结构。

例 10：

从四个选项中，找出一个与题干关系最为类似的一组。

蚂蚁：爬行

A. 蜗牛：胆小　　B. 小鸟：虫子

C. 青蛙：跳跃　　D. 小鱼：欢快

解答：

本题答案是 C，是主谓关系，也是每种动物的运动方法。

4. 动宾关系

指两个词语可以构成动宾结构。

例 11：

从四个选项中，找出一个与题干关系最为类似的一组。

创造：历史

A. 发扬：光大　　B. 社会：和谐

C. 扩大：内需　　D. 文化：传承

解答：

本题答案是 C，是动宾关系。

5. 并列关系

指两个词语构成并列关系。

例 12：

从四个选项中，找出一个与题干关系最为类似的一组。

土豆：白菜

A. 丰功：伟绩　　B. 嵩山：少林

C. 博士：教授　　D. 飞鸟：老鹰

解答：

本题答案是 A，都可以构成并列关系。

6. 修饰关系

指一个词语对另一个词语有修饰作用。

例 13：

从四个选项中，找出一个与题干关系最为类似的一组。

可爱：小猫

A. 美丽：牛顿　　B. 雄伟：华山

C. 教授：渊博　　D. 鬼哭：狼嚎

解答：

本题答案是 B，两个词语有修饰关系。

7. 象征关系

指一个词语是另一个词语的象征义。

例 14：

从四个选项中，找出一个与题干关系最为类似的一组。

白鸽：和平

A. 大海：浩瀚　　B. 玫瑰：爱情

C. 博士：渊博　　D. 乌龟：缓慢

解答：

本题答案是 B，白鸽象征和平，玫瑰象征爱情。

三、经验常识

1. 特征关系

指一件事物与其主要特征、性质之间的关系。

例 15：

从四个选项中，找出一个与题干关系最为类似的一组。

士兵：军装

A. 黄河：泥沙　　B. 职员：白领

C. 医生：白大褂　　D. 男人：帽子

解答：

本题答案是 C，两个词都是特征关系。

2. 功能关系

指一件事物与其主要功能、用途之间的关系。

例 16：

从四个选项中，找出一个与题干关系最为类似的一组。

图书：知识

A. 饮食：健康　　B. 休息：劳累

C. 医生：疾病　　D. 导航：路线

解答：

本题答案是 D，它们之间都是功能关系。

3. 工具关系

指人物与工具的关系，或者工具与作用的关系。

例 17：

从四个选项中，找出一个与题干关系最为类似的一组。

农民：锄头

A. 居民：水井　　B. 猎人：弓弩

C. 老师：知识　　D. 飞鸟：翅膀

解答：

本题答案是 B，它们之间都是工具关系。

4. 材料关系

指事物与它的制作材料之间的关系。

例 18：

从四个选项中，找出一个与题干关系最为类似的一组。

纸张：图书

A. 水流：长江　　B. 黄山：石头

C. 泥土：陶瓷　　D. 竹子：木船

解答：

本题答案是 C，它们之间都是材料关系。

5. 常识关系

指日常生活中常用的一些文史、地理、科学等方面的常识。

例 19：

从四个选项中，找出一个与题干关系最为类似的一组。

大连：辽宁

A. 巢湖：安徽　　B. 华山：四川

C. 武汉：湖南　　D. 萍乡：江西

解答：

本题答案是 D，是地理常识关系，前面是城市，后面是所在省份。大连市在辽宁，萍乡市在江西。

326. 类比推理

从四个选项中，找出一个与题干关系最为类似的一组。

石头：剪刀：布

A. 斧头：扳手：锤子　　B. 电脑：电视：洗衣机

C. 包袱：剪子：锤子　　D. 铁：玻璃：木头

327. 类比推理

如果 MP3 相对于听音乐，那么手机相对于(　　)

A. 娱乐　　B. 阅读　　C. 打电话　　D. 计算

328. 类比推理

从四个选项中，找出一个与题干关系最为类似的一组。

铁：金属：固体

A. 食品：副食品：饼干　　B. 头：身体：躯干

C. 手：手指：食指　　D. 馒头：食物：物质

329. 类比推理

从四个选项中，找出一个与题干关系最为类似的一组。

阳光：紫外线

A. 电脑：辐射　　B. 海水：氯化钠

C. 混合物：单质　　D. 微波炉：微波

330. 类比推理

从四个选项中，找出一个与题干关系最为类似的一组。

恋爱：结婚

A. 上学：毕业　　B. 幸福：痛苦

C. 狂风：细雨　　D. 山川：大河

331. 类比推理

从四个选项中，找出一个与题干关系最为类似的一组。

易中天：三国演义

A. 武松：水浒传　　B. 金庸：射雕英雄传

C. 白居易：长恨歌　　D. 于丹：论语

332. 类比推理

从四个选项中，找出一个与题干关系最为类似的一组。

杂志对于(　　)相当于(　　)对于农民

A. 报纸　菜农　　B. 纸张　土豆

C. 书刊　土地　　D. 编辑　白菜

333. 类比推理

从四个选项中，找出一个与题干关系最为类似的一组。

作家：出版社：读者

A. 老师：学校：学生　　B. 货物：售货员：顾客

C. 医生：医院：病人　　D. 厂商：营业员：消费者

334. 类比推理

从四个选项中，找出一个与题干关系最为类似的一组。

寡 对于（　）相当于利 对于（　）

A. 孤 弊　　B. 少 害　　C. 众 钝　　D. 多 益

335. 类比推理

从四个选项中，找出一个与题干关系最为类似的一组。

空调：风扇

A. 楼梯：电梯　　B. 丝巾：帽子　　C. 冰箱：电视　　D. 窗户：门框

336. 类比推理

从四个选项中，找出一个与题干关系最为类似的一组。

火：寒冷

A. 信：隐私　　B. 钱：财富　　C. 才：能力　　D. 水：干渴

337. 类比推理

从四个选项中，找出一个与题干关系最为类似的一组。

插座：插头

A. 眼镜：镜盒　　B. 针线：纽扣　　C. 螺丝：螺帽　　D. 筷子：碗

338. 类比推理

从四个选项中，找出一个与题干关系最为类似的一组。

开封：汴京

A. 南京：金陵　　B. 武汉：鄂　　C. 太原：晋　　D. 昆明：春城

339. 类比推理

从四个选项中，找出一个与题干关系最为类似的一组。
豆浆：豆腐
A. 椅子：木头　B. 酸奶：奶酪　C. 干冰：冰块　D. 书本：纸片

340. 类比推理

男孩对父亲，正如女孩对(　　)
A. 妇女　B. 太太　C. 夫人　D. 姑娘　E. 母亲

341. 类比推理

从四个选项中，找出一个与题干关系最为类似的一组。
侵犯：自卫
A. 学习：进步　B. 控告：辩护　C. 胜利：失败　D. 沮丧：鼓励

342. 类比推理

从四个选项中，找出一个与题干关系最为类似的一组。
大同：小异
A. 前怕狼：后怕虎　B. 内忧：外患
C. 青山：绿水　D. 深入：浅出

343. 类比推理

从四个选项中，找出一个与题干关系最为类似的一组。
努力：失败
A. 发芽：开花　B. 耕耘：歉收
C. 城市：乡村　D. 起诉：被告

344. 类比推理

从四个选项中，找出一个与题干关系最为类似的一组。

打印机：文件

A. 家具：衣柜　　B. 冰箱：食物

C. 洗衣机：洗衣服　　D. 水果：西瓜

345. 类比推理

从四个选项中，找出一个与题干关系最为类似的一组。

逗号：中止

A. 句号：停顿　　B. 金钱：花销

C. 回车：换行　　D. 猪肉：食物

346. 类比推理

从四个选项中，找出一个与题干关系最为类似的一组。

肠胃：消化

A. 心脏：思考　　B. 汽车：驾驶

C. 货车：运输　　D. 电脑：文件

347. 类比推理

从四个选项中，找出一个与题干关系最为类似的一组。

禾苗：土地

A. 学生：学校　　B. 老师：大学

C. 心脏：循环　　D. 病人：医院

348. 类比推理

从四个选项中，找出一个与题干关系最为类似的一组。

学生：考试：成绩

A. 司机：汽车：客人　　B. 保姆：客户：小孩

C. 职员：工作：工资　　D. 老师：学生：考试

349. 类比推理

从四个选项中，找出一个与题干关系最为类似的一组。

(　　)对于名垂千古相当于廉洁奉公对于　(　　)

A. 身败名裂——贪赃枉法　　B. 德高望重——流芳百世

C. 疾恶如仇——乐善好施　　D. 见利忘义——独断专行

350. 类比推理

从四个选项中，找出一个与题干关系最为类似的一组。

(　　)对于痊愈相当于改革对于(　　)

A. 治疗——发展　　B. 休息——革命

C. 医生——创新　　D. 病人——改变

351. 类比推理

从四个选项中，找出一个与题干关系最为类似的一组。

松花江：黑龙江

A. 洞庭湖：四川　　B. 庐山：江苏

C. 长白山：山西　　D. 泰山：山东

352. 类比推理

从四个选项中，找出一个与题干关系最为类似的一组。

失恋了：很痛苦

A. 夜晚停电了：屋里黑　　B. 吃饭了：肚子饿

C. 加油站：跑得快　　D. 毕业了：见不到

353. 类比推理

从四个选项中，找出一个与题干关系最为类似的一组。

(　　)对于山脉相当于星星对于(　　)

A. 江河——星系　　B. 山峰——星座

C. 石头——月亮　　D. 土地——银河

354. 类比推理

从四个选项中，找出一个与题干关系最为类似的一组。

试卷：测评

A. 书信：联络
B. 汽车：司机
C. 白领：工资
D. 厨师：饭菜

355. 类比推理

从四个选项中，找出一个与题干关系最为类似的一组。

龙：狗：鼠

A. 马：牛：羊
B. 猫：虎：蛇
C. 狼：狗：猪
D. 鸡：鸭：鹅

356. 类比推理

从四个选项中，找出一个与题干关系最为类似的一组。

马铃薯：土豆

A. 地瓜：红薯
B. 鲜花：玫瑰
C. 甘蓝：大白菜
D. 杨花：柳絮

357. 类比推理

从四个选项中，找出一个与题干关系最为类似的一组。

(　　)对于纸张相当于毛衣对于(　　)

A. 书本——毛线
B. 文字——衣服
C. 钢笔——身体
D. 木头——裤子

358. 类比推理

从四个选项中，找出一个与题干关系最为类似的一组。

旗帜：天空

A. 学生：社团
B. 音符：歌曲
C. 棋子：棋盘
D. 同事：办公室

359. 类比推理

从四个选项中，找出一个与题干关系最为类似的一组。

商场：经理：售货员

A. 黄牛：牛肉：超市　　B. 教室：老师：学生

C. 田地：农民：作物　　D. 动物园：野兽：人群

360. 类比推理

从四个选项中，找出一个与题干关系最为类似的一组。

汽车：运输：事故

A. 渔网：鱼群：结网　　B. 海难：编织：渔网

C. 渔船：捕鱼：海难　　D. 捕鱼：结网：海难

361. 类比推理

从四个选项中，找出一个与题干关系最为类似的一组。

轮船：海洋：陆地

A. 飞机：海洋：天空　　B. 海洋：鲸鱼：陆地

C. 海鸥：天空：地面　　D. 山：河流：芦苇

362. 类比推理

从四个选项中，找出一个与题干关系最为类似的一组。

水果：苹果：西瓜：梨

A. 梨：香梨：黄梨：贡梨

B. 树木：树枝：树干：树根

C. 家具：椅子：凳子：电脑

D. 山脉：长白山：高山：昆仑山

363. 类比推理

从四个选项中，找出一个与题干关系最为类似的一组。

绿豆：豌豆

A. 家具：灯具　　B. 猴子：树木　　C. 鲨鱼：鲸鱼　　D. 香瓜：西瓜

364. 类比推理

从四个选项中，找出一个与题干关系最为类似的一组。

雨伞：挡雨

A. 火柴：生火　B. 书本：知识　C. 勇气：鼓舞　D. 白菜：食物

365. 类比推理

从四个选项中，找出一个与题干关系最为类似的一组。

荷花：水芙蓉

A. 兔子：月亮　B. 住宅：住所　C. 和尚：寺庙　D. 牡丹：玫瑰

366. 类比推理

从四个选项中，找出一个与题干关系最为类似的一组。

书籍：纸张：(　　) 相当于 菜肴：萝卜：(　　)

A. 杂志、土豆　B. 文字、水　C. 油墨、调料　D. 钢笔、牛肉

367. 类比推理

从四个选项中，找出一个与题干关系最为类似的一组。

(　　)对于知识相当于分析对于(　　)。

A. 图书 毕业　B. 学习 结论　C. 老师 研究　D. 学生 学问

368. 类比推理

从四个选项中，找出一个与题干关系最为类似的一组。

稻谷：大米

A. 核桃：桃仁　B. 棉花：棉衣　C. 西瓜：瓜子　D. 钢笔：墨水

369. 类比推理

从四个选项中，找出一个与题干关系最为类似的一组。

争议：仲裁：听证

A. 诉讼：审判：旁听

B. 通货膨胀：宏观调控：货币政策

C. 突发事故：现场抢救：善后处理

D. 交通安全：交通法规：交通警察

370. 类比推理

从四个选项中，找出一个与题干关系最为类似的一组。

安居乐业：颠沛流离

A. 功成名就：一将功成　　B. 乱中有序：杂乱无章

C. 雪中送炭：雪上加霜　　D. 巧夺天工：鬼斧神工

答案：

326. 类比推理

此题答案为C。为相互克制的三种物品，也是我们的猜拳游戏。

327.类比推理

选C。

328. 类比推理

此题答案为D。

329. 类比推理

根据阳光与紫外线、海水与氯化钠的关系都是整体与组成部分的关系，故选出答案为B。

330. 类比推理

本题选A。按照事情发展的顺序。

331. 类比推理

易中天的作品部分取材于《三国演义》，于丹的作品部分取材于《论语》。此题答案为D。

332. 类比推理

本题类似填空题，可以逐项代入，然后再类比两词之间的关系。通过代入我们发现“杂志对于编辑相当于菠菜对于农民”。两者间都是“产品和生产者”之间的关系，因此答案是D。

333. 类比推理

作者通过出版社出书使读者认识他，厂商通过营业员向消费者推销商品，消费者才能了解厂商。此题答案为D。

334. 类比推理

本题也是用代入法，需要注意的是，“利”这个词的意思除了“利益”、“好处”外，还有“锋利”、“尖锐”的意思。C是正确答案。

335. 类比推理

选择A。它们的功能相同。

336. 类比推理

“火可以驱走寒冷”，“水可以驱走干渴”，选择D。

337. 类比推理

螺丝与螺帽必须相互配套才能使用，插座和插头也必须相互匹配才能使用。故答案选C。

338. 类比推理

汴京是开封的古称，金陵是南京的古称，鄂和晋都是简称，春城是昆明的别称，所以选择A。

339. 类比推理

两个物体成分相同，豆浆和豆腐都属于豆制品，有相同的成分，酸奶和奶酪的成分相同，都属于奶制品，所以选B。

340. 类比推理

选E。

341. 类比推理

被侵犯后需要进行自卫，被控告后需要进行辩护。前面的词含有被动的意思，后面的词含有主动的意思，选择B。

342. 类比推理

“大”与“小”、“同”与“异”都是反义词。D选项中的“深”与“浅”、

“入”与“出”也都是反义词，故答案选 B 。

343. 类比推理

本题的关系为因果关系+反义词关系，即努力的结果是成功，成功的反义词是失败；耕耘的结果是收获，反义词是歉收。答案是为 B。

344. 类比推理

选择 B，打印机打印文件，冰箱装食物。

345. 类比推理

“逗号”的作用是“中止”。“回车”的作用是“换行”。选 C。

346. 类比推理

肠胃的功能是消化，货车的功能是运输。选择 C。

347. 类比推理

指事物所需的场所：禾苗在土地上生长，学生在学校里学习。答案为 A。

348. 类比推理

我们通过分析可以知道“学生通过考试获得成绩”，因此类比可得“职工通过工作获得工资待遇”，进而得出正确答案 C。

349. 类比推理

代入即可。身败名裂与名垂千古是反义词，廉洁奉公与贪赃枉法是反义词。选择 A。

350. 类比推理

本题为因果关系，通过治疗得以痊愈，通过改革得以发展。选择 A。

351. 类比推理

本题为地理常识题，选 D。

352. 类比推理

“失恋了”后“很痛苦”。“ 夜晚停电了”后“屋里黑”。选择 A。

353. 类比推理

个体与整体之间的关系。多座山峰构成山脉，多颗星星构成星座。选择 B。

354. 类比推理

指事物的作用，选择 A。

355. 类比推理

首先都是并列关系的动物，其次都是生肖，选择 A。

356. 类比推理

“马铃薯”就是“土豆”。“地瓜”就是“红薯”。所以选 A。

357. 类比推理

本题的两个词构成成品与原料的关系，A 选项符合要求。

358. 类比推理

“旗帜”在“天空”(飘扬)。“棋子”在“棋盘”(行走)。所以选 C。

359. 类比推理

特定环境联想到特定人员。此题答案为 B。

360. 类比推理

后面两个分别为用途和后果。此题选择 C 答案。

361. 类比推理

前两词为物体与其运动空间，后两词为对应关系。此题答案为 C。

362. 类比推理

四个词之间是总称与特称的关系，所以答案为选项 A。

363. 类比推理

本题答案为 D。有些人可能认为是 C 选项，其实鲸鱼不是鱼，而是哺乳动物。

364. 类比推理

“雨伞”用于“挡雨”。“火柴”用于“生火”。选 A。

365. 类比推理

此题答案为 B。因为水芙蓉是荷花的别称，住所是住宅的别称。

366. 类比推理

此题答案为 C。

367. 类比推理

将四个选项都代入进行比较，才能得出答案。本题选择 B，学习为了得到知识，而分析为了得到结论，属于目的关系。

368. 类比推理

稻谷加工成大米，核桃加工成桃仁。此题答案为 A。

369. 类比推理

发生争议后进行仲裁，然后是执行过程。听证是劳动仲裁中的程序。在诉讼审判中旁听也是同时发生的程序。此题答案为 A。

370. 类比推理

是对立的关系，意义相反。因此，选 C。

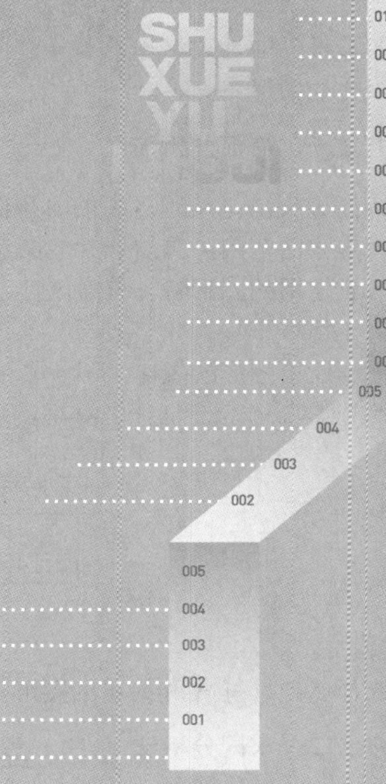

第七部分 图形推理

图形推理即通过给出的若干个图形之间的规律，从给出的选项中找出一个符合其规律的图形。

方法一：特征分析法

特征分析法是从题目中的典型图形、构成图形的典型元素出发，大致确定图形推理规律的范围，再结合其他图形和选项确定图形推理规律的分析方法。

一般常用的图形特征有封闭性、对称性、直曲性、结构特征等。

例 1：

根据所给图形的规律，下一个图形应该是哪个？

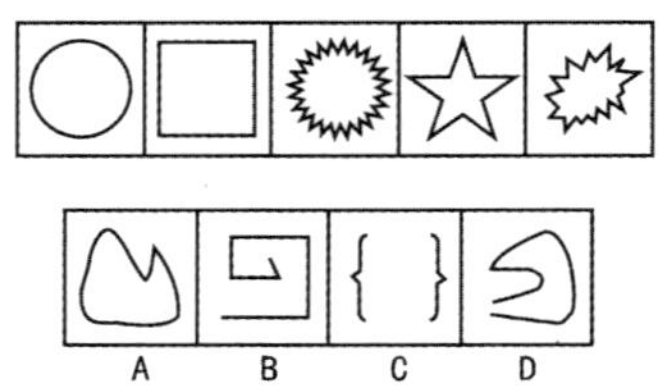

解答：

选择 A。只有 A 和给出的图形规律相同，即都是闭合的图形。

方法二：求同分析法

有时，给出的图形形状各异，没有什么明显规律，此时可以通过寻找这组图形的相同点，来确定其规律，这种方法叫求同分析法。

例 2：

下面给的四个选项中，哪一个图形与所给图形是同一类的？

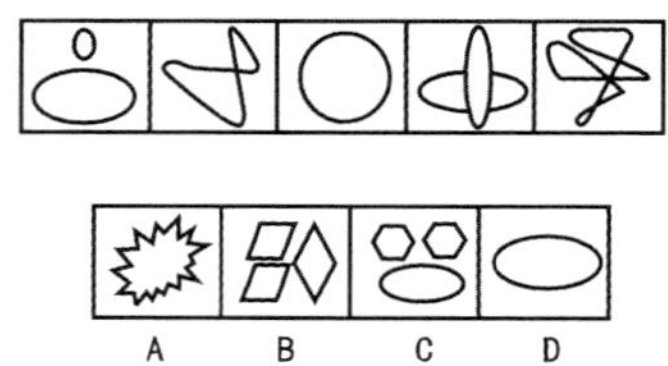

解答：

选择 D。上图五个图案看不出什么变化的规律，但都是由曲线组成的，只有 D 是完全由曲线构成，其他的图形中都含有直线。

方法三：对比分析法

当题目中所给的一组图形在构成上有很多相似点，但通过求同分析法无法解

决问题时，可以通过对比分析，寻找图形间的细微差别或者转化方式来解决问题。

例 3：

根据所给图形的规律，下一个图形应该是哪个？

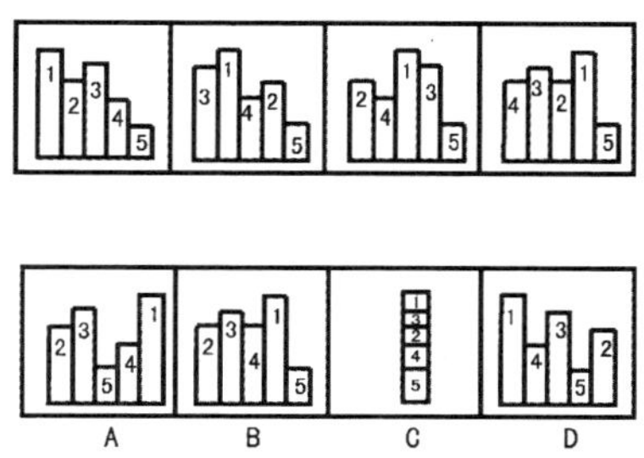

解答：

选择 C。所有的图形都是由标号 1~5 的五个竖条组成。规律为每根竖条按照它上面标的数字来移动，标“1”的每次向下移动 1 格，标“2”的每次向下移动 2 格……向下移出范围了就从上边出现。这样第四次移动后，所有的竖条都出现在第五条的位置，也就是 C 选项。

方法四：位置分析法

位置分析法是根据组成图形的不同小图形间的相对位置的变化，或者同一个图形的位置、角度变化，找出特定的规律的方法。

一般通过移动、旋转、翻转等方式形成图形的位置变化。

例 4：

根据所给图形的规律，问号处应该填什么图形？

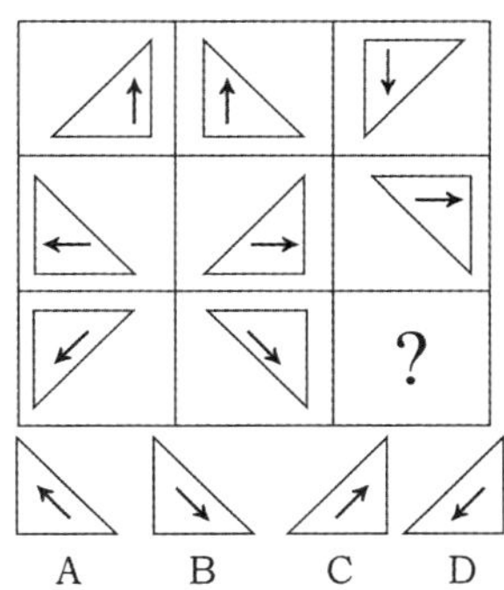

解答：

选择 C。每一行都有这样的规律，第一个图案左右翻转得到第二个图案，第二个图案上下翻转得到第三个图案。

方法五：综合分析法

大多数图形推理题目都不是通过单一方法可以解决的，需要综合运用不同推理方法，只有这样才能应对所有的图形推理题目。

例 5：

从选项中找出一个图形填在题目中的问号处，使所给的九个图形符合某一特定的规律。

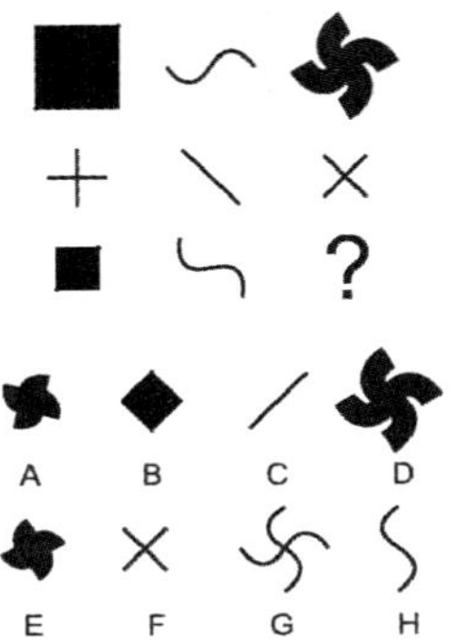

解答：

选择 E。第一行的正方形经过扭曲变换成风车状；第二行中，加号经过倾斜变成乘号；第三行的小正方形经过扭曲和倾斜两种变换，得到的就是所要的图形。

371. 扇形花瓣

从选项中找出一个图形填在题目中的问号处，使所给的九个图形符合某一特定的规律。

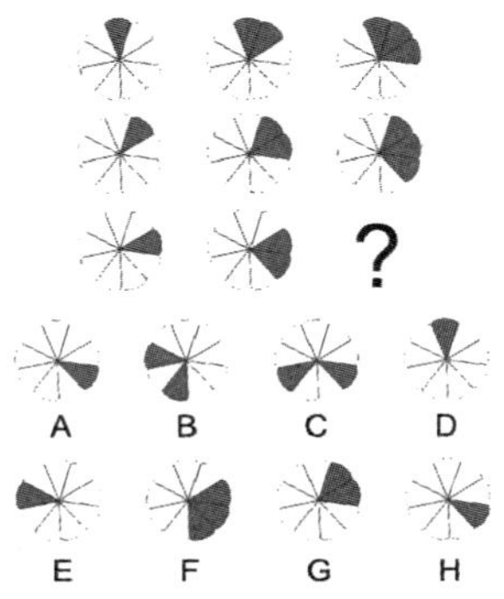

372. 灰色九宫格

从选项中找出一个图形填在题目中的问号处，使所给的九个图形符合某一特定的规律。

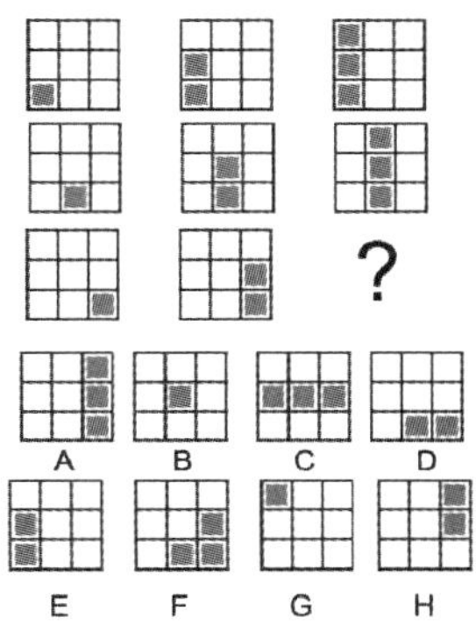

373. 九点连线

从选项中找出一个图形填在题目中的问号处，使所给的九个图形符合某一特定的规律。

?

A B C D

E F G H

374. 直线与折线

从选项中找出一个图形填在题目中的问号处，使所给的九个图形符合某一特定的规律。

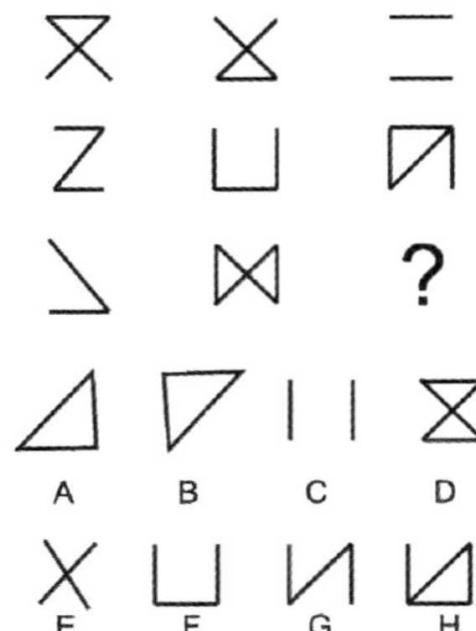

375. 奇怪的变换

问号处应该填什么?

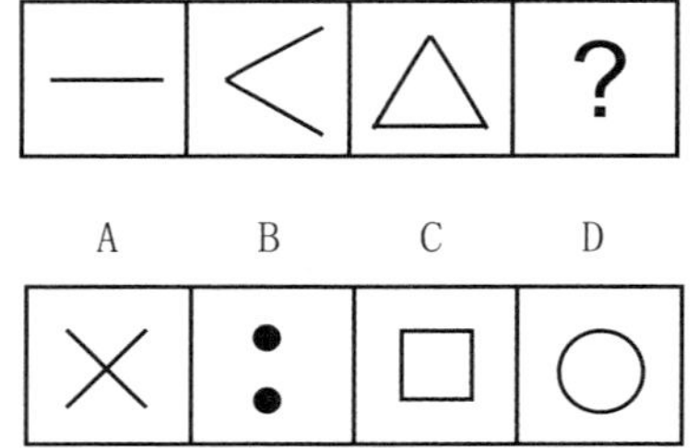

376. 角度

问号处应该填什么?

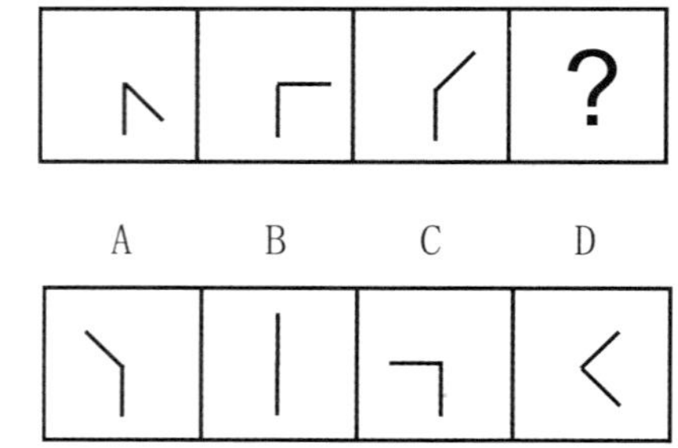

377. 分支

问号处应该填什么？

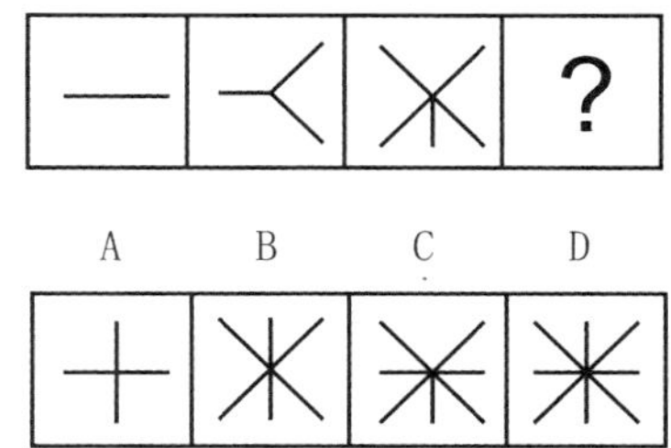

378. 延伸

问号处应该填什么？

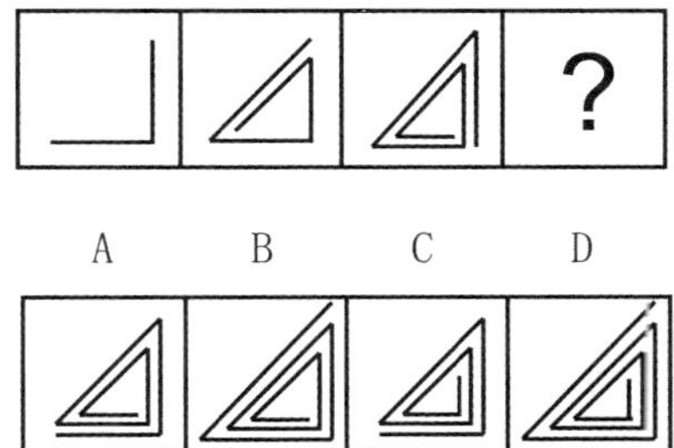

379. 嵌套

问号处应该填什么？

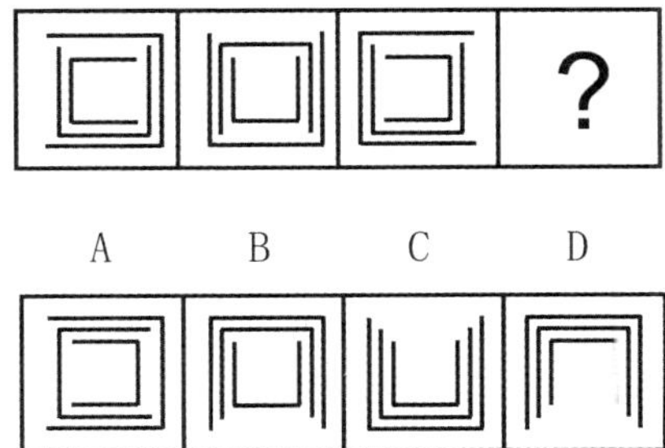

380. 骰子对比

问号处应该填什么?

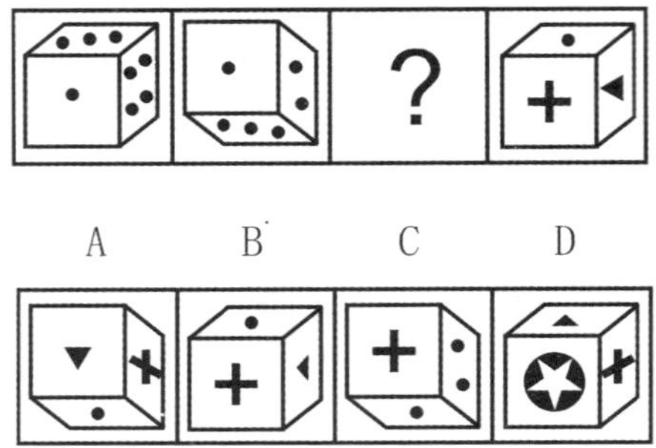

381. 五角星

根据所给图形的规律，问号处应该填什么图形?

382. 复杂的规律

根据所给图形的规律，问号处应该填什么图形?

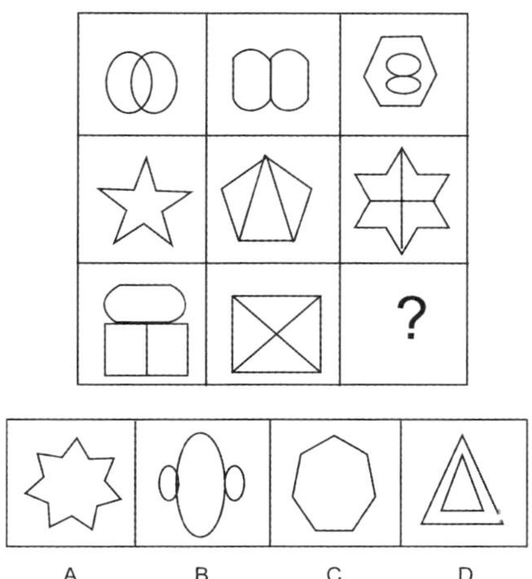

383. 画方格

根据所给图形的规律，问号处应该填什么图形？

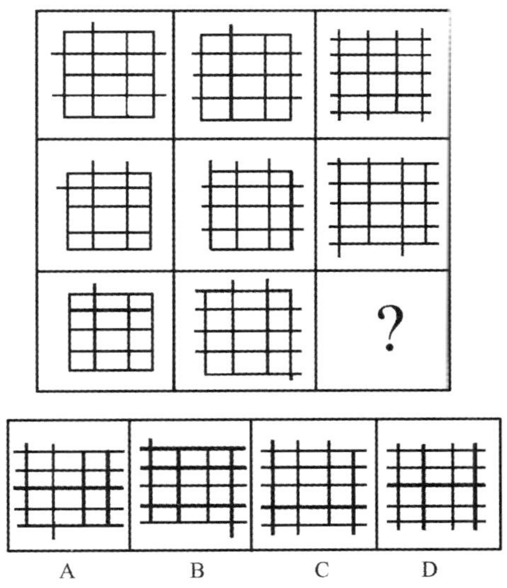

384. 汉字规律

根据所给图形的规律，问号处应该填什么图形？

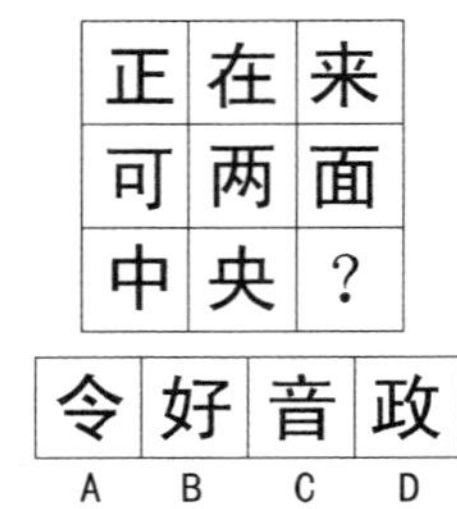

385. 九宫图案

根据所给图形的规律，问号处应该填什么图形？

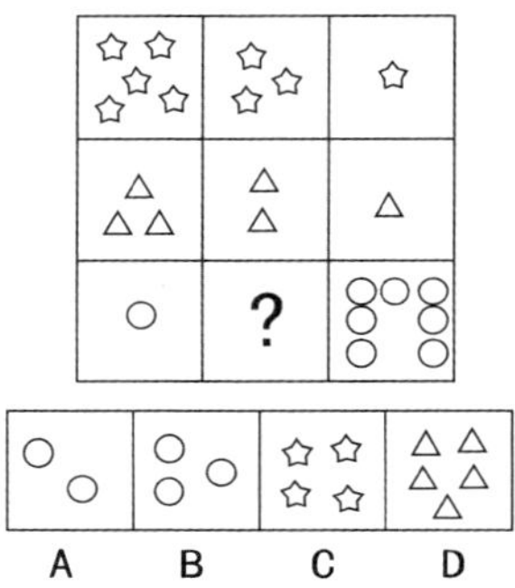

386. 男人女人

根据所给图形的规律，问号处应该填什么图形？

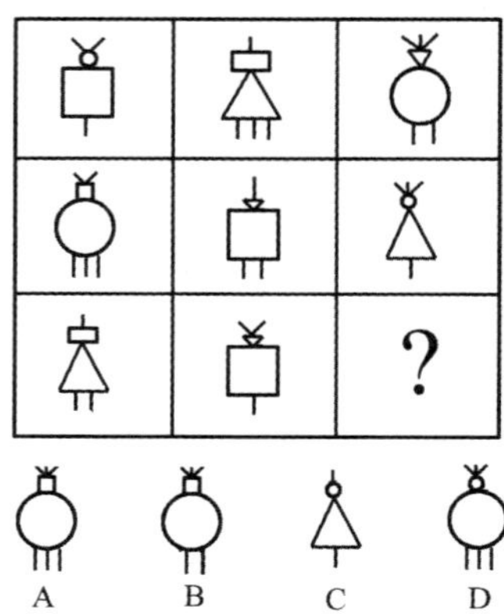

387. 日月星辰

根据所给图形的规律，问号处应该填什么图形？

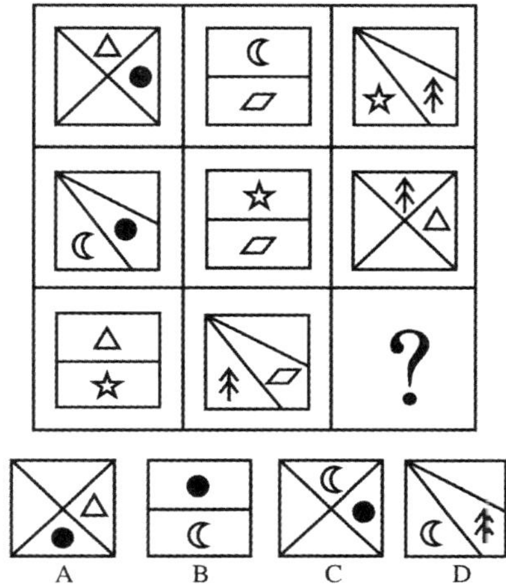

388. 方块拼图

根据所给图形的规律，问号处应该填什么图形？

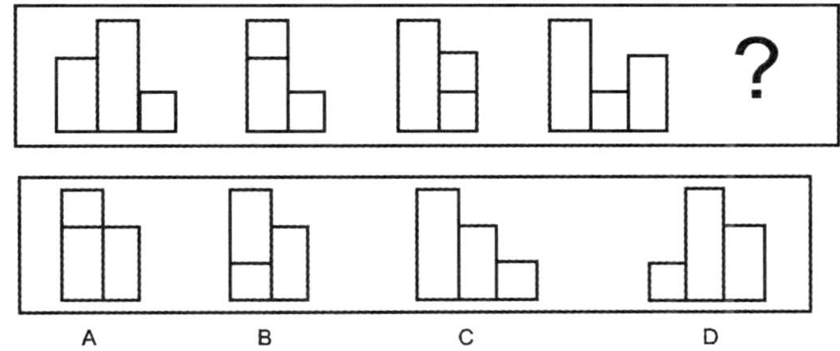

389. 放大与缩小

根据所给图形的规律，下一个图形应该是哪个？

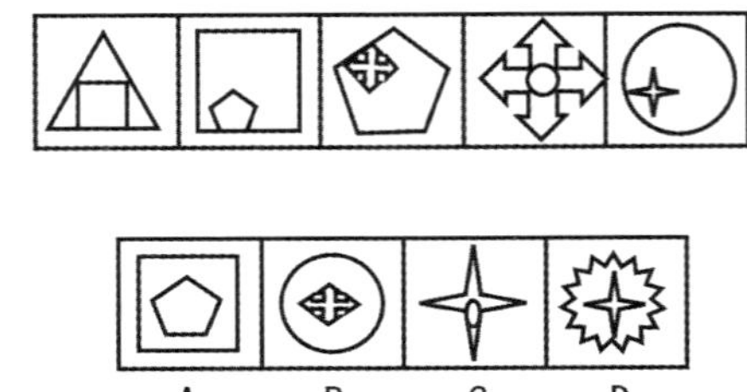

390. 螺旋曲线

根据所给图形的规律，问号处应该填什么图形？

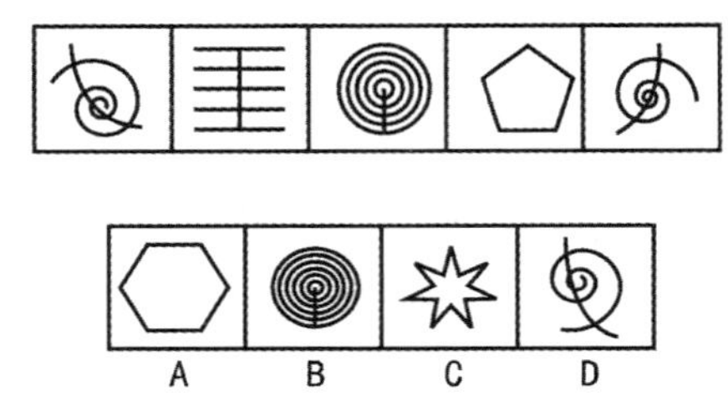

391. 三色方格

根据所给图形的规律，下一个图形应该是哪个？

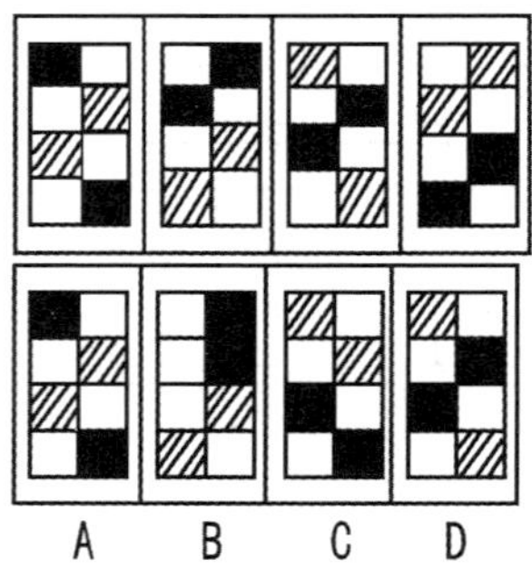

392. 直线三角圆圈

根据所给图形的规律，下一个图形应该是哪个？

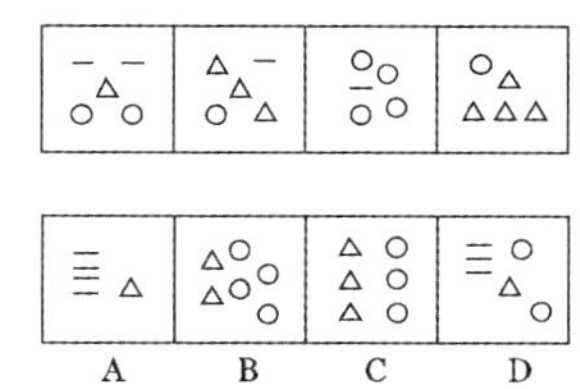

393. 直线与椭圆

根据所给图形的规律，下一个图形应该是哪个？

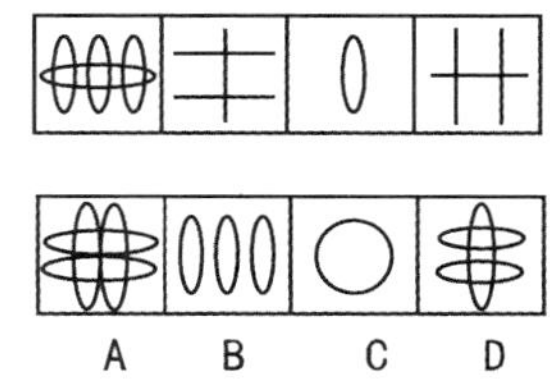

394. 构成元素

根据所给图形的规律，下一个图形应该是哪个？

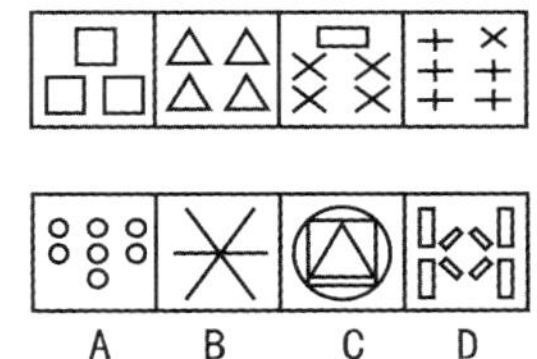

395. 斜线

根据所给图形的规律，下一个图形应该是哪个？

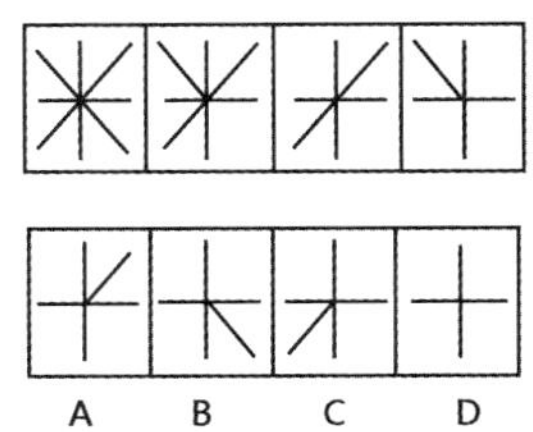

396. 圆点

根据所给图形的规律，下一个图形应该是哪个？

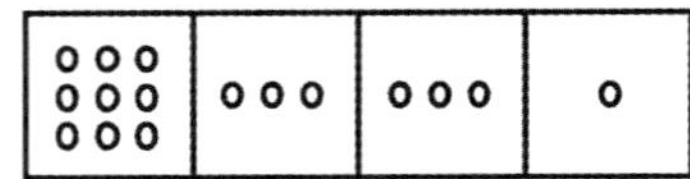

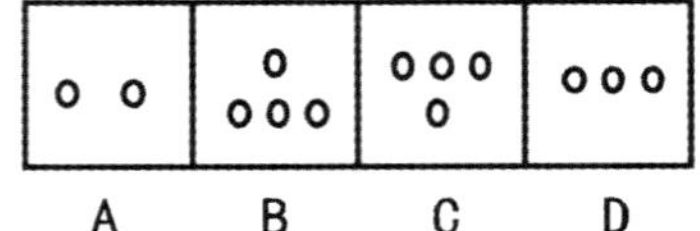

397. 阳春白雪

根据所给图形的规律，下一个图形应该是哪个？

398. 上下平衡

根据所给图形的规律，下一个图形应该是哪个？

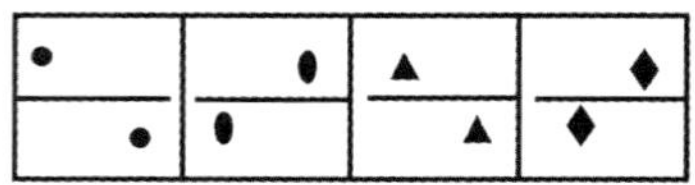

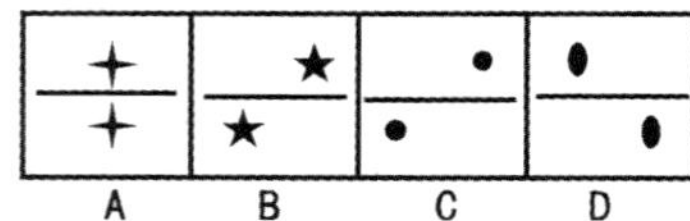

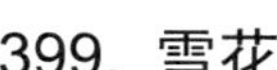

399. 雪花

根据所给图形的规律，下一个图形应该是哪个？

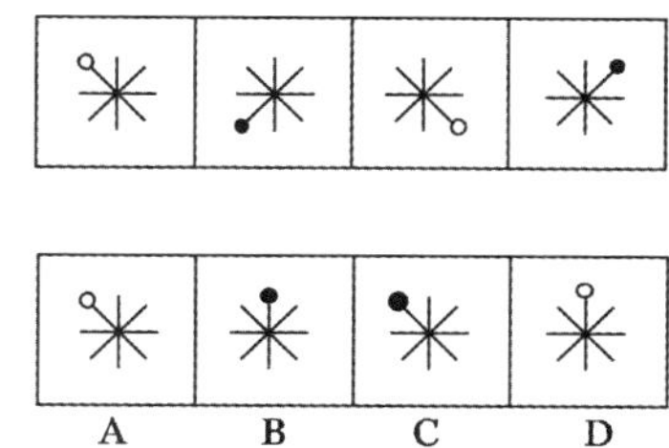

400. 双色板

根据所给图形的规律，下一个图形应该是哪个？

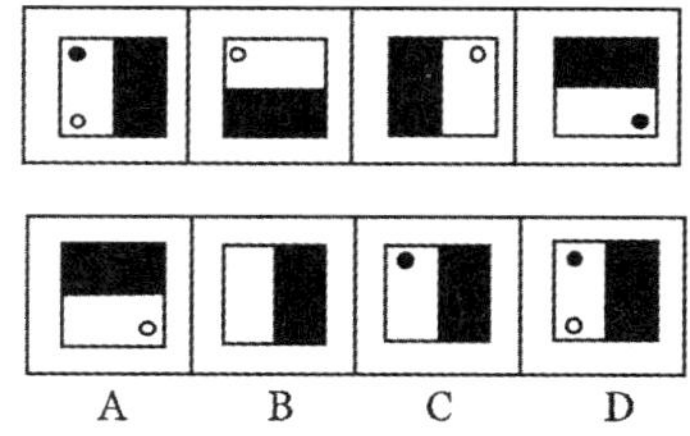

401. 奇妙的图形

根据所给图形的规律，下一个图形应该是哪个？

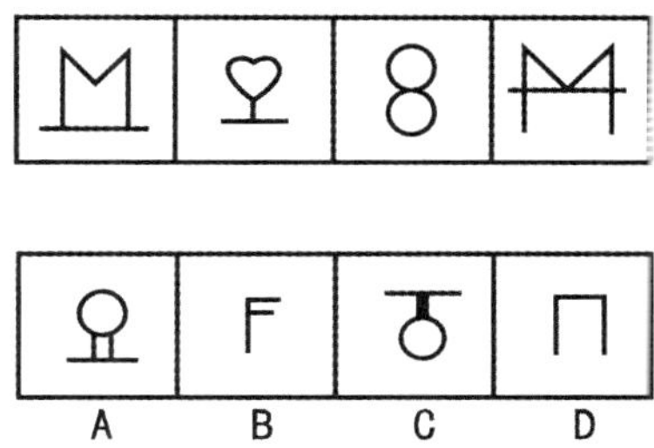

402. 巧妙的变化

根据所给图形的规律，下一个图形应该是哪个？

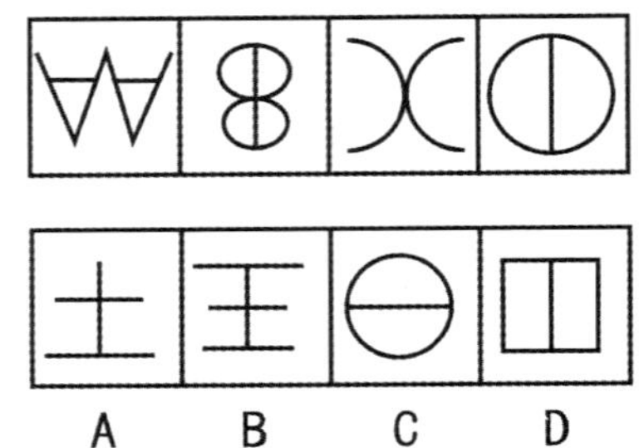

403. 线条与汉字

根据所给图形的规律，下一个图形应该是哪个？

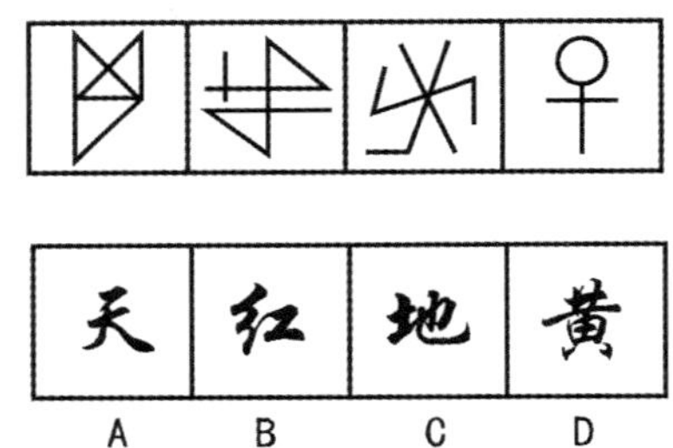

404. 共同的特点

根据所给图形的规律，下一个图形应该是哪个？

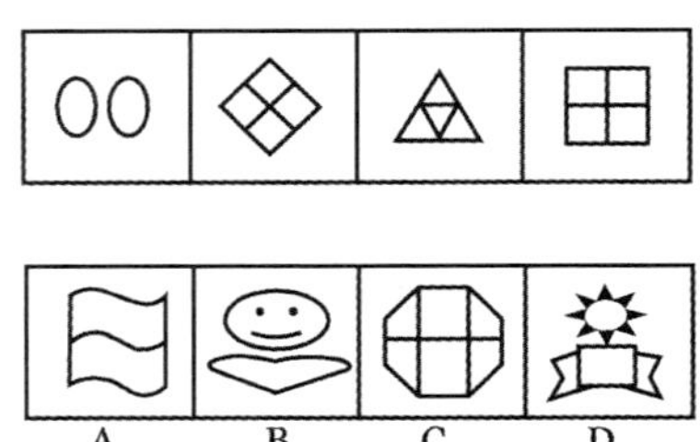

405. 卫星

根据所给图形的规律，下一个图形应该是哪个？

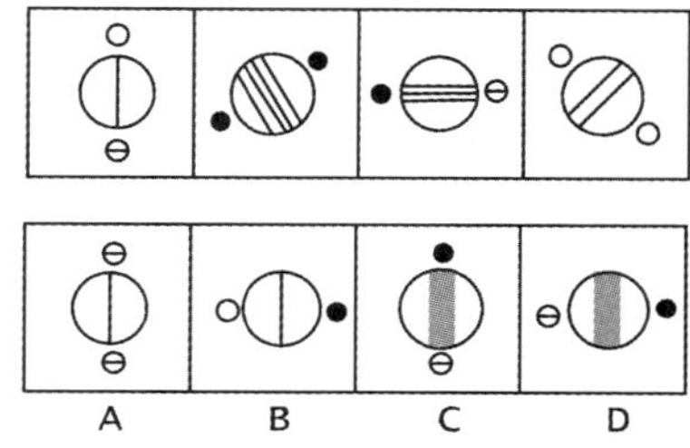

406. 缺口的田字

根据所给图形的规律，下一个图形应该是哪个？

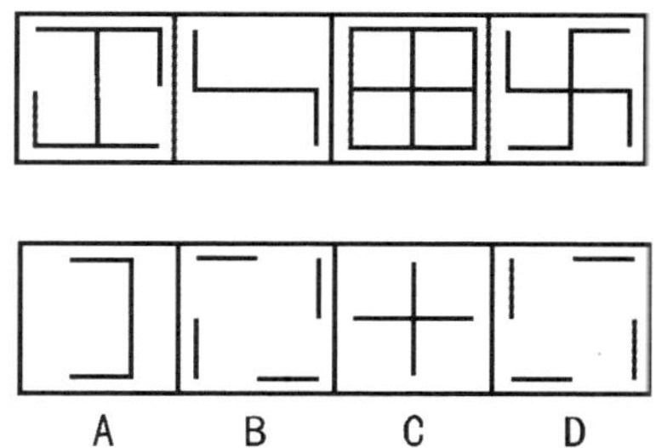

407. 分割的正方形

根据所给图形的规律，下一个图形应该是哪个？

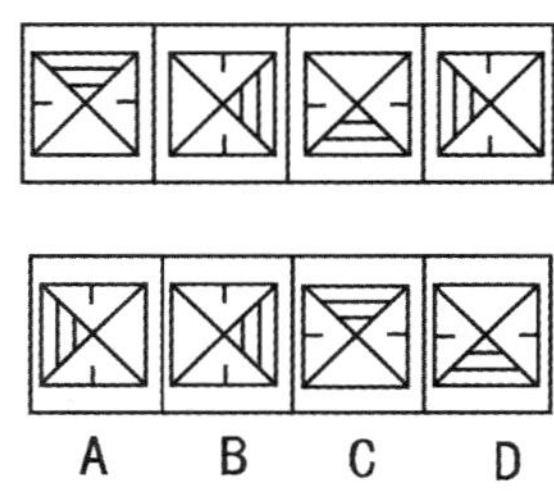

408. 灰色半圆

根据所给图形的规律，下一个图形应该是哪个？

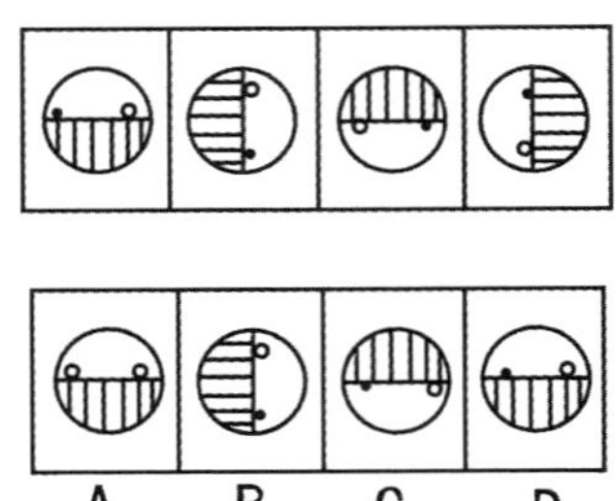

409. 美丽的图形

根据所给图形的规律，下一个图形应该是哪个？

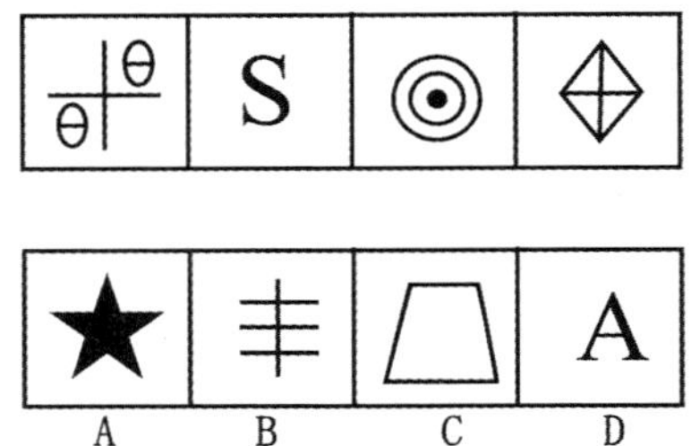

410. 遮挡

根据所给图形的规律，下一个图形应该是哪个？

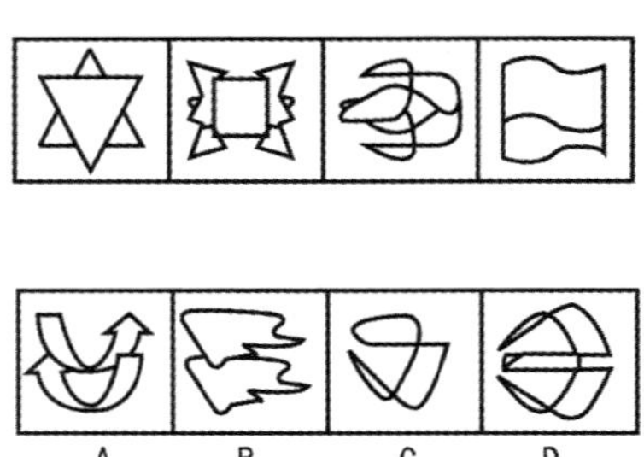

411. 有什么规律

根据所给图形的规律，下一个图形应该是哪个？

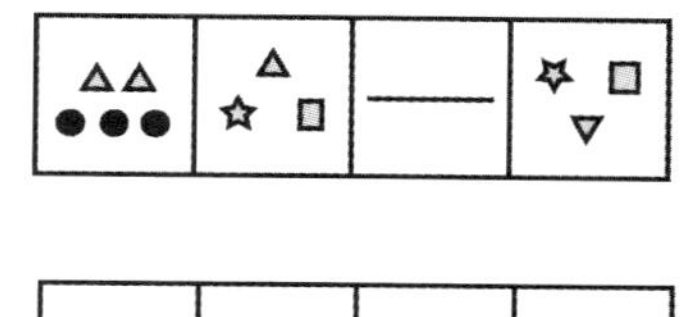

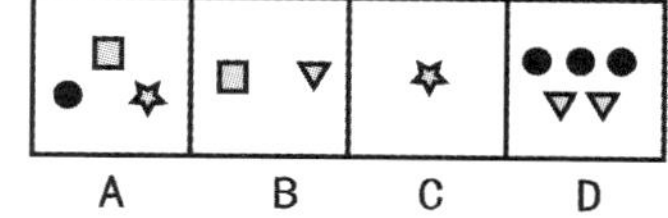

412. 贪吃蛇

根据所给图形的规律，下一个图形应该是哪个？

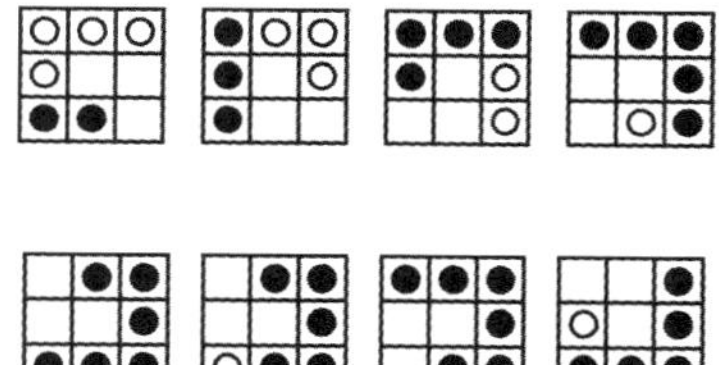

413. 角度

根据所给图形的规律，问号处应该填什么图形？

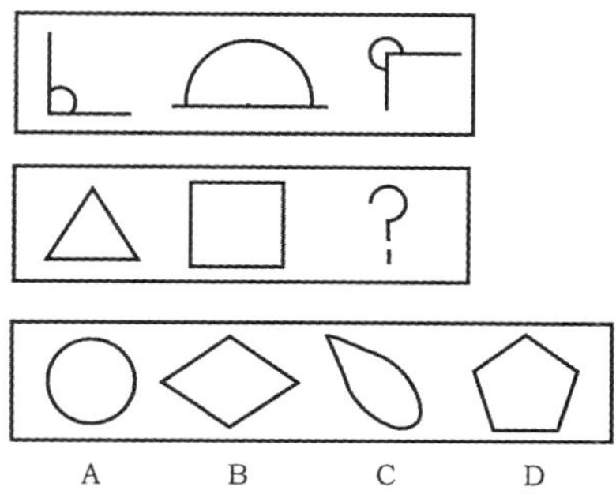

414. 直线与曲线

根据所给图形的规律，问号处应该填什么图形？

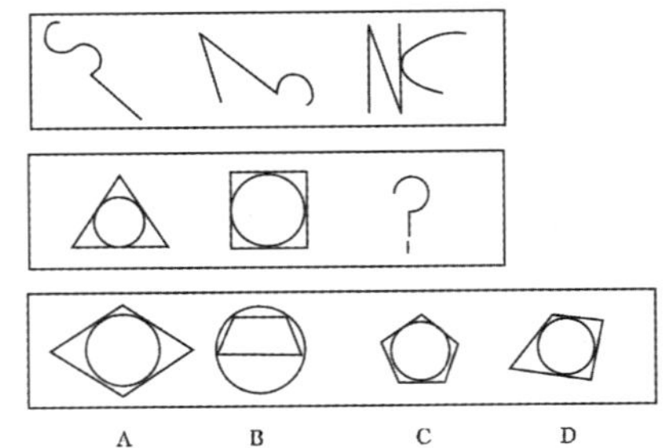

415. 五角星

根据所给图形的规律，问号处应该填什么图形？

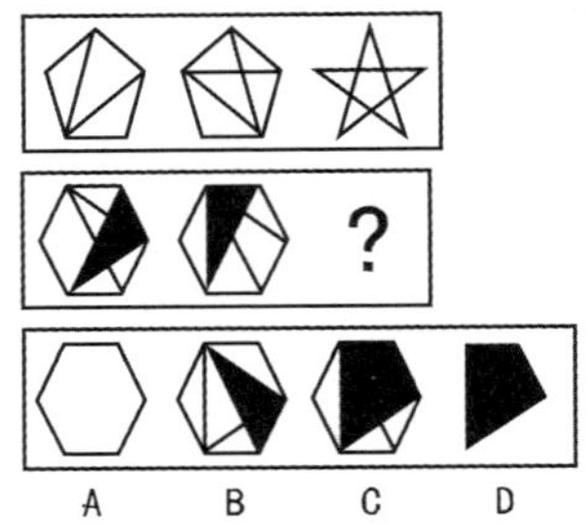

416. 汉字有规律

根据所给图形的规律，问号处应该填什么图形？

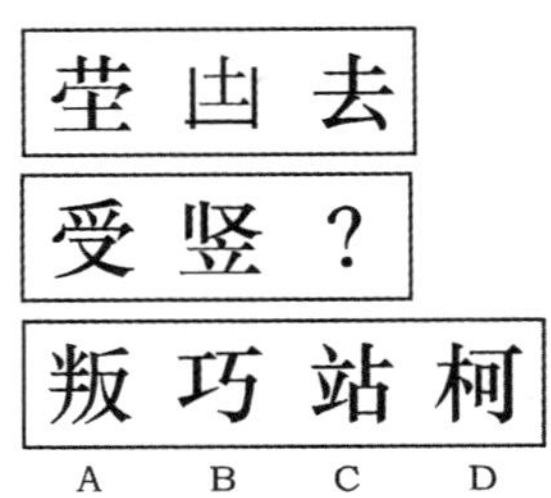

417. 字母也疯狂

根据所给图形的规律，问号处应该填什么图形？

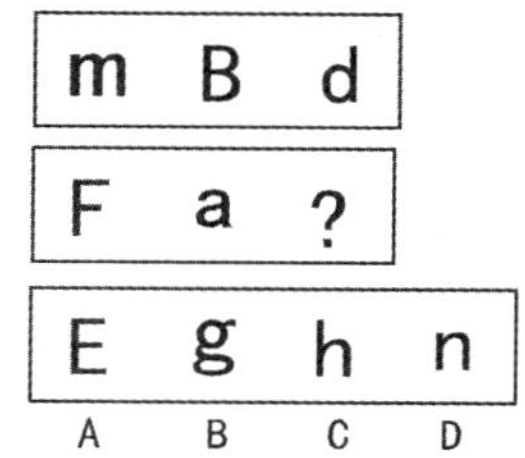

418. 没规律的线条

根据所给图形的规律，问号处应该填什么图形？

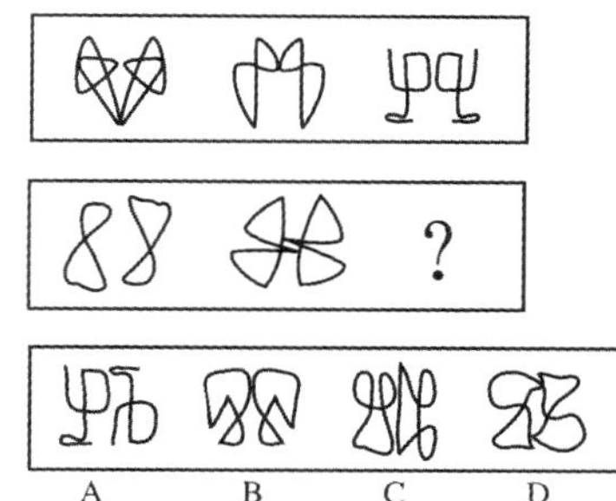

419. 汉字的规律

根据所给图形的规律，问号处应该填什么图形？

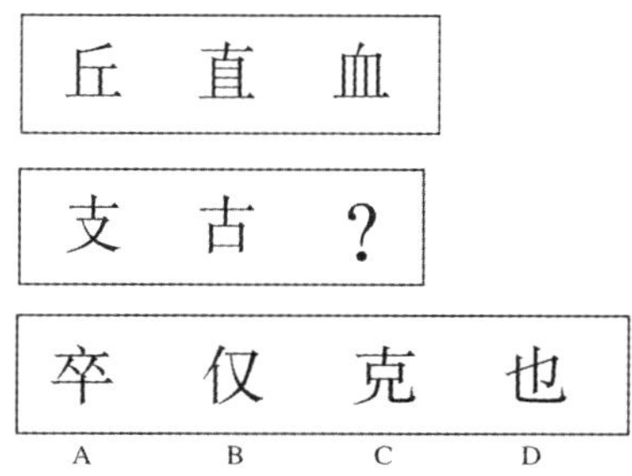

420. 三角形

根据所给图形的规律，问号处应该填什么图形？

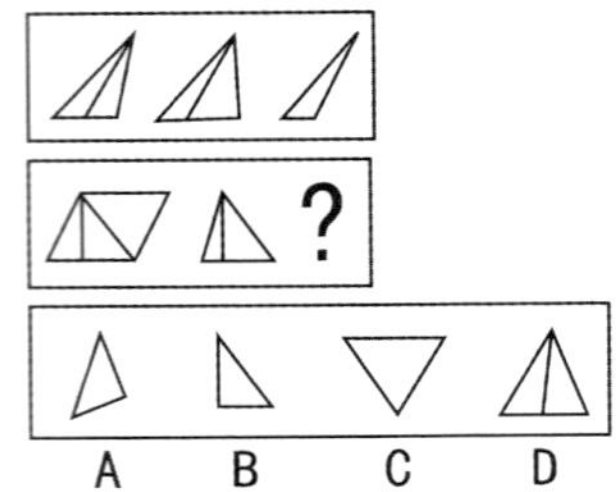

421. 不同的规律

下面四个图形中，哪一个与其他三幅图的规律不同？

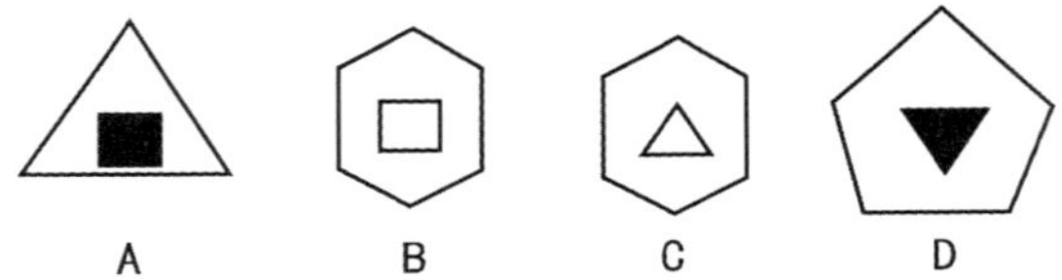

422. 花瓣图形

根据所给图形的规律，问号处应该填什么图形？

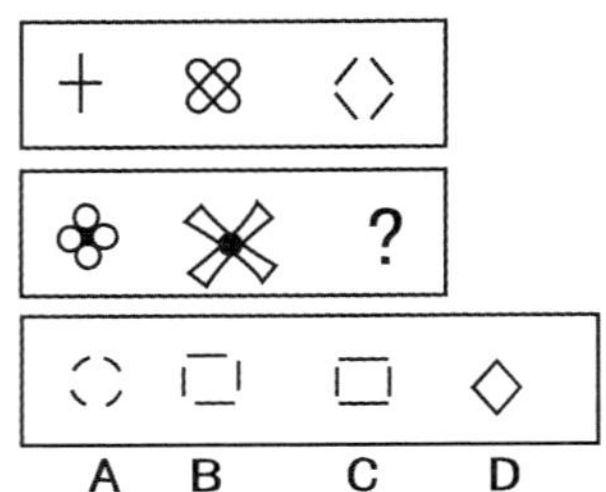

423. 简单的规律

根据所给图形的规律，问号处应该填什么图形？

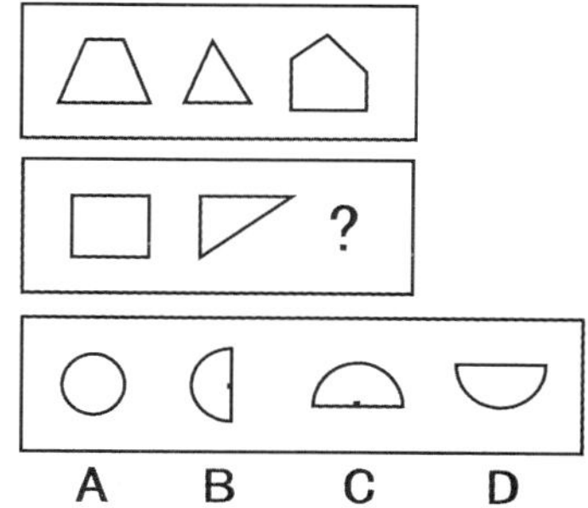

424. 复杂的图形

根据所给图形的规律，问号处应该填什么图形？

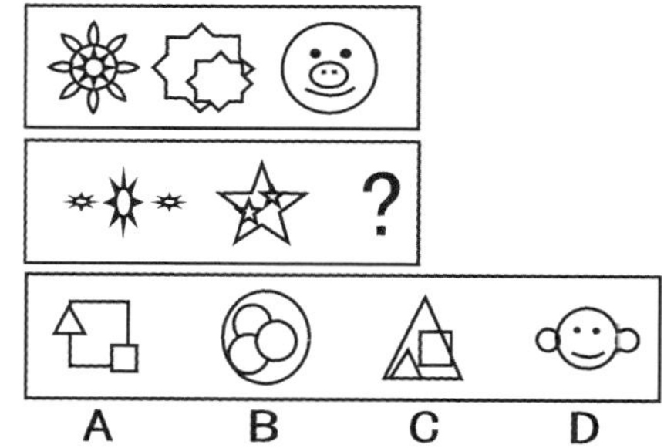

425. 跳舞的孩子

根据所给图形的规律，问号处应该填什么图形？

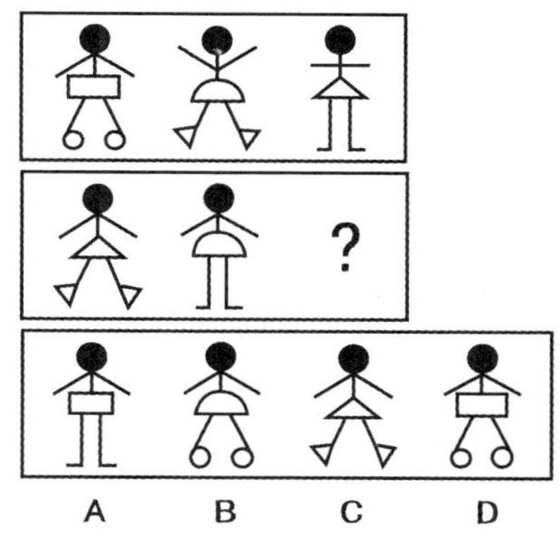

426. 字母逻辑

根据所给图形的规律，问号处应该填什么图形？

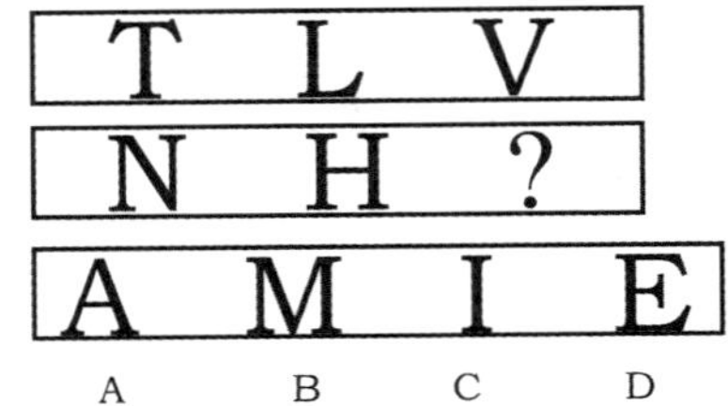

427. 什么规律

根据所给图形的规律，问号处应该填什么图形？

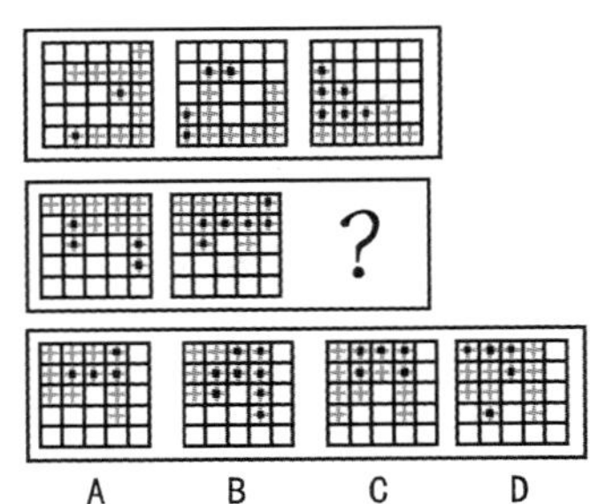

428. 复杂曲线

根据所给图形的规律，问号处应该填什么图形？

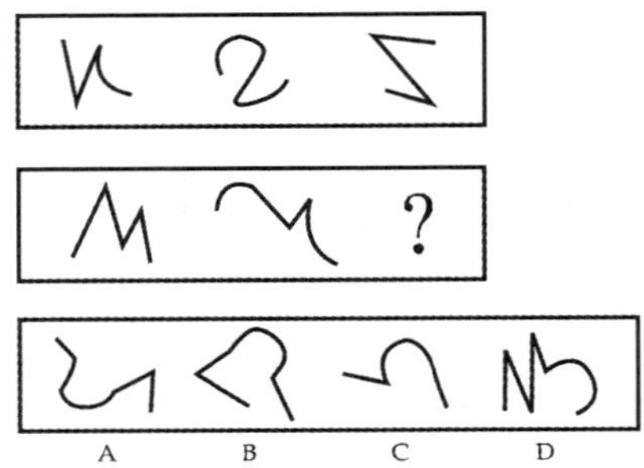

429. 折线与直线

根据所给图形的规律，问号处应该填什么图形？

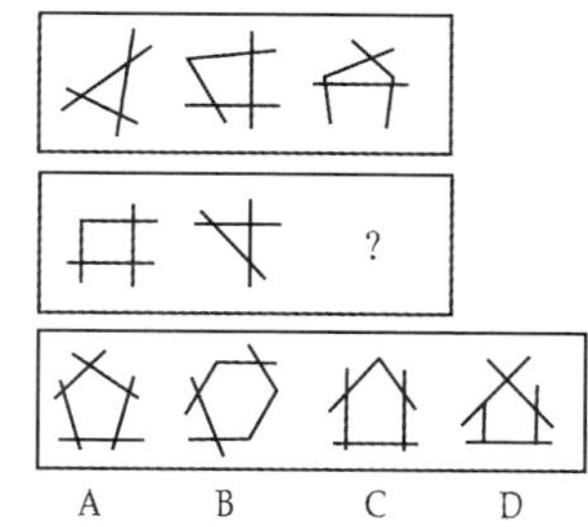

430. 文字规律

根据所给图形的规律，问号处应该填什么图形？

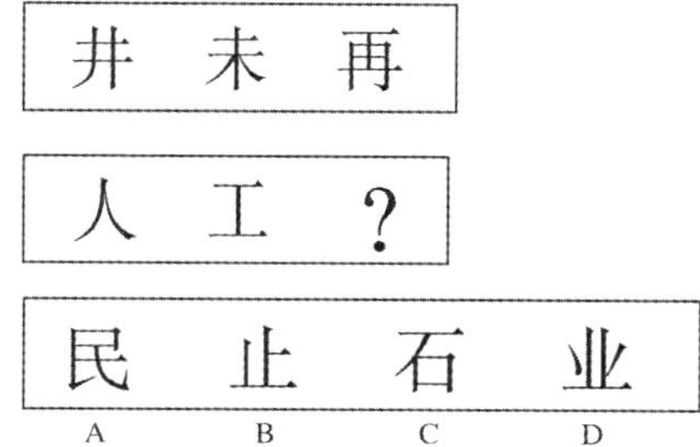

431. 涂色

根据所给图形的规律，问号处应该填什么图形？

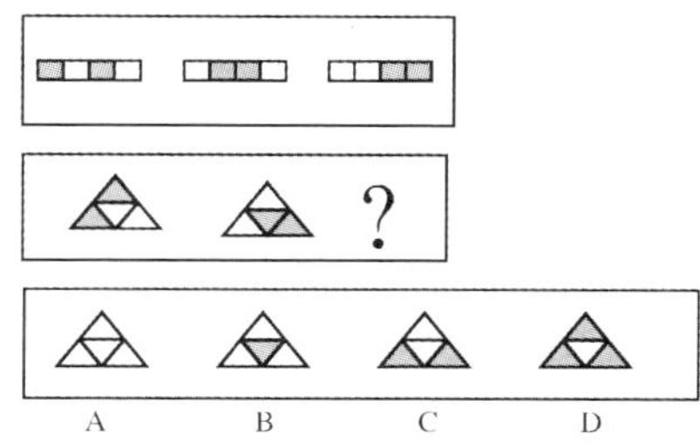

432. 简单的图形

根据所给图形的规律，问号处应该填什么图形？

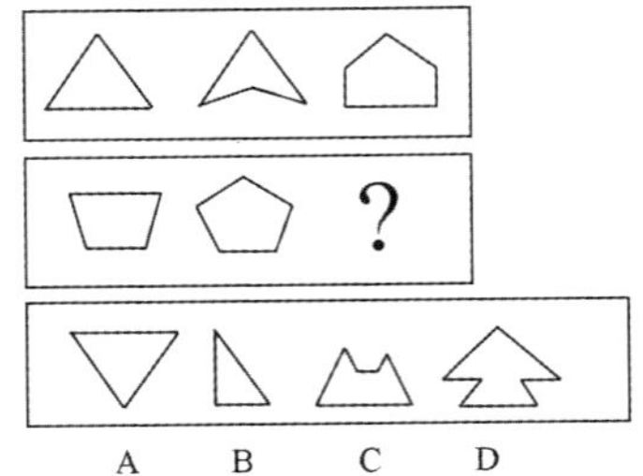

433. 星形图案

根据所给图形的规律，问号处应该填什么图形？

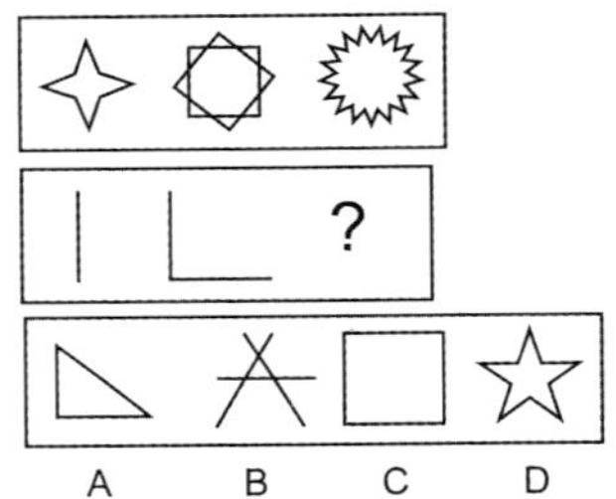

434. 切割

根据所给图形的规律，问号处应该填什么图形？

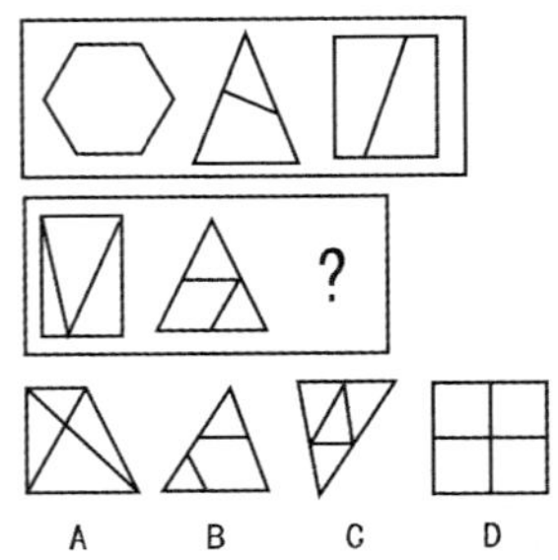

435. 字母的规律

根据所给图形的规律，问号处应该填什么图形？

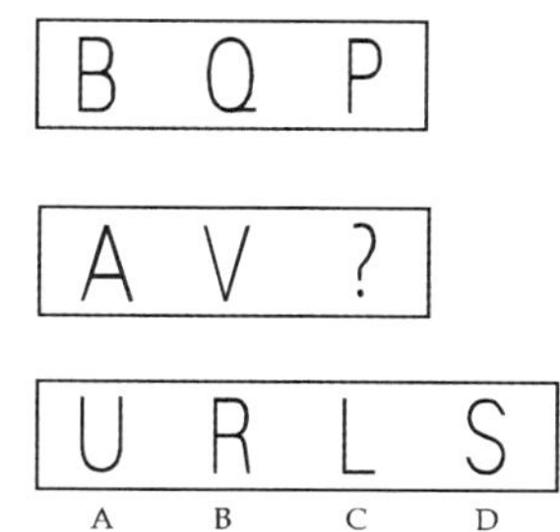

436. 线段的规律

根据所给图形的规律，问号处应该填什么图形？

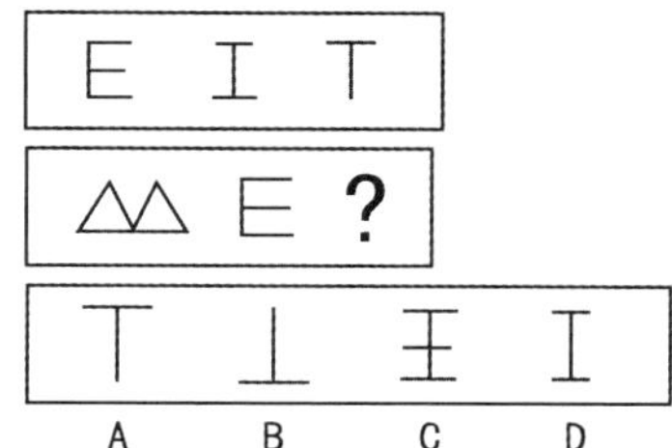

437. 金字塔

根据所给图形的规律，问号处应该填什么图形？

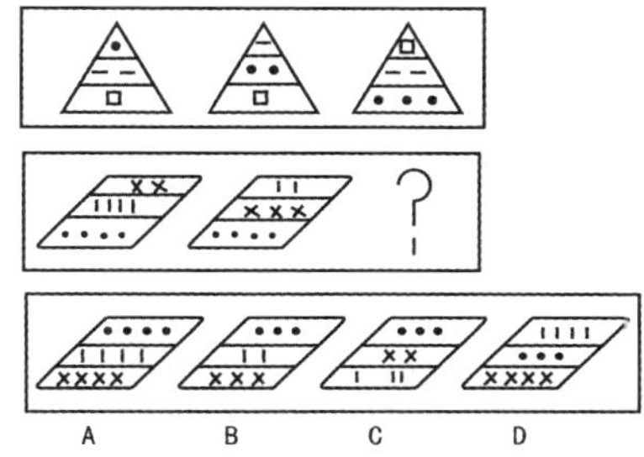

438. 奇怪图形

根据所给图形的规律，问号处应该填什么图形？

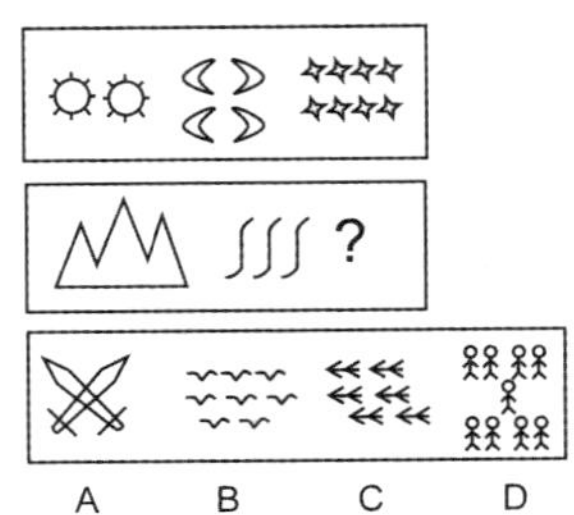

439. 超复杂图形

根据所给图形的规律，问号处应该填什么图形？

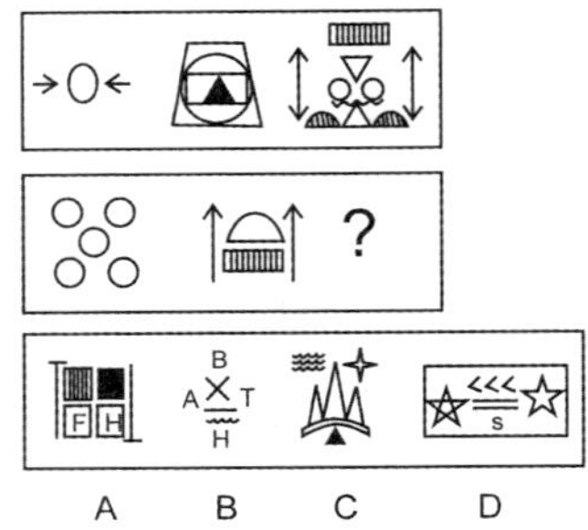

440. 神奇的规律

根据所给图形的规律，问号处应该填什么图形？

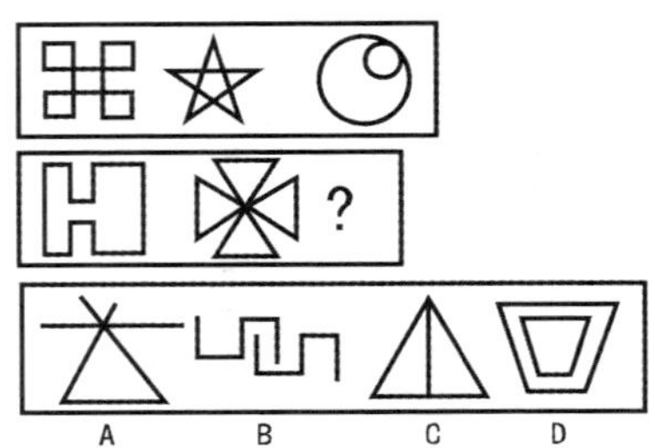

441. 立体图

根据所给图形的规律，问号处应该填什么图形？

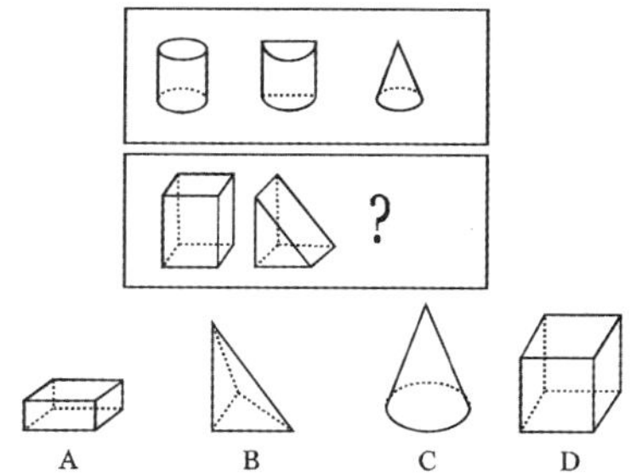

442. 阴影图形

根据所给图形的规律，问号处应该填什么图形？

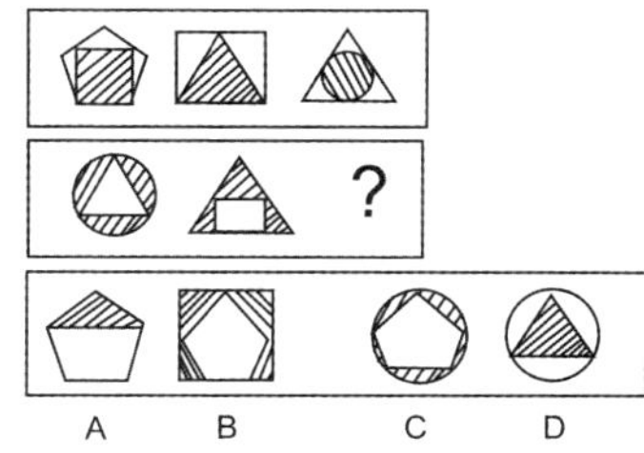

443. 阴影的共性

根据所给图形的规律，问号处应该填什么图形？

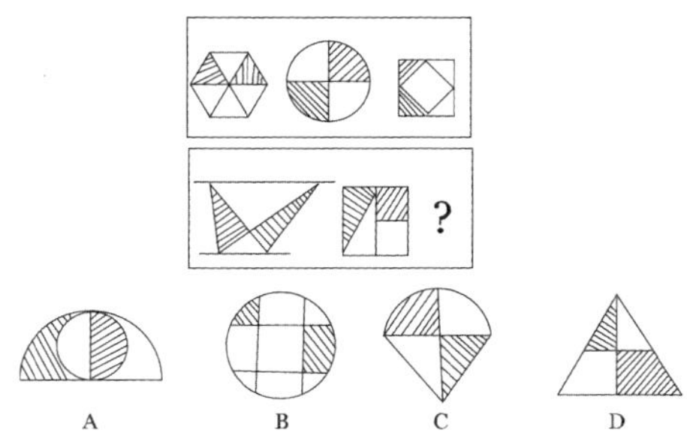

444. 黑白格子

根据所给图形的规律，问号处应该填什么图形？

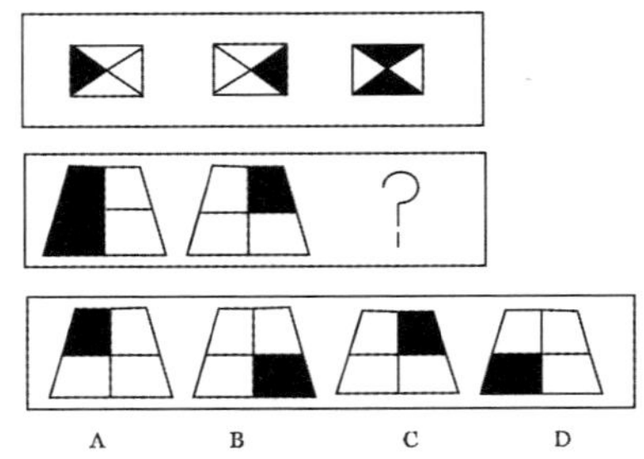

445. 找找规律

根据所给图形的规律，问号处应该填什么图形？

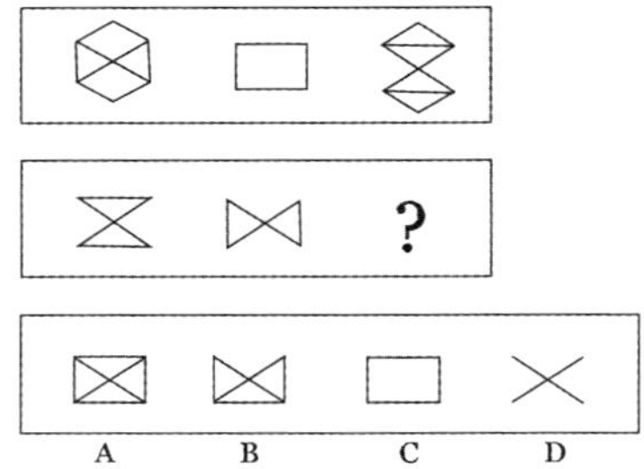

446. 四角星

根据所给图形的规律，问号处应该填什么图形？

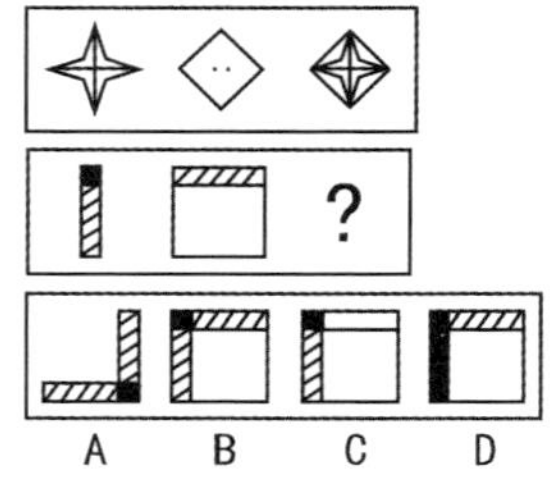

447. 黑白网格

根据所给图形的规律，问号处应该填什么图形？

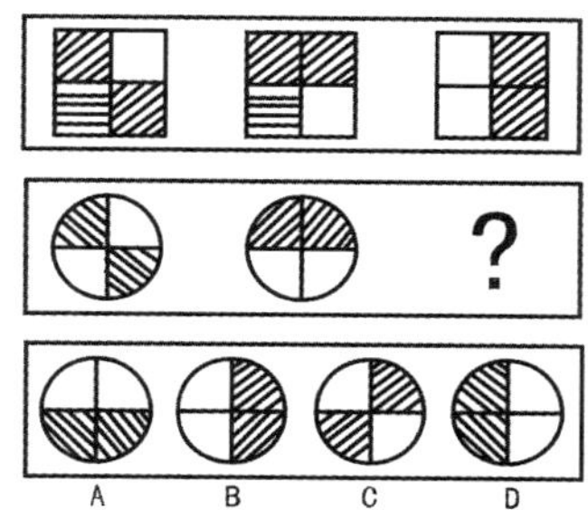

448. 填什么图形

根据所给图形的规律，问号处应该填什么图形？

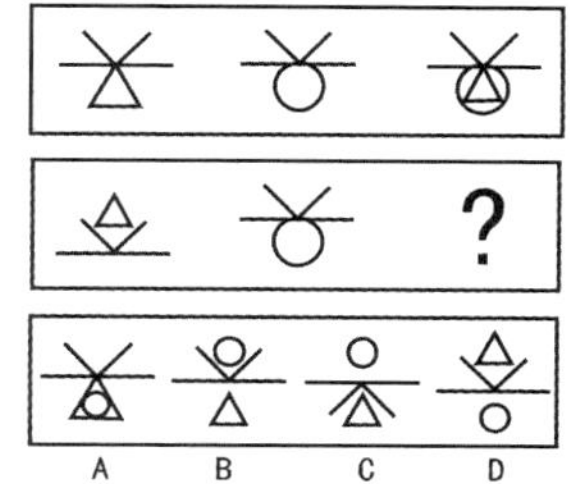

449. 十字与三角

根据所给图形的规律，问号处应该填什么图形？

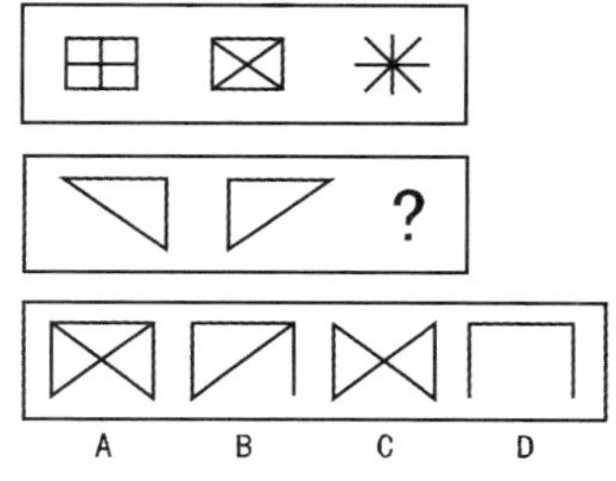

450. 黑白格

根据所给图形的规律，问号处应该填什么图形？

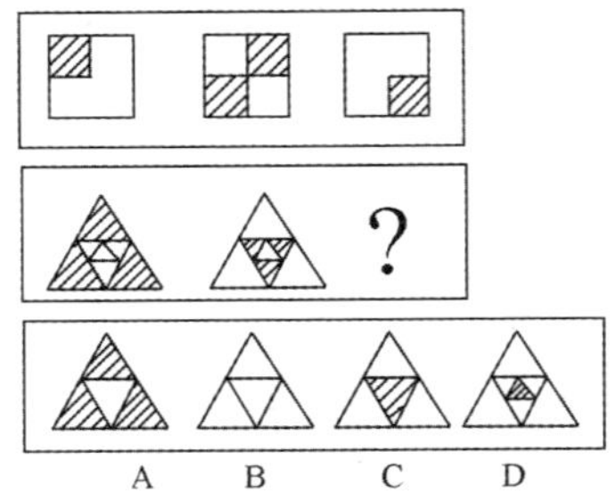

451. 花瓣和星星

根据所给图形的规律，问号处应该填什么图形？

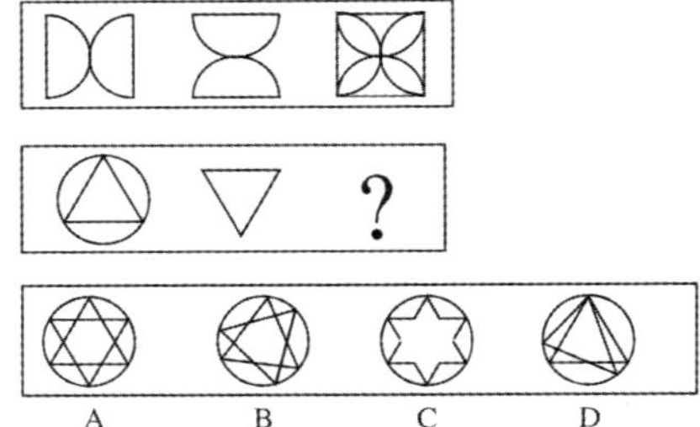

452. 折线段

根据所给图形的规律，下一个位置应该填什么图形？

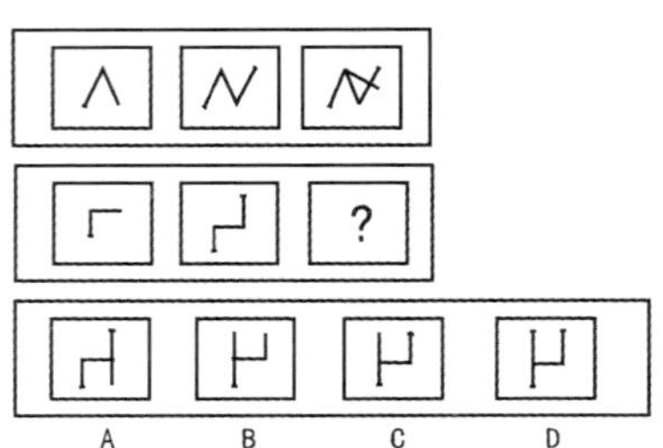

453. 阴影

根据所给图形的规律，问号处应该填什么图形？

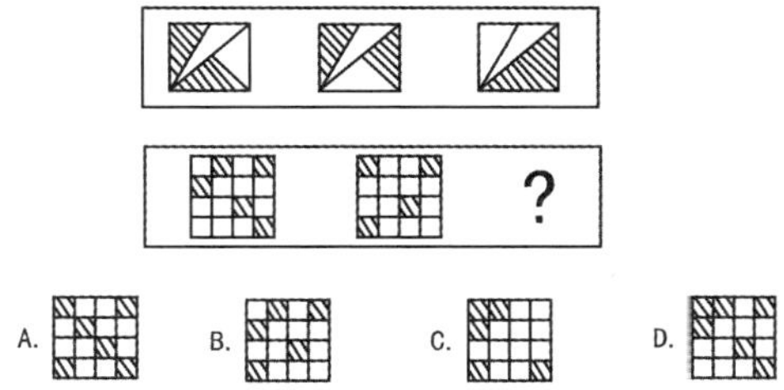

454. 三角

根据所给图形的规律，下一个应该是什么图形？

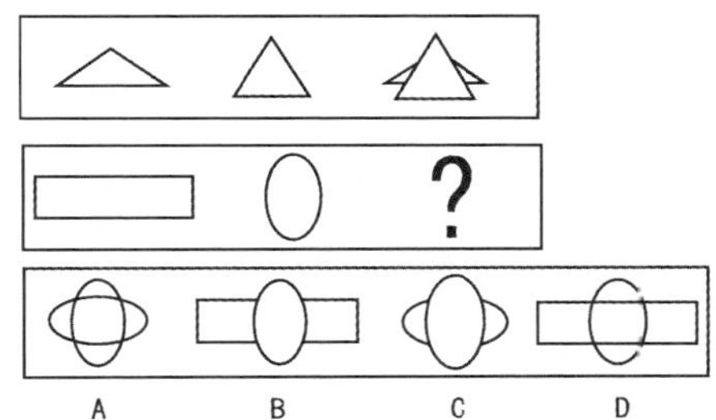

455. 共同的特点

根据所给图形的规律，问号处应该填什么图形？

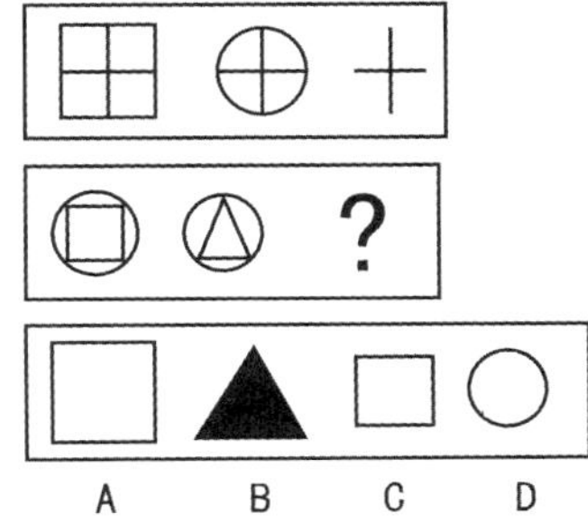

456. 奇怪的旋转

根据所给图形的规律，问号处应该填什么图形？

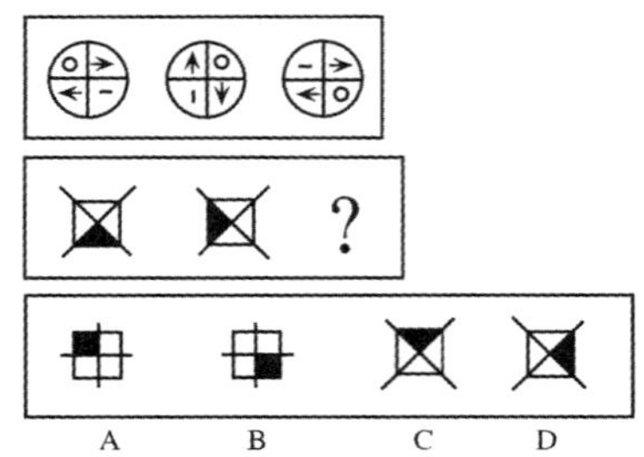

457. 黑白方格

根据所给图形的规律，问号处应该填什么图形？

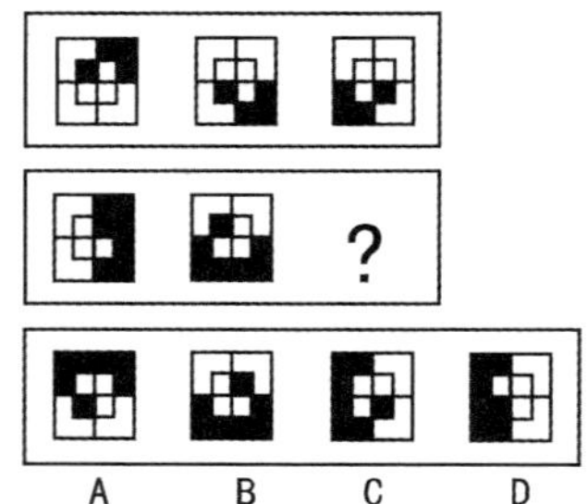

458. 双层边线

根据所给图形的规律，问号处应该填什么图形？

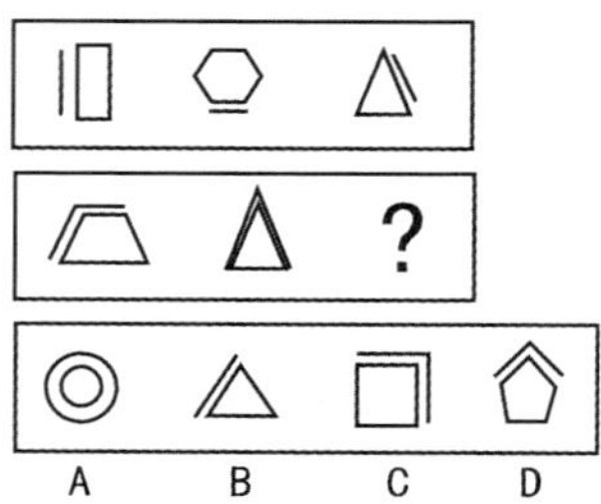

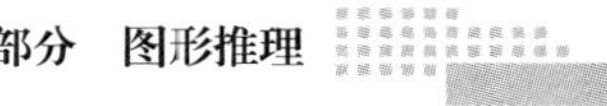

459. 变形

根据所给图形的规律，问号处应该填什么图形？

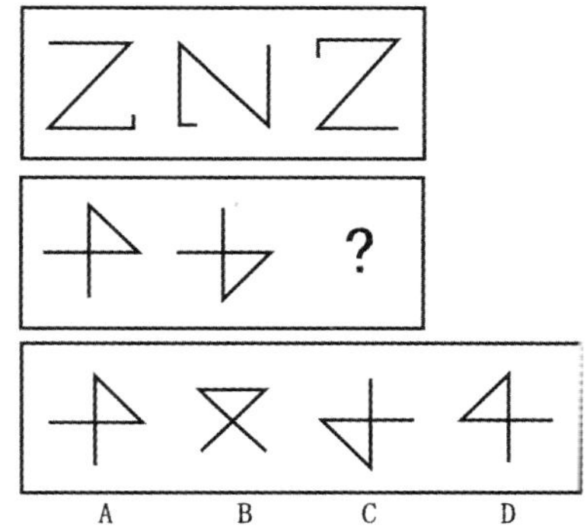

460. 黑白方块

根据所给图形的规律，问号处应该填什么图形？

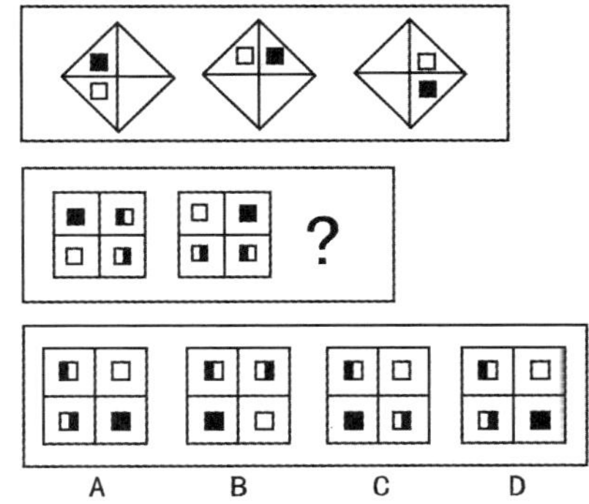

答案：

371. 扇形花瓣

F。

分析：每一行的规律都相同，即灰色的格子按顺时针方向逐渐增加一个。

372. 灰色九宫格

A。

分析：每一行都是从下到上一、二、三个灰色方格。第一行在最左边，第二行在中间，第三行在最右边。

373. 九点连线

A。

分析：以中间的三个点为中心的“指针”依次顺时针旋转，形成下一幅图形。

374. 直线与折线

H。

分析：将每行的前两幅图形重叠，重复的笔画去掉，剩余的笔画则构成第三幅图。

375. 奇怪的变换

C。

分析：每个图形中直线的条数分别为 1、2、3、4。故选 C。

376. 角度

B。

分析：两条线的夹角度数依次增加 45 度，选 B。

377. 分支

C。

分析：每个图形中直线的条数分别为 1、3、5、7。故选 C。

378. 延伸

C。

分析：两个端点分别继续延伸，故选 C。

379. 嵌套

C。

分析：每一层的开口各不相同（中间一层为上下交替，外层顺时针旋转，内层逆时针旋转），所以选 C。

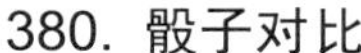

380. 骰子对比

C。

分析：根据前两个图的位置关系可知第三个图的正面为十字，并由上下面关系可知，选 C。

381. 五角星

A。

分析：每一行的三个图案中，星星数量都在逐渐减少。仔细观察的话还会发现，只有位于图案上侧的星星在减少，这样能得到答案。

382. 复杂的规律

A。

分析：数一下每个图案把平面分割的份数，第一行分别是 4、3、4 份，第二行分别是 2、4、5 份，也就是每一行一共有 11 份。再数一下第三行，即可知道答案为 A 选项。

383. 画方格

A。

分析：如果横向的比较没有头绪的话，不如换个思路，看看竖向的三个纵列有什么规律。数一下每个图案上露出的小短线数量，第一列从上到下是 5、3、1，第二列从上到下是 7、9、11，可以看出都是等差数列。第三列的上面两个图案中露出短线的数量分别是 17 和 15，所以正确答案是露出了 13 根短线的 A 选项。

384. 汉字规律

B。

分析：第一行三个字的笔画数是 5、6、7，第二行三个字的笔画数是 5、7、9，第三行三个字的笔画数是 4、5、6，都是等差数列。

385. 九宫图案

C。

分析：竖直看，三个方框中的图标数量都是九个。

386. 男人女人

D。

分析：每个图案都可以分解为“头”、“脸”、“身体”和“腿”四个部分。比较每一行图案的各个元素，即可得出正确答案。

387. 日月星辰

C。

分析：比较每一行中的框架结构和小图标类型，可以得出正确答案是 C。

388. 方块拼图

B。

分析：前四幅图是左侧的小长方形依次向右移动，移动到最右侧后，左侧的长方形继续向下移动，就是 B 选项。

389. 放大与缩小

C。

分析：前一幅图在里边的图案作为下一幅图在外边的图案。

390. 螺旋曲线

D。

分析：每个图形都有 5 个交点。

391. 三色方格

A。

分析：把第一个图案的第一排移到第二排，再移到第三排；第二排移到第三排，再移到第四排；第三排移到第四排，再移到第一排。

392. 直线三角圆圈

A。

分析：初看似乎没什么规律，但数一下每个图案里小图标的数量呢？没错，规律很简单，每个图案里有 5 个小图标，所以答案是 A 选项。

393. 直线与椭圆

A。

分析：数一下图案中元素数量的话，可以发现一个简单的规律，4-3-1-3-4。

394. 构成元素

A。

分析：数一下每个图案里图标的数量，可以发现一个简单递增关系。

395. 斜线

D。

分析：很简单的规律，四根斜线依次消失。

396. 圆点

D。

分析：第一项除以第二项等于第三项，每个连续三项都有这个规律。

397. 阳春白雪

A。

分析：每个字的笔画数递增。

398. 上下平衡

D。

分析：横线上下小图案的位置变化循环。

399. 雪花

A。

分析：小球的位置按照逆时针方向旋转，小球的颜色交替变化。

400. 双色板

D。

分析：首先根据黑色长方形的旋转规律可以排除掉A选项。然后两个小圆圈有什么规律呢？白圆圈是在顺时针方向旋转，第四个图案中应该处在右下角的白圆圈被黑圆圈挡住了；黑圆圈的位置则是在左上角和右下角来回变化，第二、第三个图案中的黑圆圈被黑色长方形挡住了。按这个规律，接下来的图案应该是D选项。

401. 奇妙的图形

C。

分析：把上图的每个图案从中间对分，就是阿拉伯数字的“1、2、3、4”，而C选项的图案是两个“5”组成的。

402. 巧妙的变化

B。

分析：前四个图形分别是倒过来的英文字母“A”、“B”、“C”、“D”，答案自然是倒过来的“E”了。

403. 线条与汉字

B。

分析：杂乱的线条和汉字之间有什么联系呢？数一下上边四个图案各自最少能用几笔画出来，1、2、3、2，所以答案是能用一笔连着写完的“红”字。

404. 共同的特点

C。

分析：都是中心对称图形。

405. 卫星

C。

分析：小圆顺时针旋转 45 度，而线条是逆时针旋转 45 度，当空心变实心的时候，线条增加，当实心变空心时线条减少，增减的数目和变化的数目一致，据此只有 C 符合。

406. 缺口的田字

B。

分析：前两个图案重叠起来变成第三个图案，第四、第五个图案叠起来也变成第三个图案。

407. 分割的正方形

C。

分析：图案顺时针旋转。

408. 灰色半圆

D。

分析：图案顺时针旋转，同时黑白两球的位置不停相互变换。

409. 美丽的图形

B。

分析：题中的四个图案都是中心对称的，也就是图案以中心旋转 180 度后和原来重叠，选项中只有 B 符合这个规律。

410. 遮挡

D。

分析：题中四个图案都是由两个上下对称的图案重叠遮挡组成的，只有 D 选项符合这个规律。

411. 有什么规律

D。

分析：以第三个图案为中心，左右两边的图案互相颠倒。

412. 贪吃蛇

A。

分析：整体的圆圈顺时针旋转，黑色圆圈的数量逐渐增多。

413. 角度

D。

分析：上图可以看作是一个角逐渐张开，下图可以看作是一个多边形逐渐增加边的数目。

414. 直线与曲线

C。

分析：上图的三个图案都是由一段折线和一段弧线组成的，而且折线的段数依次增加。下图的三个图案都是由一个圆和一个多边形组成的，而且多边形的边数逐渐增加。

415. 五角星

D。

分析：把每一行前两个图案重叠起来，删掉重复的线段，就得到了第三个图案。

416. 汉字有规律

A。

分析：粗看没什么规律，仔细观察可以发现，上图的三个字都含有“土”，下图的三个字都含有“又”。

417. 字母也疯狂

A。

分析：第一幅图的三个字母是小写-大写-小写，第二幅图的三个字母是大写-小写-大写。

418. 没规律的线条

D。

分析：上图的三个图案都是轴对称的，下图的三个图案都是中心对称的。

419. 汉字的规律

C。

分析：上下两幅图的三个字互相之间都有结构上的相似。

420. 三角形

B。

分析：上图的第一、第二两个图案中都有第三个图案；下图的第一、第二两个图案中都有一个直角三角形，也就是 B 选项。

421. 不同的规律

A。

分析：只有 A 图形里外面没有钝角。

422. 花瓣图形

A。

分析：上下两图对比可以看出相似性，把上图三个图案中的直线变成曲线，曲线变成直线，就一一对应到下图的三个图案。

423. 简单的规律

D。

分析：上图三个图案的底下都有一条横线，下图三个图案的顶部也都有一条直线。

424. 复杂的图形

D。

分析：上下两图的三个图案一一对比可以发现，下图的图案都含有上图的构

成元素。

425. 跳舞的孩子

D。

分析：下图三个图形中的“身体”和“脚”都没有重复。

426. 字母逻辑

A。

分析：第一行图形中的三个图形都是由两条线段组成的，第二行图形中的三个图形都是由三条线段组成的。

427. 什么规律

B。

分析：看似复杂的图案规律其实很简单。第一幅图三个图案中的黑点数量是 2、4、6，第二幅图三个图案中的黑点数量是 4、6、8。

428. 复杂曲线

B。

分析：上图的三个图案都是由三段线组成的，下图的三个图案则都是由四段线组成的。

429. 折线与直线

B。

分析：每个图案都是由三条直线段或折线段组成的。

430. 文字规律

B。

分析：上图三个字的笔画数分别是 4、5、6 画，下图三个字的笔画数分别是 2、3、4 画，都是等差数列。

431. 涂色

A。

分析：每行前两个图形进行比较，相同则第三个图形中为黑色，不同则第三个图形中为白色。

432. 简单的图形

C。

分析：上图图案的边数分别是3、4、5，下图则分别是4、5、6，都是等差数列。

433. 星形图案

C。

分析：上图三个图案的边数分是8、16、32，下图的则是1、2、4，都是等比数列。

434. 切割

B。

分析：上图三个图形的内角数分别是6、7、8；下图前两个图形的内角数分别是9、10，只有B选项的内角数是11个。

435. 字母的规律

C。

分析：第一行的三个字母都有弧线，第二行的三个字母都是由直线组成的。

436. 线段的规律

D。

分析：组成上图三个图案的线段数分别是4、3、2；下图前两个图案的线段数是5、4，所以答案是3条线段组成的D选项。

437. 金字塔

A。

分析：把下图每一层的图案类比到上图就可以看出规律了。

438. 奇怪图形

D。

分析：上边各图中图案的数量分别是2、4、8，是个等比数列；下边各图中图案的数量则是1、3、9的等比数列。

439. 超复杂图形

A。

分析：数一下每幅图中图案的类型数量可以发现，上图是2、4、6，下图是1、

3、5。

440. 神奇的规律

C。

分析：都是一笔画图形。

441. 立体图

A。

分析：这题需要一定的立体几何学知识。从上图可以看出，第二个图案的体积是第一个图案的一半，而第三个图案的体积是第一个图案的三分之一。选项中只有 A 选项的体积是下图第一个图案的三分之一。

442. 阴影图形

B。

分析：把上图每个图案中原本在外面的图形放到里面，再把图案的顺序颠倒一下，就变成了下图。

443. 阴影的共性

A。

分析：上下两图的各个图形中，两块阴影部分的面积都是相等的。

444. 黑白格子

B。

分析：把第一幅图的三个图案重叠起来正好是一个完整的黑色长方形，把第二幅图的前两个图案和 B 选项的图案重叠起来正好是一个完整的黑色梯形。

445. 找找规律

C。

分析：把前两个图案重叠后，去掉重复的线段就得到了第三个图案。

446. 四角星

B。

分析：把前两个图案重叠在一起就得到了第三个图案。

447. 黑白网格

B。

分析：把前两个图案重叠，删除掉重复的阴影就得到了第三个图案。

448. 填什么图形

D。

分析：把前两个图案重叠起来就得到了第三个图案。

449. 十字与三角

C。

分析：第一、第二两幅图重叠起来，删除重复的部分，就得到了第三幅图。

450. 黑白格

D。

分析：把三个图案重叠起来，阴影部分正好完成覆盖住整个图形。

451. 花瓣和星星

A。

分析：第一、第二两幅图重叠起来就变成了第三幅图。

452. 折线段

C。

分析：把第一幅图中不带点的边接上一段就是第二幅图，再把第一幅图中的角度变大，和第二幅图重叠，就是第三幅图。

453. 阴影

C。

分析：把第一、第二两幅图重叠起来，重复的阴影部分去掉，这样留下的图就是第三幅了。

454. 三角

B。

分析：把第二幅图放到第一幅图的上面，就成了第三幅图。

455. 共同的特点

D。

分析：把第一、第二两图重叠起来，重复的部分就是第三个图案。

456. 奇怪的旋转

C。

分析：上图的第一个图案顺时针旋转 90 度变成第二个图案，再顺时针旋转 90 度就变成了第三个图案；同理，下图的第一个图案两次顺时针旋转 90 度就得到了第三个图案。

457. 黑白方格

D。

分析：把里边和外边的阴影分开观察，可以看出里边的阴影逆时针旋转，外边的阴影顺时针旋转。

458. 双层边线

C。

分析：从图形的形状上看不出什么明显的规律，观察图形外侧线的位置，上图的直线位置分别是左、下、右，下图的折线位置是左上、上、右上。

459. 变形

C。

分析：上下两图都是顺时针旋转。

460. 黑白方块

D。

分析：上下两图都是在顺时针旋转。

参 考 文 献

1．李永新．中公教育·公务员考试快速突破手册：行测速解技巧集萃．北京：人民日报出版社，2013

2．孙勇．MBA/MPA/MPAcc 联考与经济类联考同步复习指导系列：逻辑分册．北京：机械工业出版社，2013

3．于雷．逻辑思维训练 500 题．北京：中国言实出版社，2008